Hans Schäfer

Elektromagnetische Strahlung

Informationen aus dem Weltall

Astronomie

Die Planeten, von H. Köhler

Der Mars, von H. Köhler

Sternbilderkunde, von G. M. Fasching

Astronomische Probleme und ihre physikalischen Grundlagen, von H. Schäfer

Weiße Zwerge – Schwarze Löcher, von R. U. Sexl und H. Sexl

Aus der Reihe „Spektrum der Astronomie":

Sterne und Sternhaufen, von C. Payne-Gaposchkin

Sterne. Aufbau und Entwicklung, von R. J. Tayler

Galaxien. Aufbau und Entwicklung von R. J. Tayler

Hans Schäfer

Elektromagnetische Strahlung

Informationen aus dem Weltall

Mit 116 Bildern

Friedr. Vieweg & Sohn Braunschweig / Wiesbaden

CIP-Kurztitelaufnahme der Deutschen Bibliothek

Schäfer, Hans:
Elektromagnetische Strahlung: Informationen aus d. Weltall / Hans Schäfer. – Braunschweig; Wiesbaden: Vieweg, 1985.
ISBN-13: 978-3-528-08588-9 e-ISBN-13: 978-3-322-84183-4
DOI: 10.1007/978-3-322-84183-4

Dr. *Hans Schäfer* ist Gründer und Leiter der Volkssternwarte Remscheid und hat an dem im Jahre 1976 vom Kultusministerium des Landes Nordrhein-Westfalen herausgegebenen Curriculum „Astrophysik" mitgearbeitet. Er ist Verfasser des Buches „Astronomische Probleme und ihre physikalischen Grundlagen", das im selben Verlag in zweiter Auflage erschien.

1985

Satz: Vieweg, Braunschweig

ISBN-13: 978-3-528-08588-9

Inhaltsverzeichnis

Vorwort

Das Interesse an Astronomie und astrophysikalischen Zusammenhängen ist gestiegen, gleichermaßen auch der Informationsbedarf über astronomische Beobachtungstechniken sowie wichtige neue Experimente. Viele Informationen über das Weltall liefert die Untersuchung der elektromagnetischen Strahlung, die uns von den Sternen erreicht. In diesem Buch möchte ich versuchen, physikalische Grundlagen der Entstehung der Strahlung, wichtige Beobachtungstechniken und die Bedeutung der Beobachtungen für die astronomische Forschung vorzustellen.

Bei den im Buch angesprochenen Problemen handelt es sich natürlich um eine kleine und zudem noch subjektive Auswahl. – Mein besonderes Anliegen ist es, den interessierten Leser zu weiterer Beschäftigung mit astronomischen Problemen zu ermutigen.

Mein Dank gilt Herrn Professor Dr. A. Weigelt (Universität Erlangen-Nürnberg) und ganz besonders Frau Professor Dr. W. Seitter (Universität Münster) für die Beschaffung wichtiger Abbildungen; dem Verlag, insbesondere Herrn Björn Gondesen, danke ich für die gute Zusammenarbeit, meiner lieben Frau für ihre Geduld und aufopfernde Mithilfe bei der Erstellung des Manuskripts sowie dem Korrigieren der Druckfahnen.

Remscheid, im Februar 1985 *Hans Schäfer*

1 Informationen aus dem Weltall

1.1 Einleitung

Unter allen Strahlungen, die einen Beobachter auf der Erde oder einen Satelliten außerhalb der Erdatmosphäre erreichen, ist die *elektromagnetische Strahlung* die weitaus wichtigste. Im folgenden soll kurz gezeigt werden, auf welch vielfältige Art diese Strahlung im Weltall entstehen kann.

Abgesehen von Planeten, Planetoiden, Monden und Staub und abgesehen von Sonderfällen, z.B. Neutronensterne und schwarze Löcher, befindet sich die Materie im Kosmos im gasförmigen Zustand. Sehr oft handelt es sich um ein *Plasma,* d.h. um ein ganz oder teilweise ionisiertes Gas. Der Astronom hat es fast ausschließlich mit einer Strahlung zu tun, die von freien Atomen, Molekülen, Ionen oder Elektronen ausgeht.

Auch die Strahlung der Sterne – hier ist vor allem die Sonne ein wichtiges Beispiel – die oft, manchmal in guter Näherung, als Strahlung eines schwarzen Körpers behandelt werden kann, kommt ja in gasförmigen Bereichen meist geringer Dichte zustande. Näheres findet der Leser in dem Bericht über die Entstehung des kontinuierlichen Spektrums (Abschnitt 1.4), das jedermann aus der spektralen Zerlegung des Sonnenlichtes bekannt ist. Der Verfasser geht deshalb in den folgenden Betrachtungen auf das Plancksche Gesetz nur kurz und auf die Wiensche bzw. Rayleigh-Jeanssche Näherung nicht ein.

1.2 Die aus dem Urknall stammende kosmologische Hintergrundstrahlung

Streng genommen gibt es nur eine Strahlung im Weltall, die als Strahlung eines idealen „*Schwarzen Körpers*" angesehen werden kann. Gemeint ist die den ganzen Kosmos durchflutende *Hintergrundstrahlung.* Sie stammt, so wird von den meisten Forschern heute angenommen, aus dem *Urknall,* dem Beginn unserer Welt. Die 1965 von *A. Penzias* und *R. Wilson* entdeckte Strahlung ist heute die beste Stütze für die Theorie, daß unsere Welt aus einem Urknall, auch "Big Bang" genannt, entstanden ist. Nach dem Planckschen Strahlungsgesetz kann man der Strahlung eines schwarzen Körpers eindeutig eine Temperatur T zuschreiben. In der Literatur wird vielfach der kosmische Skalenfaktor $R(t)$ benutzt. Bei der Expansion der Welt ändert sich der Abstand $D(t)$ zweier beliebiger Punkte – man stelle sich z.B. zwei Galaxienkerne vor – proportional zu $R(t)$. Das Volumen der Welt, oder besser ein überschaubarer Teil der Welt, ändert sich proportional zu $R^3(t)$. Die Anzahl der Photonen pro Volumeneinheit nimmt daher mit $R^{-3}(t)$ ab. Nun sinkt aber auch die Energie eines einzelnen Photons infolge der Expansion, weil sich die Wellenlänge proportional zu $R(t)$ vergrößert (Rotverschiebung infolge der Expansion der Welt). Aus beiden Abhängigkeiten folgt, daß für die Energiedichte

$$u \sim R^{-4}(t) \qquad (1\text{-}1)$$

gilt.

Da andererseits nach dem Stefan-Boltzmannschen Gesetz

$$u \sim T^4 \tag{1-2}$$

ist, ergibt sich sofort

$$T \sim R^{-1}(t)\,. \tag{1-3}$$

Penzias und Wilson hatten 1965 eine isotrope Strahlung bei 7,35 cm bzw. $4 \cdot 10^9$ Hz festgestellt. Mittlerweile ist durch Messungen bis ins Millimetergebiet hinein sichergestellt, daß es sich um eine Strahlung handelt, die dem Planckschen Strahlungsgesetz für schwarze Strahlung gehorcht. Genaue Messungen der letzten Jahre weisen auf eine heutige Temperatur der Reststrahlung von 2,7 K hin. Die ersten Messungen führten zu 3 K. Deshalb spricht man häufig noch von der 3-K-Strahlung. Das Maximum der Strahlungsenergie entsprechend der Planckschen Kurve liegt etwa bei $\lambda = 1$ mm (Bild 1-1). Die Energiedichte der Hintergrundstrahlung ist sehr klein. Aus

$$u = a \cdot T^4 \tag{1-4}$$

erhält man mit

$$a = \frac{8\,\pi^5 \cdot k^4}{15\,c^3 \cdot h^3} = 7{,}57 \cdot 10^{-16}\ \mathrm{J\,m^{-3}\,K^{-4}}$$

und $T = 2{,}7$ K

$$u = 4 \cdot 10^{-14}\ \mathrm{J\,m^{-3}}\,. \tag{1-5}$$

k ist die Boltzmannkonstante: $k = 1{,}38 \cdot 10^{-23}\ \mathrm{J\,K^{-1}}$. Da nun ein Photon bei 2,7 K im Mittel eine Energie von $\frac{3}{2} \cdot k \cdot T \approx 5{,}6 \cdot 10^{-23}$ J besitzt, kann man abschätzen, daß in einem Kubikmeter im Mittel ungefähr $7 \cdot 10^8$ Photonen enthalten sind.

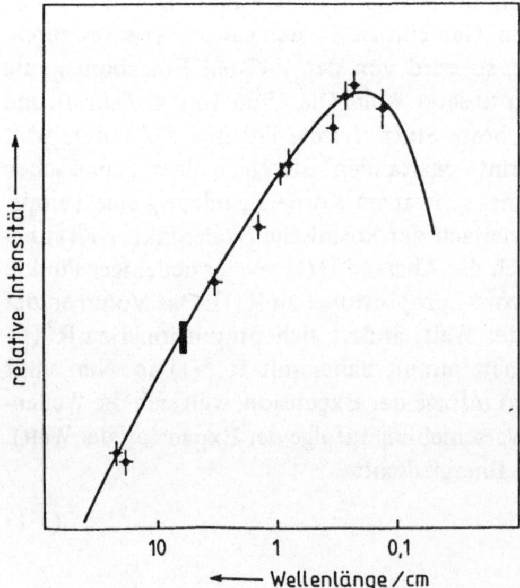

Bild 1-1
Hintergrundstrahlung. Schwarzes Rechteck: Messung von *Penzias* und *Wilson*

Durch einen Vergleich mit entsprechenden Werten der heutigen Sternstrahlung werden die eben ermittelten Zahlen deutlich. Die Energiedichte der Strahlung, zu der alle Sterne der Milchstraße beitragen, beträgt nach *Allen*

$$u_{St} = 7 \cdot 10^{-14}\ \mathrm{J\,m^{-3}}\ , \tag{1-6}$$

liegt also in der gleichen Größenordnung wie die Energiedichte der Background-Strahlung. Da die mittlere Energie der Photonen des Sternenlichtes aber wesentlich größer ist als die der Photonen aus dem Urzustand, ist deren Anzahldichte wesentlich kleiner. Rechnet man mit $T_{St} \approx 5000$ K, so findet man für die Photonen des Sternenlichts $7 \cdot 10^5\ \mathrm{m^{-3}}$. Mittelt man über Bereiche, in denen unsere Milchstraße und andere Sternsysteme nur kleine Gebilde sind, so wird deutlich, daß die Hintergrundstrahlung bezüglich der Photonenzahl und auch der Energiedichte die aller anderen Strahlungen bei weitem übersteigt. Auch die Anzahl der Protonen und Neutronen im überschaubaren Teil der Welt ist im Vergleich mit der Gesamtzahl aller Photonen der 3-K-Strahlung im gleichen Volumen verschwindend klein. Man schätzt, daß auf *ein Proton oder Neutron* 10^9 *Hintergrundphotonen* kommen. Die Photonen der Hintergrundstrahlung spielen bei einigen interessanten Prozessen, die später erwähnt werden sollen, eine wichtige Rolle (Abschnitt 1.7). Doch gibt es von diesen Prozessen abgesehen keine Wechselwirkung mehr mit der wesentlichen Komponente unserer Welt, der Materie. Man kennzeichnet den derzeitigen Zustand unserer Welt deshalb manchmal auch mit der Aussage: „Materie dominiert“. Das war für relativ kurze Zeit (bis zu 700 000 Jahren) nach dem Urknall nicht der Fall. Bei hohen Temperaturen gab es eine dauernde Umwandlung von Strahlung in Materie und umgekehrt. Erst bei einer Temperatur von etwa 3000 K fand eine *Entkopplung von Strahlung und Materie* statt.

1.3 Gebunden-gebunden-Übergänge in Atomen, Ionen und Molekülen; Schwingungen und Rotationen von Molekülen

1.3.1 Die Anregung von Atomen

Ein angeregtes Atom A* sendet, wenn es in seinem angeregten Zustand nicht gestört wird, Energie in Form von Strahlung aus:

$$A^* \longrightarrow A + h\nu\ . \tag{1-7}$$

Die Aussendung kann auch in Form von Stufen erfolgen:

$$A^{**} \longrightarrow A^* + h\nu' \longrightarrow A + h\nu''\ . \tag{1-7a}$$

Die Anregung ist durch ein Photon

$$A + h\nu \longrightarrow A^* \tag{1-8}$$

oder durch einen anderen Stoßpartner, etwa ein Elektron, möglich:

$$A + e^-_{\mathrm{schnell}} \longrightarrow A^* + e^-_{\mathrm{langsam}}\ . \tag{1-9}$$

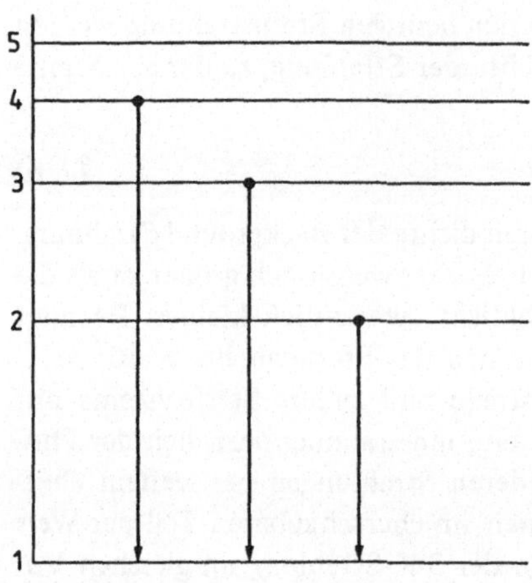

Bild 1-2
Gebunden-gebunden-Übergänge in einem Atom. Übergänge zum Grundzustand

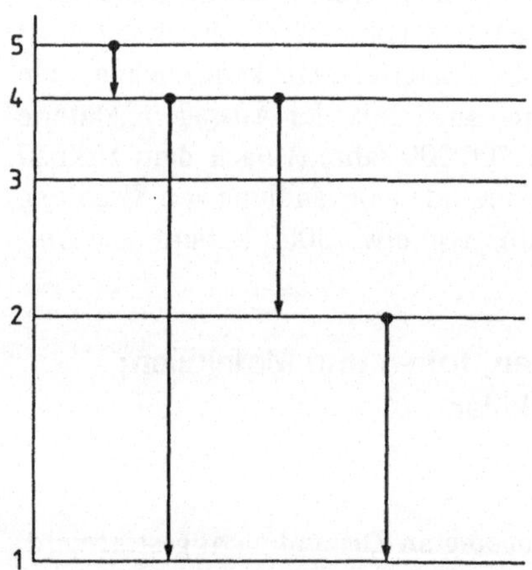

Bild 1-3
Gebunden-gebunden-Übergänge in einem Atom. Übergänge in einigen Stufen

Ein angeregtes Atom A* kann aber auch dadurch entstehen, daß ein Ion A^+ ein Elektron e^- einfängt (Rekombination), wobei das Atom nicht gleich in seinen Grundzustand übergeht:

$$A^+ + e^- \longrightarrow A^* . \tag{1-10}$$

Zur vollständigen Energiebilanz des letztgenannten Vorgangs gehört natürlich auch die relative kinetische Energie zwischen Ion und Elektron, so daß die exakte Schreibweise

$$A^+ + e^- + \frac{1}{2} m_e v^2 \longrightarrow A^* + h\nu \tag{1-10a}$$

lautet, wobei wegen der überragenden Masse des Ions gegenüber der des Elektrons nur die Bewegung des Elektrons berücksichtigt zu werden braucht (Einkörperproblem). Natürlich

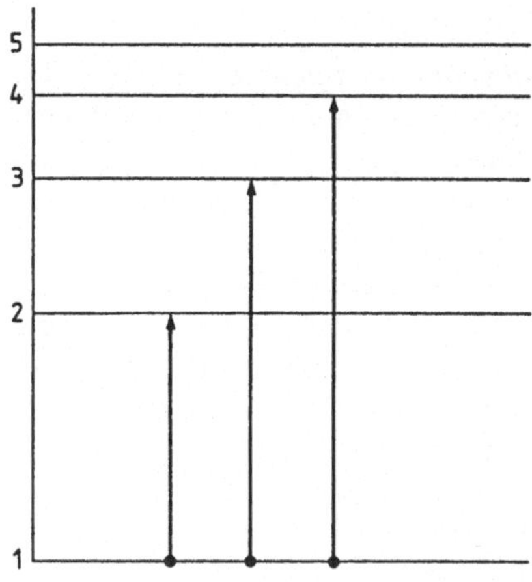

Bild 1-4
Anregungen eines Atoms

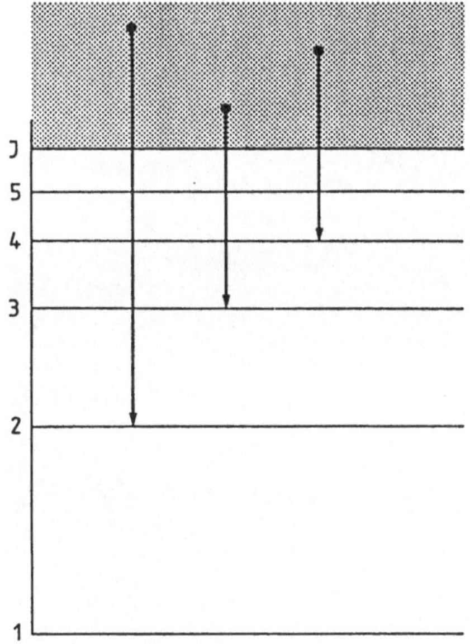

Bild 1-5
Anregungen eines Atoms durch frei-gebunden-Übergänge

können auch Ionen in angeregte Zustände versetzt werden. Für sie gelten entsprechende Reaktionsgleichungen wie für Atome, z.B.

$$A^+ + h\nu \longrightarrow A^{+*} \quad (1\text{-}8a)$$

oder

$$A^+ + e_{schnell} \longrightarrow A^{+*} + e_{langsam} \; . \quad (1\text{-}8b)$$

1.3.2 Emission

Die Prozesse (1-7) und (1-7a) führen zu einem *Emissionslinienspektrum.* Notwendige Bedingung für die Strahlung neutraler Atome oder Ionen ist ihre Anregung und die Fähigkeit, die aufgenommene Energie in Form von Strahlung abzugeben. In sehr dichten und in Gefäße eingeschlossenen Gasen kann die Energie auch auf Stoßpartner oder die Gefäßwände übertragen werden. Man spricht in diesem Zusammenhang von *Stößen zweiter Art.* Im Kosmos hat man es in den meisten Fällen mit hochverdünnten Gasen zu tun, die natürlich nicht in Gefäßen enthalten sind. Da die *Verweilzeit* in einem angeregten Zustand in der Größenordnung von 10^{-8} s liegt, sind die Prozesse (1-7) und (1-7a) in einer zur Beobachtung ausreichenden Anzahl möglich. In den zahlreichen Emissionsnebeln, z.B. Orionnebel (Bild 1-6) und Trifidnebel (Bild 1-7) spielt sich der Prozeß (1.10a) ab. *Die Ionisation erfolgt durch die kurzwellige Strahlung genügend heißer eingebetteter Sterne.* Für die Ionisation des hauptsächlich vorhandenen Wasserstoffs – etwa 70 % der Masse oder 90 % in bezug auf die Atomzahl – ist eine UV-Strahlung mit $\lambda \leqslant 91{,}2$ nm notwendig. Diese ist in ausreichendem Maße nur bei jungen und heißen Sternen vom Spektraltyp 0 bis B1 mit einer Oberflächentemperatur von mindestens 25 000 K vorhanden. Sollte bei einer Rekombination ein H-Atom unmittelbar in den Grundzustand übergehen (was sicher recht selten ist), so wird ein Quant aus dem ersten *Lyman-Kontinuum* ausge-

Bild 1-6 Orionnebel

Bild 1-7
Trifidnebel

sandt, das wieder zur Ionisation eines H-Atoms führt. In den meisten Fällen wird wohl ein angeregtes H-Atom gebildet, das in Stufen in den Grundzustand übergeht. Auf diese Weise entstehen u.a. die Linien der *Balmer-Serie* H_α, H_β, H_γ ... usw. Im Orionnebel sind Linien dieser Serie bis H_{27} beobachtet worden. Es finden aber auch Übergänge mit hohen und sehr hohen Hauptquantenzahlen statt.

1.3.3 Riesenatome

Auf die Riesenatome, die hierbei eine Rolle spielen, soll ein wenig näher eingegangen werden. 1965 konnten *Höglund* und *Mezger* Photonen nachweisen, die dem Übergang vom 110. zum 109. Niveau des Wasserstoffatoms entsprechen. Die Wellenlänge dieser Strahlung beträgt 5,99 cm. Zur Zeit sind Übergänge nachgewiesen, die zu Hauptquantenzahlen bis zu n = 350 gehören. Atome, in denen sich ein Elektron in einem so hoch angeregten Zustand befindet, nennt man *Riesen- oder Rydberg-Atome.* Heute werden Riesenatome – vor allem die der Alkaliatome – im Laboratorium untersucht. Damit die Atome in ihrem hochangeregten Zustand für eine kurze Zeit ungestört bleiben, benutzt man einen Atomstrahl. Die Anregung erfolgt mit durchstimmbaren Farbstofflasern. Die Hauptquantenzahl der Rydberg-Atome liegt bei Experimenten meistens unter 100. Im interstellaren Raum sind die Verhältnisse natürlich völlig anders als im Laboratorium. Die mittlere Zeit zwischen zwei Zusammenstößen ist so groß, daß ein Riesenatom nicht durch einen Zusammenstoß zerstört wird. Bei einer Temperatur von 50 K und einer Dichte von 10 Atomen/cm^3 erfolgt in über 30 a kein Zusammenstoß. Das Atom kann seine Energie durch Quantensprünge unter Aussendung energiearmer Photonen abgeben. Damit ein Nachweis dieser Photonen möglich wird, müssen in der Gesichtslinie des Empfängers genügend viele Atome liegen, die die gleichen Quantensprünge durchführen. Zur Messung solcher *Rekombinationslinien im Bereich der Radiowellen* ist allerdings eine lange Meßzeit von 1 h erforderlich. Die Intensität der empfangenen Strahlung ist

$$I = \frac{1}{4\pi} \cdot \epsilon \cdot r \,. \tag{1-11}$$

Hier bedeutet ϵ die in der Zeit- und Volumeneinheit erzeugte Energie, die von den Photonen der Energie $h\nu_{nm}$ fortgetragen wird, und r die lineare Ausdehnung der Gesichtslinie, in der eine Emission der Frequenz ν_{nm} stattfindet. ϵ ist natürlich proportional der Anzahldichte n. Wegen der überragenden Bedeutung des Wasserstoffs bei chemischen Zusammensetzungen in allen Bereichen des Weltalls ist zur Zeit nur n_H von Belang. Typische Werte für r findet man z.B. in den linearen Ausdehnungen der Emissionsnebel, deren mittlerer Durchmesser mit $r = 150 \cdot 10^{12}$ km angegeben wird. Die mittlere Gasdichte in ihnen beträgt $10^7 \ldots 2 \cdot 10^7$ Atome/m^3. Die Bildung von H-Atomen in einem hohen Quantenzustand findet unter den Bedingungen in den Gaswolken im wesentlichen durch *Strahlungsrekombination – auch Zweierstoßrekombination* genannt – statt, vgl. (1-10a). (In Gasentladungen überwiegen die *Dreierstoßrekombinationen:* $A^+ + e^- + e^- \longrightarrow A^* + e^-$. In der Dreierstoßrekombination ist ein zweites Elektron erforderlich, um die freiwerdende Bindungsenergie und den zugehörigen Impuls aufzunehmen.)

Zur Bezeichnung der Linien des Wasserstoffs im Radiowellenbereich verwendet man wie im optischen Bereich die griechischen Buchstaben α, β, $\gamma \ldots$. Man schreibt sie hinter die untere Quantenzahl. So bekommt die Linie, die dem Übergang n = 110 zu n = 109 mit der Wellenlänge $\lambda = 5{,}99$ cm entspricht, die Bezeichnung H109α. Zu einem Übergang von n = 111 zu n = 109 gehört die Linie H109β, $\lambda = 3{,}03$ cm, usw.

Der Radius eines Wasserstoffatoms im angeregten Zustand mit der Hauptquantenzahl $n > 1$ ist

$$a = a_0 \cdot n^2 \,; \tag{1-12}$$

a_0 ist der Bohrsche Radius. Es gilt

$$a_0 = \frac{h^2}{4\pi^2 \cdot m_e \cdot e^2} = \frac{\hbar^2}{m_e \cdot e^2} = 0{,}53 \cdot 10^{-10}\,\text{m} \,. \tag{1-13}$$

Für n = 100, 200, 350 ergibt sich:

$$\begin{aligned} a_{100} &= 5{,}3 \cdot 10^{-7}\,\text{m} = 5{,}3 \cdot 10^{-4}\,\text{mm}\,, \\ a_{200} &= 2{,}1 \cdot 10^{-6}\,\text{m} = 2{,}1 \cdot 10^{-3}\,\text{mm}\,, \\ a_{350} &= 6{,}5 \cdot 10^{-6}\,\text{m} = 6{,}5 \cdot 10^{-3}\,\text{mm}\,. \end{aligned} \tag{1-14}$$

Der Raum, den ein Atom einnimmt, ist proportional zu n^6. Für die Hauptquantenzahlen 100, 200 und 350 ist das Atomvolumen also 10^{12}, $64 \cdot 10^{12}$ und $1840 \cdot 10^{12}$ mal so groß wie im Grundzustand. So riesige Atome können sehr wohl andere Atome kurzzeitig in sich einschließen.

Der Astronom kann mit den Rydberg-Atomen im Weltall natürlich nicht experimentieren. Und doch haben diese für ihn keine geringe Bedeutung. Die Rydberg-Atome aller Elemente verhalten sich untereinander sehr ähnlich. Vom äußeren Elektron aus scheint wegen des großen Abstandes der Atomrumpf aller Atome die *effektive Ladungszahl* $Z_{eff} = 1$ zu besitzen. Die Radiorekombinationslinien hängen deshalb nur sehr wenig von der Struktur der inneren Elektronenhülle ab. Vergleicht man z.B. die Linien des Wasserstoffs und Heliums im Bereich der Radiowellen, dann spielt hier nur die relative Häufigkeit der beiden Elemente eine Rolle. Somit kann man z.B. für Emissionsnebel ohne den sonst notwendigen und großen theoretischen Aufwand das wichtige Verhältnis $n_H : n_{He}$ ermitteln.

1.3.4 Die Strahlung anderer Atome

Nächst H und He sind C, N, O und Ne die häufigsten Elemente im Kosmos. Nach Analysen kommen etwa auf 10^6 Wasserstoffatome 145 000 He-, 300 C-, 91 N-, 607 O- und 275 Ne-Atome. Die Ionisationspotentiale von C, N und O sind 11,26 eV, 14,53 eV und 13,61 eV. Diese Elemente liegen also in der Umgebung heißer Sterne ebenso wie H (Ionisationspotential 13,6 eV) in ionisierter Form vor. Man schreibt C^+ oder C II, N^+ oder N II bzw. O^+ oder O II. In diesen Ionen können durch die Sternstrahlung zahlreiche *erlaubte Übergänge* hervorgerufen werden, die zu beobachtbaren Linien führen. In Emissionsnebeln ist der Prozeß (1-8a) von besonderer Bedeutung. Durch ihn können nämlich *metastabile Zustände* von N II, O II usw. angeregt werden. *In metastabilen Zuständen ist die Verweilzeit wesentlich größer als in normalen angeregten Zuständen.* Wegen der geringen Dichte in Emissionsnebeln und der damit verbundenen relativ großen Zeitdauer zwischen zwei Zusammenstößen können die Ionen die aufgenommene Energie auch von metastabilen Zuständen aus in Form von Strahlung abgeben. Diese verläßt ungehindert den Nebel und führt zur Abkühlung. Ionen mit metastabilen Zuständen dienen so als *Thermostaten,* die trotz ständiger Energiezufuhr für die Erhaltung einer bestimmten Temperatur sorgen.

1.3.5 Weitere Beispiele für Emissionsgebiete

Was für H II-Gebiete ausgeführt wurde, gilt mit leichten Änderungen auch für *planetarische Nebel.* Bei diesen handelt es sich um Gashüllen, die ein alternder Stern abgestoßen hat und die nun durch die Strahlung des heißen Zentralsterns zum Leuchten angeregt werden. Eins der besten Beispiele ist der Ringnebel in der Leier (Bild 1-8).

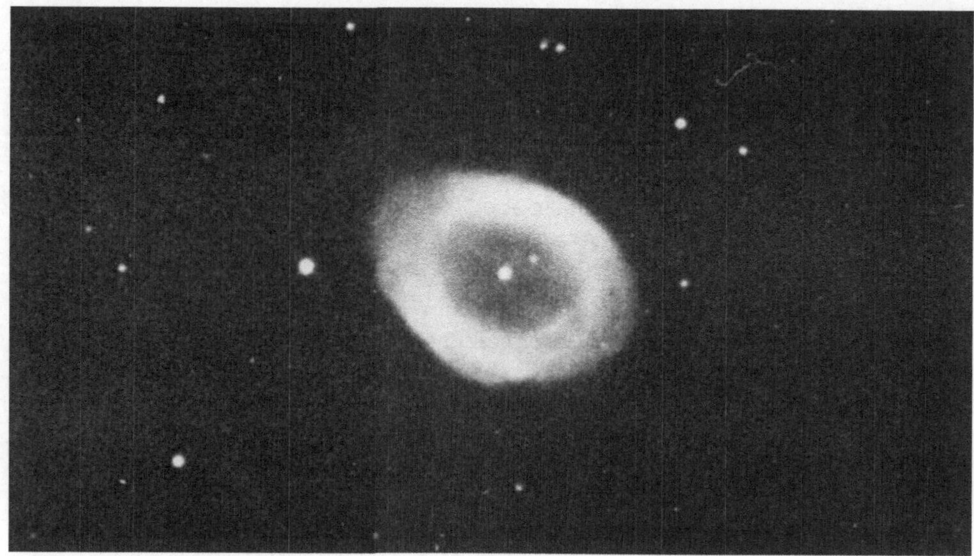

Bild 1-8 Ringnebel in der Leier (Norden oben, Osten links).
Aufnahme mit dem 1m-Teleskop des Observatoriums Hoher List der Universitätssternwarte Bonn von *F. T. Lentes* und *B. Nelles*

Es gibt viele weitere Fälle, in denen *Emissionslinien* beobachtet werden, z.B. im *Flash-Spektrum der Sonne*, im Spektrum der B_e- und *Wolf-Rayet-Sterne*, bei *Seyfert-Galaxien* und den *Quasaren*. Immer spielen Gase eine Rolle, in denen Atome oder Ionen auf irgendeine Weise zum Leuchten angeregt worden sind.

Das Flash-Spektrum wird bei einer totalen Sonnenfinsternis beobachtet, wenn der Mond kurz vor Beginn und bald nach Ende der totalen Phase einen sichelförmigen Bereich der Chromosphäre frei gibt, während die überragende Strahlung der Photosphäre abgeblendet ist (Bild 1-9). Das *Flash-Spektrum* ist ein reines Emissionslinienspektrum, in dem bisher mehr als 3 500 Linien nachgewiesen worden sind. Unter diesen sind die Linien, die von Atomen oder Ionen mit hoher Anregungsenergie stammen, stärker als die mit geringerer Anregungsenergie. Das weist auf eine hohe Temperatur in den äußeren Schichten der Chromosphäre hin. Diese ist das Übergangsgebiet zwischen der Photosphäre (Abschnitt 1.4)

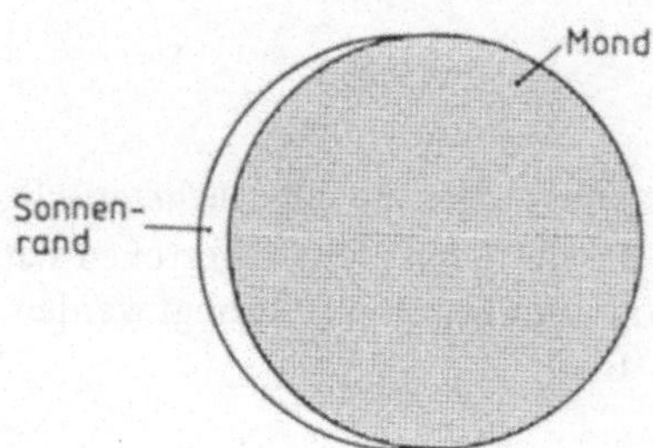

Bild 1-9
Totale Sonnenfinsternis in einem Stadium, das zur Aufnahme eines Flash-Spektrums geeignet ist

und der Korona. In diesem Übergangsgebiet steigt die Temperatur von etwa $4 \cdot 10^3$ K auf 10^6 K. In der Chromosphäre fehlt das Kontinuum, das das Licht der Photosphäre auszeichnet.

Auch das Kontinuum der Sonne und anderer Sterne entsteht durch atomare Prozesse in verdünnten Gasen und nicht durch die Temperaturstrahlung heißer fester und flüssiger Körper. Da es sich bei den Vorgängen, die zum kontinuierlichen Spektrum führen, um gebunden-freie oder frei-gebundene Übergänge handelt, wird diese Frage in Abschnitt 1.4 behandelt.

O_e- und B_e-Sterne sind Sterne mit Emissionslinien. Darauf weist der Index e hin. Alle Sterne rotieren. Der Nachweis der Rotation und die Bestimmung der Rotationsgeschwindigkeit gelingt nur bei relativ wenigen Objekten. Junge und heiße Sterne rotieren schneller als kühlere. Unsere Sonne mit einer Oberflächentemperatur von knapp 6000 K besitzt am Äquator nur eine Geschwindigkeit von 2 km s^{-1}. B_e-Sterne mit Oberflächentemperaturen von 30000 K und mehr rotieren sehr schnell. Es sind Äquatorgeschwindigkeiten zwischen 200...500 km s^{-1} beobachtet worden. Durch die starken Fliehkräfte löst sich Materie vom Stern und bildet eine abgeflachte Hülle, in welcher die Emissionslinien entstehen (Bild 1-10).

Seyfert-Galaxien, von *C. A. Seyfert* 1943 erstmals entdeckt, haben einen sehr kleinen, leuchtkräftigen Kern, der Emissionslinien verschiedener Breite zeigt. Diese stammen von hochangeregten Atomen und hochionisierten Ionen. Von den kurzzeitigen Vorgängen im Kern macht man sich folgende Vorstellung: Relativistische Elektronen und energiereiche Photonen bringen das interstellare Gas auf Temperaturen von einigen 10^6 K. Bei diesen Temperaturen entstehen die Ionen mit hohen Ionisationsgraden. Infolge der Aufheizung dehnt sich dieses Gas kräftig aus und erzeugt beim Aufprall auf das kühlere Gas der Umgebung eine kräftige Unruhe. In einer *turbulenten Grenzschicht* zwischen heißem und kühlerem Gas entstehen die breiten Linien der hochangeregten Atome.

Quasare sind nach der Deutung der meisten Astronomen weitentfernte Quellen ungewöhnlich hoher Strahlung. Es handelt sich wahrscheinlich um das Frühstadium vieler (oder aller?) Galaxien. Sie besitzen ein Emissionslinienspektrum, das eine erhebliche Rotverschiebung zeigt. Die ungewöhnlichen Aktivitäten in einem relativ kleinen Kern sind noch unklar. Die beobachteten Emissionslinien müssen sicher in einem leuchtenden und nicht zu dichtem Gas entstehen.

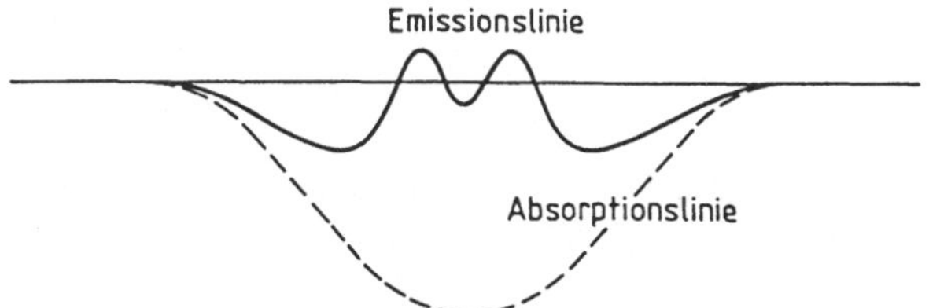

Bild 1-10
Emissionslinien bei der Beobachtung eines Be-Sterns in Polrichtung

1.3.6 Absorption

Spielt sich der durch Gl. (1-8) wiedergegebene Prozeß ab, so wird für kurze Zeit ein Lichtquant $h\nu$ absorbiert. Die Frequenz des absorbierten Quants hängt nicht nur von den inneren Eigenschaften des absorbierenden Atoms ab, auch dessen Bewegung, die elektrischen Felder benachbarter Atome und Ionen, sowie eventuelle Stöße haben Einfluß auf die Frequenz. Es kommt zu *Doppler-, Druck- bzw. Stoßverbreiterung.* Diese findet nicht nur bei Absorption, sondern natürlich auch bei Emission statt. Wird vom angeregten Atom ein Quant der gleichen Frequenz wieder ausgesandt – in beliebiger Richtung –, so spricht man von einer *kohärenten Streuung.* In den weitaus meisten Fällen wird aus den oben genannten Gründen die ausgesandte Frequenz nicht exakt mit der absorbierten übereinstimmen. In diesem Fall nennt man die Streuung *inkohärent.* Von der Streuung zu unterscheiden ist die *wahre Absorption.* Diese liegt dann vor, wenn die von den Atomen aufgenommene Strahlungsenergie zur Aufrechthaltung oder Erhöhung der lokalen Temperatur verwandt wird, und wenn die wieder ausgesandten Quanten über einen weiten Bereich der Frequenz streuen. *Für die Entstehung der Absorptionslinien in den Spektren der Sonne und der Sterne ist im wesentlichen die Streuung verantwortlich* (Bild 1-11).

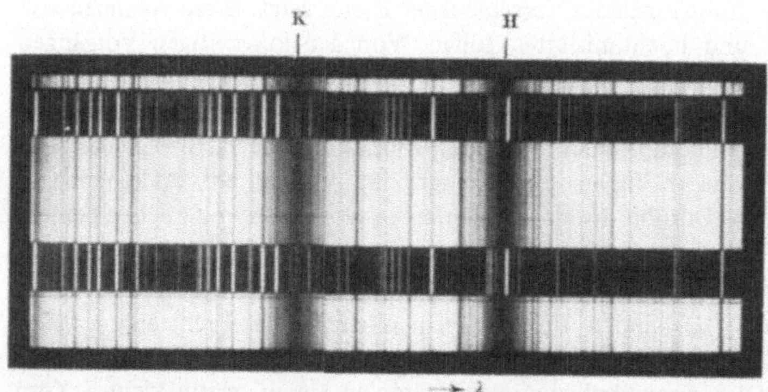

Bild 1-11 Unterster, mittlerer und oberster Streifen: Sonnenspektrum in der Umgebung der H- und K-Linien (des ionisierten Calciums), dazwischen: Linien des Spektrums von Eisen (aus *W. Grotrian* und *A. Kopff* (Hrsg.), Zur Erforschung des Weltalls, Springer, Berlin 1934)

1.3.7 Die 21-cm-Linie des Wasserstoffs

Eine Strahlung bei Emission und bei Absorption, die für die Erforschung unserer Milchstraße von besonderer Bedeutung geworden ist, entsteht bei einer sehr geringfügigen Energieänderung des Wasserstoffatoms. H-Atome im normalen Grundzustand haben nicht alle die gleiche Energie. *Die Spinrichtungen von Elektron und Proton können nämlich gleich oder entgegengesetzt sein* (Bild 1-12).

Im ersten Fall besitzen die Atome eine Energie, die um $\Delta E = 5{,}9 \cdot 10^{-6}$ eV höher ist als im zweiten Fall. Beim Übergang in den tieferen Energiezustand wird eine Strahlung der

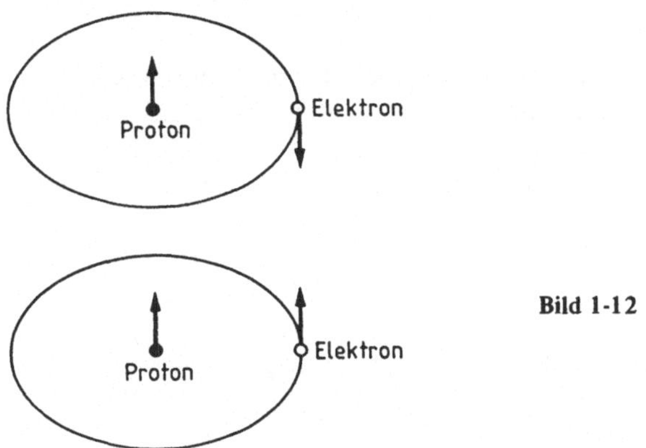

Bild 1-12

Frequenz $\nu = \frac{\Delta E}{h} = 1420{,}4$ MHz ausgesandt, entsprechend einer Wellenlänge von $\lambda = 21{,}1$ cm. Die angegebenen Werte gelten natürlich für ruhende Atome. Schon 1944 hatte *H. C. van de Hulst* berechnet, daß die 21-cm-Linie unter den Verhältnissen des interstellaren Raumes der Beobachtung zugänglich sein müßte. Das war nicht von vornherein zu erwarten. Einmal ist die interstellare Materie sehr dünn verteilt. Die Anzahldichte wird mit 1 Atom/cm^3 angegeben. Zum anderen ist die mittlere Lebensdauer $\bar{t}$ eines H-Atoms in dem höheren Energiezustand ungewöhnlich groß, bzw. die Übergangswahrscheinlichkeit $\bar{A}$ sehr klein. Es gilt

$$\bar{A} = 2{,}85 \cdot 10^{-15}\ s^{-1}$$

oder

$$\bar{t} = \frac{1}{\bar{A}} = 3{,}5 \cdot 10^{14}\ s = 11 \cdot 10^6\ a\ . \qquad (1\text{-}15)$$

Diese Zeit liegt weit über der Zeit, mit der im Mittel zwischen zwei Zusammenstößen interstellarer Atome zu rechnen ist. Wegen der großen Verweilzeit im höheren Energiezustand ist die natürliche Linienbreite sehr klein. Eine Verbreiterung erfolgt durch die thermische Bewegung der H-Atome. Sie liegt in der Größenordnung von $\Delta\nu = 6 \cdot 10^3$ Hz.

Die 21-cm-Linie ist zum ersten Mal 1951 beobachtet worden und zwar unabhängig voneinander in den USA, Holland und Australien. Sie tritt als Emissions- und Absorptionslinie auf, bei der Absorption natürlich nur dann, wenn die Empfänger gegen eine Radioquelle gerichtet sind.

Die beobachteten 21-cm-Linien sind nicht nur wegen des thermischen Dopplereffekts geringfügig verbreitert. Da die aufgenommenen Radiowellen meist aus sehr vielen Gaswolken stammen, die sich in den unterschiedlichsten Richtungen bewegen, tritt eine weitere, und zwar wesentlich stärkere Doppler-Verbreiterung zu der natürlichen hinzu. Oft gelingt es, die Geschwindigkeit zu bestimmen, mit der sich einzelne Gaswolken in der Gesichtslinie bewegen. Einzelheiten siehe z.B. bei *Schäfer*. Daraus lassen sich Schlüsse auf die Verteilung und Bewegung des neutralen Wasserstoffs in unserer Milchstraße ziehen.

1.3.8 Moleküle

Das Linienspektrum eines Atoms kann schon recht kompliziert sein. Erinnert sei nur an das Spektrum des Eisens, das wegen seines Linienreichtums und der daraus folgenden dichten Lage der Linien oft benutzt wird, um die Wellenlänge von Linien noch unbekannter Herkunft zu ermitteln oder auch, um die Doppler-Verschiebung bekannter Linien zu messen (Bild 1-13).

Bild 1-13 Teil des Eisenbogen-Vergleichsspektrums (402–442 nm), aufgenommen mit dem Spektrographen am 1,5-m-Teleskop der Europäischen Südsternwarte (ESO), La Ailla, Chile, Darstellung als Negativ

Aufnahme und Abgabe von Strahlung sind bei Atomen immer mit einer Änderung der Elektronenkonfiguration verbunden. Bei Molekülen, auch bei den einfachsten zweiatomigen Molekülen wie H_2 oder CO, kommen zwei weitere Möglichkeiten sprunghafter Energieänderung hinzu: *Die Atome können gegeneinander schwingen und das Molekül kann als ganzes rotieren.* Bild 1-14 stellt schematisch diese drei Möglichkeiten dar.

Am einfachsten ist das *Rotationsspektrum* (Quantenzahl J), das bei zweiatomigen Molekülen aus einer Reihe äquidistanter Linien besteht und auch bei mehratomigen Molekülen noch relativ einfach überschaubar ist.

Das Schwingungsspektrum (Quantenzahl ν) ist mit dem Rotationsspektrum gekoppelt. Man spricht deshalb vom Rotationsschwingungsspektrum. Dieses ist verständlicherweise komplizierter als das reine Rotationsspektrum.

Am kompliziertesten ist natürlich das Spektrum, das sich durch Kombination aller drei möglichen Änderungen des Energiezustandes eines Moleküls ergibt. Es ist das bekannte *Bandenspektrum.* Nur bei geringer Dispersion hat man mehr oder weniger strukturlose Banden. Eine höhere Dispersion läßt viele einzelne Linien erkennen.

Beispiel 1

In den Spektren der Sterne mit einer Oberflächentemperatur von 3 600 K oder weniger – sie gehören zum Spektraltyp M – sind die Banden des Titanoxids (TiO) vorherrschend. M-Sterne können durch die TiO-Banden identifiziert werden (Bild 1-15). Bei anderen Sternen treten starke Banden von CN, CO, C_2 bzw. ZrO, LaO und YO auf. Sie gehören den Nebenfolgen C und S in der Spektralsequenz an und weisen eine Oberflächentemperatur von nur 3 000 K auf.

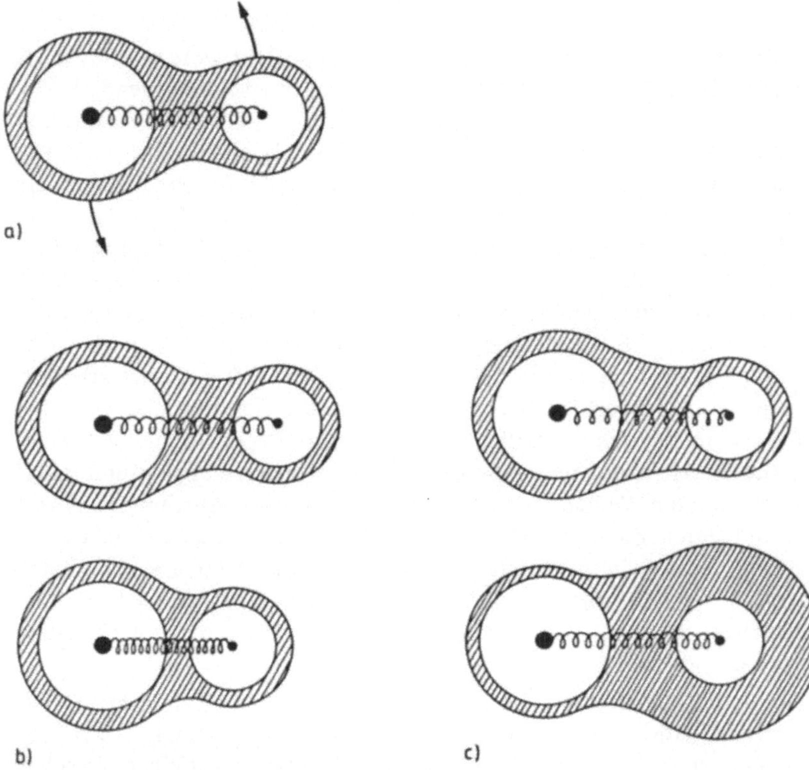

Bild 1-14

a) Änderung der Rotationsenergie. Rotationsquantenzahl J. Strahlung im fernen IR, mm- oder cm-Bereich der Radiowellen
b) Änderung der Schwingungsenergie. Schwingungsquantenzahl. Strahlung im nahen IR
c) Änderung der Elektronenkonfiguration. Strahlung im UV, im sichtbaren Bereich und im nahen IR

Bild 1-15 Spektrum des kühlen Riesensterns 83 Ursae Majoris (M2 III), Gesamtbereich des Objektivprismenspektrums etwa 370–720 nm. Deutlich sichtbar sind im kurzwelligen Bereich (links) die Metallinien und im langwelligen (rechts) die Molekülbanden des Titanoxids. Aufnahme mit dem 340 mm-Schmidt-Teleskop des Observatoriums Hoher List der Universitätssternwarte Bonn. Spektrum als Negativ dargestellt

Beispiel 2

In den riesigen Molekülwolken, die im interstellaren Raum entdeckt worden sind, spielt das Wasserstoffmolekül H_2 nach Masse und Molekülzahl sicher eine überragende Rolle. Doch nachweisen läßt es sich nur schwer. Bisher ist nur in wenigen Fällen eine Absorption im Ultravioletten bei 100 nm und 112 nm gefunden worden. H_2 strahlt auch im Infraroten (IR). So wurden vom Erdboden aus Beobachtungen bei 2,1 μm und 12,3 μm gemacht. Eine stärkere Strahlung wird im mittleren und fernen IR zwischen 17 μm und 84 μm erwartet. Messungen werden z.B. mit den IR-Satelliten *IRAS* (Infrared-Satellite) und *GIRL* (German-Infrared-Laboratory) möglich sein (siehe 6. Kapitel). Für das symmetrisch gebaute H_2-Molekül sind Übergänge zwischen benachbarten Rotationsniveaus, z.B. J = 0 und J = 1 verboten. Für den Übergang J = 0 zu J = 2 reicht aber in den sehr kühlen Molekülwolken, deren Temperatur meist kleiner als 50 K, oft nur etwa 20 K ist, die kinetische Energie der Stoßpartner nicht aus. Es fehlt also die mögliche Anregung des Wasserstoffmoleküls und so fehlt natürlich auch die entsprechende Strahlung. Für das asymmetrisch gebaute CO-Molekül ist der Übergang von J = 0 zu J = 1 erlaubt und findet unter den Bedingungen in den Wolken auch häufig genug statt. Diese Anregung geschieht wohl im wesentlichen durch Zusammenstöße mit H_2-Molekülen. Es gibt demnach genügend viele Moleküle, die sich im niedrigsten Anregungszustand ($\nu = 0$, J = 1) befinden und die ihre Energie beim Übergang in den Grundzustand ($\nu = 0$, J = 0) in Form von Strahlung abgeben. Diese läßt sich leicht bei einer Wellenlänge von 2,6 mm nachweisen. CO dient deshalb oft als Indikator für Molekülwolken (Bild 1-16).

Interessant für die Astronomen ist auch das 1969 entdeckte Formaldehyd H_2CO, gewissermaßen eine Kombination von H_2 und CO. Es sendet u.a. Strahlung bei 6,2 cm aus und kann wie CO zum Nachweis der Existenz und Ausdehnung interstellarer Molekülwolken dienen und das, obwohl die Anzahldichte sehr gering ist. Formaldehyd hat den Astronomen eine Überraschung beschert. In Radiospektren einiger Wolken, in denen H_2CO in etwas größerer Konzentration vorlag, wurde eine Absorptionslinie des Formaldehyds bei etwa 6 cm nachgewiesen. Als Kontinuum, aus dem Strahlung dieser Wellenlänge absorbiert werden kann, scheint nur die Beginn dieses Kapitels geschilderte Hintergrundstrahlung infrage zu kommen. Die Absorptionslinie tritt nämlich auch dann auf, wenn keine besondere Radioquelle hinter der Molekülwolke festzustellen ist. Wenn diese Annahme richtig ist, dann muß das Formaldehyd eine Temperatur geringer als 2,7 K besitzen. Die Frage, wie es zu dieser Abkühlung kommt, ist noch nicht beantwortet.

Bis 1963 waren nur die Moleküle und Molekülionen CH, CH^+ und CN durch Beobachtungen im optischen Bereich bekannt. 1963 erfolgte die erste Entdeckung eines interstellaren Moleküls durch die Radioastronomie. *Das Hydroxylradikal OH* wurde durch eine Absorption bei 18 cm nachgewiesen. Bis Anfang 1981 sind inzwischen über 50 verschiedenartige Moleküle in dichteren interstellaren Wolken gefunden worden. Außer den schon erwähnten wurden u.a. Ammoniak NH_3, Wasser H_2O, Methanol CH_3OH, Ameisensäure HCOOH, Ethanol C_2H_5OH nachgewiesen. In den letzten Jahren wurde ein Molekül mit 11 Atomen – HC_9N – und 1981 schließlich eins mit 13 Atomen – $HC_{11}N$ – mit Hilfe radioastronomischer Methoden entdeckt.

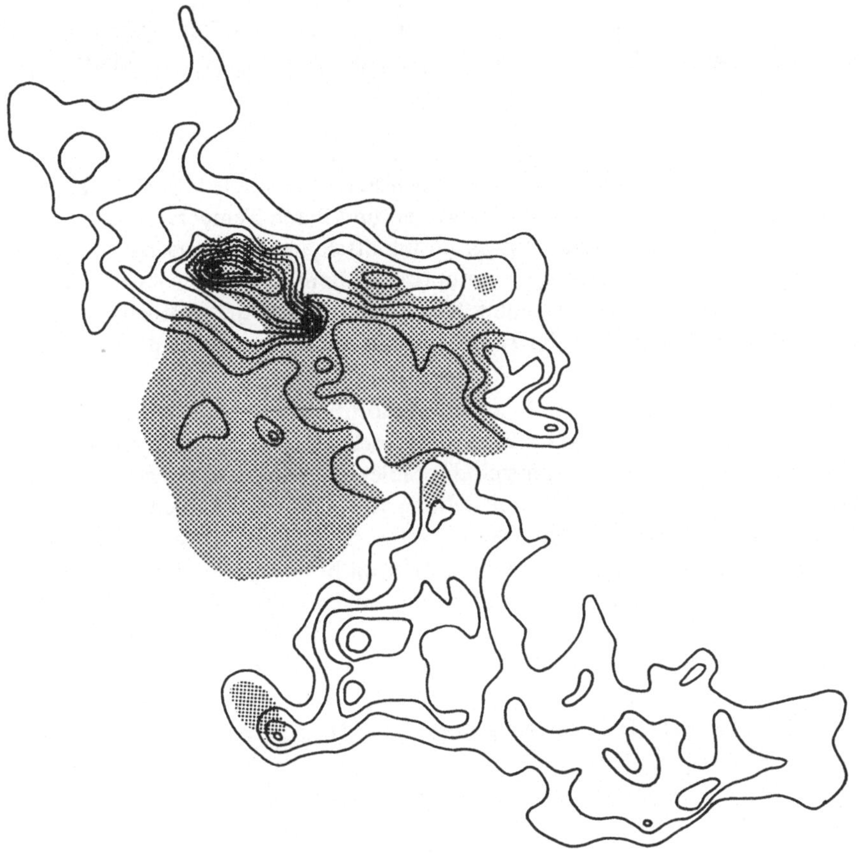

Bild 1-16 Molekülwolke im Einhorn. Linien gleicher Intensität des CO bei 2,6 mm. (Nach *L. Blitz*, Spektrum der Wissenschaft 6/1982)

Beispiel 3

Moleküle findet man auch im Kopf (Koma) und im Schweif von Kometen. Es handelt sich meist um 2- oder 3-atomige Moleküle, Radikale oder Radikalionen, z.B. CH, NH, OH, CN, C_2, C_3, OH^+, CH^+, N_2^+, CO^+, CO_2^+, H_2O, H_2O^+, HCN, CH_3CN. Ihre Bildung erfolgt durch Dissoziation von Molekülen wie H_2O, NH_3, CH_4, die bei der Annäherung an die Sonne aus dem Kometenkern verdampfen.

Beispiel 4

In den Atmosphären kühler Sterne und in den dichteren interstellaren Wolken findet dagegen ein Aufbau von Molekülen aus einzelnen Atomen statt. In den Wolken spielt der Staub eine wichtige Rolle. Auf seiner Oberfläche bleiben Atome haften (Adsorption) und finden sich gelegentlich zu Molekülen zusammen. Stöße, vor allem mit H_2-Molekülen, können solche Moleküle dann von den Staubteilchen lösen. Die zum Verständnis der Beobachtungen notwendige Beschaffenheit der Staubteilchen – Graphit, Eis, Silicat – ist noch nicht endgültig geklärt.

Beispiel 5

Die Existenz von Molekülen im interstellaren Raum gestattet auch, die kosmische Hintergrundstrahlung weit draußen im Weltall nachzuweisen und deren Temperatur zu messen. Dadurch ist man nicht nur auf Untersuchungen in unmittelbarer Nachbarschaft der Erde angewiesen. 1940 wurde durch Messungen im optischen Bereich nachgewiesen, daß das Molekül CN im interstellaren Raum vorkommt. Heute benutzt man dieses Molekül u.a. als „Thermometer", um die Temperatur der Hintergrundstrahlung an verschiedenen Stellen in unserer Milchstraße zu messen.

Interstellare Moleküle machen sich durch scharfe Absorptionslinien im Licht weit entfernter Sterne bemerkbar, so auch CN. In Absorptionsspektren des CN war nun eine Linie zu finden, die nur entstehen kann, wenn sich das Molekül in einem angeregten Zustand befindet. Das ist zu vergleichen mit der Entstehung von Absorptionslinien der Balmer-Serie im Sonnenspektrum. Hier müssen sich ja die für die Absorption verantwortlichen Teilchen – die H-Atome – im ersten angeregten Zustand befinden. Wie kommt die Anregung der CN-Moleküle zustande? Durch Stöße mit anderen Atomen oder Molekülen im interstellaren Raum kann dies nicht geschehen. Sonst würde man nämlich bei Absorptionen, die in verschiedenen Wolken erfolgen, unterschiedliche Beobachtungen machen, die auf die sicher unterschiedlichen örtlichen Bedingungen zurückzuführen wären. Das ist nicht der Fall. Die Anregung muß durch ein Agens erfolgen, das keinen

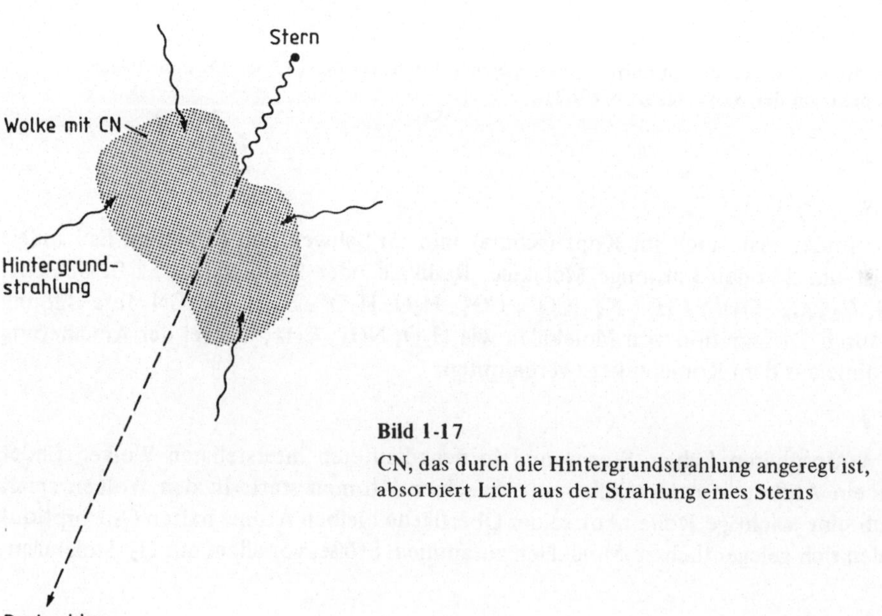

Bild 1-17
CN, das durch die Hintergrundstrahlung angeregt ist, absorbiert Licht aus der Strahlung eines Sterns

örtlichen Variationen unterliegt. Aber nicht nur das. Zur Anregung der CN-Moleküle in den Zustand, von dem aus eine Absorption des Sternenlichts erfolgt, ist eine Strahlung von 2,6 mm Wellenlänge erforderlich. Und diese Strahlung bildet einen ausreichenden Anteil der kosmologischen Hintergrundstrahlung (Bild 1-17).

Schon 1941 hatte *A. McKellar* auf Grund von Absorptionslinien des CN-Moleküls im Spektrum des Sterns Zeta-Ophiuchi (Zeta im Schlangenträger) interessante Überlegungen angestellt. Er kam zu dem Schluß, daß der Anregungszustand des CN-Moleküls so wäre, als ob dieses einer Strahlung eines Schwarzen Körpers von 2,3 K ausgesetzt wäre. Obwohl der Gedanke von einer Entstehung der Welt aus einer Singularität zu dieser Zeit schon mehrfach geäußert und durchdacht war, wurde eine Reststrahlung aus dem Urknall für die Anregung der CN-Moleküle im interstellaren Raum nicht in Betracht gezogen.

Noch eine Tatsache ist bemerkenswert. Bisher ist die Absorptionslinie im CN-Spektrum vom angeregten Zustand aus immer gefunden worden. Sollte das einmal nicht geschehen, womit keiner rechnet, so käme die Vorstellung von der aus dem Urknall stammenden und damit notwendigerweise überall vorhandenen Mikrowellen-Hintergrundstrahlung in erhebliche Schwierigkeiten.

1.3.9 Kosmische Maser und Laser

Der erste kosmische Maser wurde Ende 1965 von Radioastronomen der Universität Berkeley und fast gleichzeitig von Astronomen der Harvard Universität entdeckt. Man hatte Emissionslinien des OH-Radikals bei 1665 und 1667 MHz, entsprechend einer Wellenlänge von etwa 18 cm gefunden. Doch waren die Ergebnisse der Messungen zunächst so verwirrend, daß man in Erinnerung an „Nebulium" und „Koronium" eine Zeitlang scherzhaft von einem „Mysterium", einem Gas noch unbekannter Zusammensetzung sprach. Während es aber Jahrzehnte brauchte, bis die Rätsel der Nebel- und Koronalinien gelöst waren, hielt sich die Bezeichnung „Mysterium" in den Diskussionen nur wenige Wochen. Dann war man sich über die eindeutige Zuordnung der beobachteten Emissionslinien zu dem Hydroxylmolekül OH völlig klar. Die Deutung der Beobachtungen führte in kurzer Zeit zu der Erkenntnis, daß in den Quellen der OH-Emission ein *Maserprozeß* ablaufen muß.

1963 wurde unter Einsatz des 25,6-m-Radioteleskops in Massachusetts das Hydroxylradikal OH als Bestandteil einiger interstellarer Wolken gefunden. *Charles H. Townes*, der 1954 den ersten funktionierenden Maser – einen Ammoniakmaser – entwickelte, hatte hierfür eine wichtige Vorarbeit geleistet. Ihm und seinen Mitarbeitern gelang es 1959 die Frequenzen von zunächst zwei Linien des OH-Moleküls im Radiofrequenzbereich zu berechnen und im Laboratorium zu messen: 1665,46 MHz und 1667,34 MHz. Als das Radioteleskop auf dem Millstone-Hügel in Massachusetts gegen die ausgedehnte Radioquelle A in der Cassiopeia gerichtet wurde, fand man zuerst die Linie bei 1667 MHz, etwas später auch die bei 1665 MHz, beide in Absorption. Die Theorie sagt zwei weitere Linien mit 1612 MHz und 1720 MHz voraus. Auch diese wurden gefunden. Bei *thermischem Gleichgewicht* erwartet man ein *Intensitätsverhältnis* von 1 : 5 : 9 : 1 für die Absorption oder Emission in den Frequenzen 1612 MHz, 1665 MHz, 1667 MHz und 1720 MHz. *Das trifft auch für die beobachteten OH-Absorptionslinien zu, zur Überraschung aber nicht für die OH-Emissionslinien.* Diese Feststellung eines völlig anderen Intensitätsverhältnisses, vor allem aber eine weitere Beobachtung führte zwangsläufig zu dem Schluß, daß in den OH-Quellen Bedingungen herrschen müssen, die sich grundsätzlich von allen bis dahin im Kosmos bekannten unterscheiden.

Im Sternbild der Cassiopeia gibt es eine Gaswolke mit der Katalognummer W3 *(C. Westerhout)*, die einige besonders intensive OH-Quellen beherbergt. Erste Untersuchungen mit radiointerferometrischen Methoden ergaben eine Ausdehnung von etwa 1,″5. Mit Hilfe der *Very Long Baseline Interferometry (VLBL)* gelang der Nachweis, daß in diesem Gebiet von 1,″5 eine ganze Reihe von extrem kompakten Quellen vorhanden ist. Die Ausdehnung dieser einzelnen Quellen liegt in der Größenordnung von wenigen tausendstel Bogensekunden. Aus der bekannten Entfernung von 2000 pc $\approx 6{,}2 \cdot 10^{16}$ km ergibt sich für eine scheinbare Ausdehnung von 0,″001 ein Durchmesser von $3 \cdot 10^8$ km. Es handelt sich also um Objekte, deren Ausdehnung in der gleichen Größenordnung liegt wie unser Sonnensystem. Nun kann man eine einfache Rechnung durchführen. Aus der Intensität der beobachteten OH-Linie und der räumlichen Ausdehnung und Entfernung der Quellen kann man auf die Temperatur der Quellen schließen, wenn man annimmt, daß es sich um eine thermische Strahlung – genauer die eines schwarzen Körpers – handelt. Es ergeben sich Werte von 10^{10} K bis 10^{13} K! Die außerordentliche Schärfe der OH-Linien läßt aber keine höhere Temperatur als einige 10 K zu. Bei höheren Temperaturen würde der Doppler-Effekt infolge der unregelmäßigen Bewegung der Moleküle zu einer größeren Verbreiterung führen. Außerdem könnten natürlich bei 10^{10} K und höheren Temperaturen keine Moleküle existieren. Ein thermischer Prozeß ist also ausgeschlossen. Es handelt sich hier um einen *kosmischen Maser (Microwave amplification by stimulated emission of radiation)*.

Neben den OH-Masern hat man auch zahlreiche H_2O-Maser bei 1,35 cm und SiO-Maser bei 7,01 mm, 6,95 mm, 3,47 mm und 2,32 mm entdeckt. Daneben zeigen auch kleine Gebiete mit HCN, CN, SiS und H_2S immer wieder einmal Abweichungen vom thermischen Gleichgewicht.

Maserquellen werden vor allem in H II-Regionen, d.h. in der Gegend junger Sterne, und in den ausgedehnten Atmosphären roter Riesensterne beobachtet. Der Pumpmechanismus, der für eine Überbesetzung eines metastabilen Energieniveaus sorgt, ist noch keineswegs vollständig verstanden. Drei Fälle und auch Kombinationen von ihnen werden diskutiert: Das Pumpen durch Strahlung, durch Stöße und durch chemische Reaktionen. Alle drei Möglichkeiten scheinen bei kosmischen Masern eine Rolle zu spielen. Doch wird das Pumpen durch Strahlung wohl entscheidend sein.

(1) *Chemische Reaktionen*, bei denen Moleküle entstehen, die Besetzungsinversionen aufweisen, hängen u.U. mit Stößen zusammen. So könnte ein H_2O-Molekül bei einem Stoß mit einem anderen Teilchen in H und OH aufgespalten werden. Das OH-Molekül entsteht in einem angeregten Zustand, von dem es durch Strahlenemission in das metastabile Niveau übergeht.

(2) *Das Pumpen durch Stöße* kann auch ohne chemischen Prozeß zur Anregung höherer Energiezustände führen. Eine Emission von Strahlung führt dann u.U. zur Besetzungsinversion.

(3) *Beim Pumpen durch Strahlung* geschieht die notwendige Anregung vor dem Übergang in das metastabile Niveau durch Photonen.

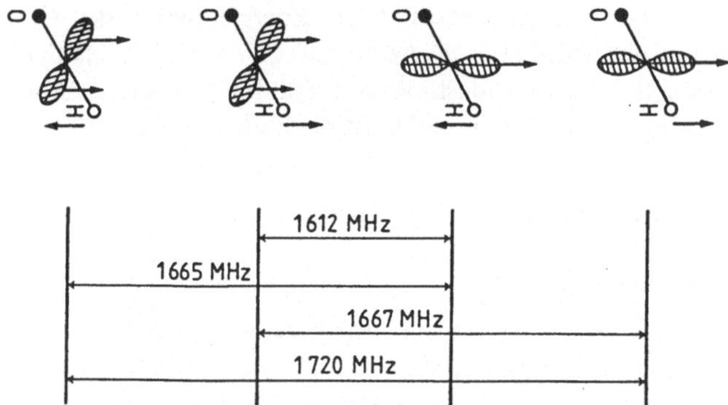

Bild 1-18 Die Anregung des Grundzustandes eines OH-Moleküls

Für den dritten Fall ist die Anregung eines OH-Moleküls in Bild 1-18 schematisch wiedergegeben. Die Darstellung gilt für die häufigsten und am besten erforschten Maser in den Atmosphären alter Sterne. In diesen Masern ist die 1612-MHz-Linie verstärkt. Gas und in einiger Entfernung von der Oberfläche des Sterns auch Staub werden durch den Strahlungsdruck fortgetrieben. Nicht weit vom Stern entfernt können sich H_2O- und SiO-Maser bilden, weil die Geschwindigkeit der Materie dort nicht zu groß, die Temperatur aber zur Bildung von Molekülen tief genug ist (ca. 1000 K). Dann folgt eine Zone, in der die Fortbewegung durch den Strahlungsdruck zu groß und vor allem stark beschleunigt ist. Hier gibt es keine Maserbildung. Erst wenn die Beschleunigung in weiter außen liegenden Bezirken nachläßt, können sich zunächst wieder H_2O- und SiO-Maser bilden. Sie finden sich in einer Hülle von 10^9 km bis 10^{10} km um den Stern. Dabei liegen die H_2O-Maser im Mittel etwas weiter vom Stern entfernt. Erst in den äußersten Schichten bilden sich OH-Maser. Eine Linienverschiebung zeigt deutlich eine Bewegung der Maserquellen, die auf uns zu und von uns fort gerichtet ist. (Die radiale Geschwindigkeit des Sterns muß natürlich eliminiert werden.)

Eine andere Gruppe von Masern findet man in *Molekülwolken,* in denen sich junge Sterne bilden. Sie liegen nicht in den H II-Regionen, die durch die UV-Strahlung heißer Sterne erzeugt werden. Sie liegen auch nicht in den sehr kalten Teilen der Molekülwolken, in denen 10 K oder einige 10 K gemessen werden. In ihrer Nähe ist immer eine Infrarotquelle. Bisher sind im interstellaren Raum nur OH- und H_2O-Maser, aber keine SiO-Maser beobachtet worden.

In den ersten Monaten des Jahres 1980 sind *auf dem Mars Laserquellen* nachgewiesen worden. Die Laserstrahlung stammt vom CO_2. Die Keulenbreite des Empfängers betrug $1''\!.7$, während der Mars zur Beobachtungszeit einen scheinbaren Durchmesser von $13''\!.8$ besaß. Es war also eine gute Durchmusterung möglich. Die Absorptionslinie des CO_2 bei 10,33 μm wies in der Mitte eine schmale Emission von 17 MHz Breite auf. Nach Meinung der Autoren stammt diese Emission aus höheren Bereichen der Marsatmosphäre – 55 km bis zu 95 km –, in denen eine Abweichung vom lokalen thermodynamischen

Gleichgewicht vorliegt. Hier sind die höheren metastabilen Energieniveaus des CO_2 stärker besetzt als sonst in der Atmosphäre des Mars. Diese besteht zu etwa 95 % aus CO_2, das zum größten Teil die untersuchte Absorptionslinie von 800 MHz Breite erzeugt. Die eigentliche Ursache für die Erzeugung von Laserquellen ist noch nicht bekannt.

1.4 Gebunden-frei-(g-f-)- und frei-gebunden-(f-g-)-Übergänge

1.4.1 Ionisationspotentiale und Wellenlängen

Reicht die Energie eines Photons aus, ein Elektron aus einem gebundenen Zustand zu lösen, d.h. dem Atom oder Molekül zu entreißen, dann findet ein g-f-Übergang statt. Fängt ein Atom oder Molekül ein freies Elektron ein, so liegt ein f-g-Übergang vor. Ein g-f-Übergang ist mit Absorption, ein f-g-Übergang mit Emission verbunden. Da die Energie eines freien Elektrons nicht gequantelt ist, handelt es sich um eine kontinuierliche Absorption bzw. Emission. Kontinuierliche Bereiche im Spektrum eines Gases schließen sich an die Grenzen der Serien an, die die bekannten Linienspektren bilden. Man spricht deshalb von Grenzkontinua. Die Bilder 1-19 und 1-20 zeigen die Entstehung des Lyman- und Balmer-Kontinuums in Absorption und Emission für das H-Atom. Tabelle 1-1 gibt für H und He die Energie und die Wellenlänge der Photonen an, die zur Ionisation führen. Photonen dieser und kleinerer Wellenlänge bzw. größerer Energie führen zu den oben erwähnten g-f-Übergängen. Tabelle 1-2 enthält für weitere Atome die entsprechenden Werte.

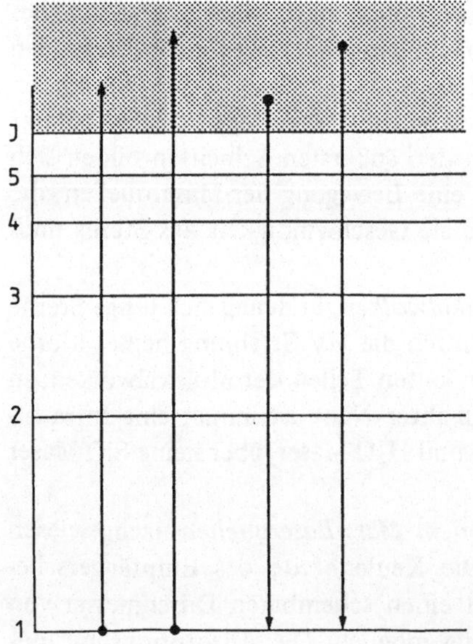

Bild 1-19
Das Lyman-Kontinuum in Absorption und Emission

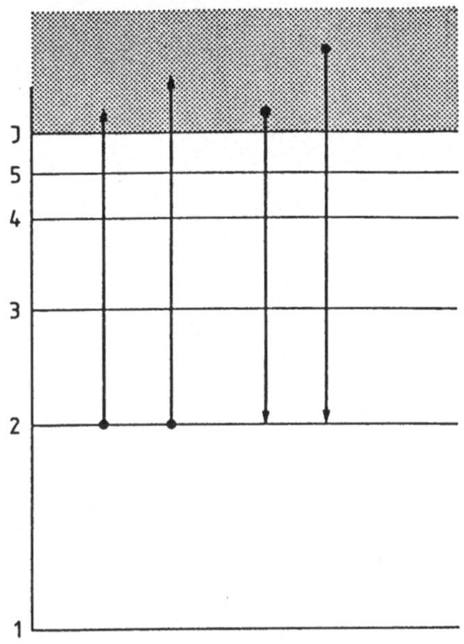

Bild 1-20
Das Balmer-Kontinuum in Absorption und Emission

1.4.2 Das Kontinuum des Sternenlichts

Wie die Tabellen 1-1 und 1-2 zeigen, liegen die Grenzkontinua aller Atome, die sich im Grundzustand befinden, im Ultravioletten. Die für H im 1. und 2. Anregungszustand angegebenen Werte für die Seriengrenzen lassen aber erkennen, daß auch Grenzkontinua im Sichtbaren und Infraroten zu finden sind. Das gilt natürlich auch für die anderen in Tabelle 1-1 und 1-2 aufgeführten Elemente. Eine Zeitlang hat man geglaubt, daß das Kontinuum der Sonnenstrahlung durch die Überlagerung zahlreicher Grenzkontinua zustande kommt. Das hat sich aber bei genauerer Kenntnis des Intensitätsverlaufs bald als Irrtum erwiesen. Heute weiß man, daß das H^--Ion im wesentlichen für das kontinuierliche Sonnenspektrum verantwortlich ist. Da beim H-Atom die positive Ladung des Protons durch ein einziges Elektron nicht vollständig abgeschirmt werden kann, ist der Einfang eines weiteren Elektrons unter Emission von Strahlung möglich:

$$H + e^- \longrightarrow H^- + h\nu\,. \qquad (1\text{-}16)$$

Tabelle 1-1 Energie und Wellenlänge für die Ionisation von H und He

	Ionisationspotential eV	λ nm
H n = 1	13,6	91,2
n = 2	3,4	364,6
n = 3	1,51	821
He n = 1	24,6	50,4

Tabelle 1-2 Energie und Wellenlänge für die Ionisation verschiedener Atome

Element	Ionisationspotential eV	λ nm
Cs	3,89	319
K	4,3	288
Na	5,1	243
Ba	5,2	238
Ca	6,1	203
Fe	7,87	156
C	11,26	105,3
O	13,6	91,3
N	14,5	85,5
Ne	21,6	57,4

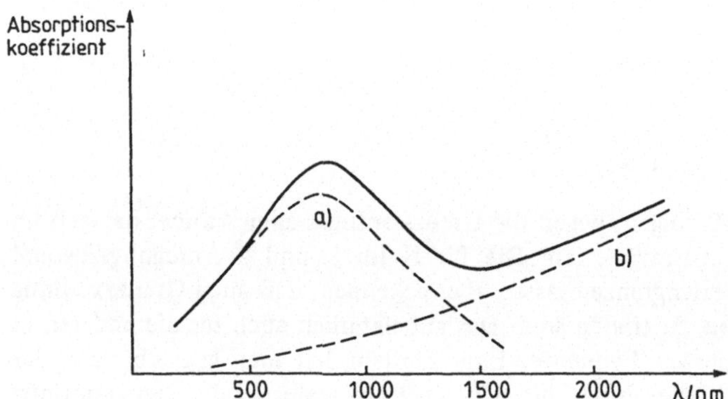

Bild 1-21 Abhängigkeit des Absorptionskoeffizienten von H^- von der Wellenlänge für 6000 K. Die dünn gezeichneten Kurven repräsentieren die Beiträge der gebunden-frei-Übergänge (a) bzw. der frei-frei-Übergänge (b)

H^--Emission und -Absorption spielen für alle Sterne, deren Oberflächentemperatur mit derjenigen der Sonne vergleichbar ist, die wesentliche Rolle für die Entstehung des Kontinuums. Beispielsweise übertrifft für $T = 6000$ K die H^--Absorption und deshalb nach dem Kirchhoffschen Gesetz auch die H^--Emission die entsprechenden Werte im Balmer-Kontinuum (364,6 nm), obwohl das Maximum der H^--Absorption bei 850 nm, also im nahen Infraroten liegt. Die für die Reaktion notwendigen freien Elektronen werden zum weitaus größten Teil durch die leicht ionisierbaren Metallatome zur Verfügung gestellt. Die Bindungsenergie in dem Prozeß (1.16) beträgt 0,75 eV. Dieser Energie entspricht eine Strahlung der Wellenlänge $\lambda = 1654$ nm. Da die Elektronen vor ihrer Vereinigung mit den H-Atomen eine mehr oder weniger große kinetische Energie besitzen, ist dies die obere Grenze.

Versuche von *Lochte-Holtgreven* und seinen Mitarbeitern in Kiel Anfang der fünziger Jahre zum Absorptionskoeffizienten der H^--Ionen und ausführliche Rechnungen haben mittlerweile sichergestellt, daß das Licht der Sonne wirklich im wesentlichen durch die Bildung von H^--Ionen entsteht.

Für Sterne mit einer Oberflächentemperatur über 10 000 K dagegen überwiegt die Wirkung der Grenzkontinua neutraler H-Atome. Tabelle 1-3 liefert einige interessante Zahlen. $n_{01}(H)$ und $n_{02}(H)$ bedeuten die Anzahl neutraler H-Atome im Grundzustand bzw. im ersten angeregten Zustand. $n(H^-)$ ist die Anzahl der negativen H^--Ionen.

Tabelle 1-3 Anzahl der $n(H^-)$-Ionen und der H-Atome im 1. angeregten Zustand im Vergleich mit H-Atomen im Grundzustand

	T = 6 000 K	T = 10 000 K
$\frac{n(H^-)}{n_{01}(H)}$	$1{,}2 \cdot 10^{-8}$	$1{,}8 \cdot 10^{-9}$
$\frac{n_{02}(H)}{n_{01}(H)}$	$1{,}2 \cdot 10^{-8}$	$3{,}1 \cdot 10^{-5}$

Die Werte gelten für einen Elektronendruck von $P_e = 1\ Nm^{-2}$, wie er in der Photosphäre der Sonne herrscht. Erstaunlich ist die relativ geringe Anzahl der H^--Ionen bzw. der H-Atome im ersten Anregungszustand, die für eine gut beobachtbare Wirkung erforderlich ist, nämlich ein kräftiges Kontinuum, sowie starke Linien der Balmer-Serie des Wasserstoffs bei Absorption. Diese letzteren können natürlich nur dann entstehen, wenn sich genügend viele H-Atome im ersten angeregten Zustand befinden. Bei kühleren Sternen beginnen die zahlreichen Grenzkontinua der Metalle mehr und mehr eine Rolle für das Kontinuum der Sternstrahlung zu spielen.

Zum Kontinuum der Sonnenstrahlung tragen auch frei-frei-Übergänge bei. Diese machen sich allerdings erst im Infraroten und im Radiowellenbereich bemerkbar (Näheres im nächsten Abschnitt).

1.5 Frei-frei-Übergänge, Elektrobremsstrahlung

Im Weltall befinden sich weitaus größte Teile der Materie im Plasmazustand. Unter einem Plasma versteht man ein ionisiertes Gas, in dem neben Elektronen und positiven Ionen auch neutrale Atome und Moleküle vorkommen können. Ist das letztere der Fall, so handelt es sich um ein teilweise ionisiertes Plasma.

In einem Plasma spielen sich mannigfache Reaktionen ab: Ionisation, Rekombination, Dissoziation, Termanregung, Aussendung von Strahlung durch Termübergänge, Strahlungsemission durch frei-frei-Übergänge.

Bei einem frei-frei-Übergang geht ein Elektron in dem Coulombfeld eines Ions von einem ungebundenen Zustand bestimmter Energie in einen ungebundenen Zustand anderer Energie über. Die Energiedifferenz wird in Form von Strahlung emittiert. Man spricht

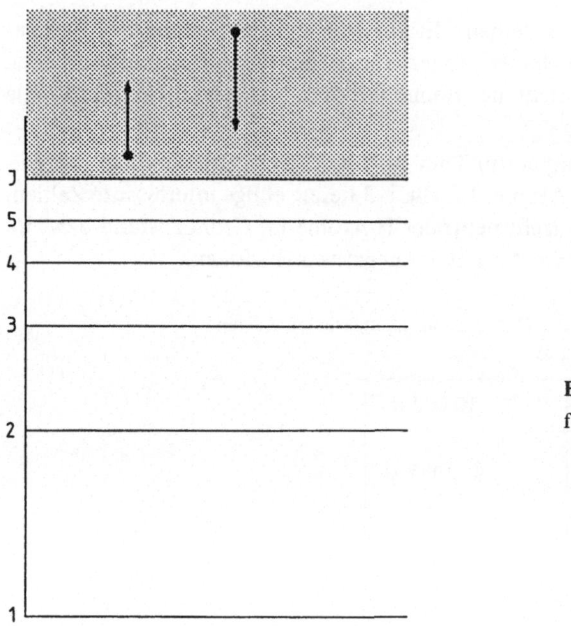

Bild 1-22
frei-frei-Übergänge

von Bremsstrahlung, genauer von *Elektrobremsstrahlung*. Es spielt sich der folgende Prozeß ab:

$$e^-_{schnell} + A^+ \longrightarrow e^-_{langsam} + A^+ + h\nu \,. \tag{1-17}$$

Das Spektrum der entstehenden Strahlung ist kontinuierlich (Bild 1-22).

Im Strahlungsfeld der Sterne kann auch der umgekehrte Prozeß ablaufen:

$$e^-_{langsam} + h\nu + A^+ \longrightarrow e^-_{schnell} + A^+ \,. \tag{1-18}$$

Im Coulombfeld eines Ions überträgt ein Photon seine Energie an ein Elektron und hebt dieses in einen höheren Energiezustand. Die Grenzkontinua entstehen in Absorption durch gebunden-frei-Übergänge bzw. in Emission durch frei-gebunden-Übergänge. Sie verschieben sich mit wachsender Hauptquantenzahl zu immer größeren Wellenlängen bzw. zu immer kleineren Frequenzen. Von dieser Tatsache aus wäre wenigstens qualitativ verständlich, daß frei-frei-Übergänge erst im fernen Infraroten oder im Bereich der Radiowellen eine entscheidende Rolle spielen.

Beispiel 1

Die Radiostrahlung der Sonne im Millimeter-, Zentimeter- und Dezimeterwellenbereich ist zum größten Teil eine thermische Strahlung, die durch frei-frei-Übergänge von Elektronen in der Sonnenkorona entsteht. Neben der Strahlung der „ruhigen Sonne" gibt es eine langsam veränderliche Komponente, die auf „Kondensationen" in der Sonnenkorona zurückzuführen ist. Für Ausbrüche von Radiowellen im Meterbereich gelten andere Ursachen (siehe Synchrotronstrahlung und Plasmaschwingungen). Die kontinuierliche Strahlung der Sonne für größere λ beginnt bei $T \approx 14\,000$ K. Bei dieser Temperatur ist etwa gebunden-frei oder frei-gebunden gleich frei-frei.

Beispiel 2

Um heiße und junge Sterne bildet sich eine H II-Zone, in der der Wasserstoff durch die Ultraviolettstrahlung des zentralen Sterns ionisiert ist ($\lambda \leqslant 91{,}2$ nm). In H II-Gebieten muß man mit frei-frei-Übergängen und der durch sie erzeugten Strahlung rechnen.

Beispiel 3

Überstreicht man die inneren 15 Lichtjahre unserer Milchstraße, so erhält man eine thermische Bremsstrahlung eines ionisierten Gases von etwa 10 000 K.

1.6 Magnetobremsstrahlung, Zyklotronstrahlung und Synchrotronstrahlung

1.6.1 Allgemeine Bemerkungen und Beispiele

Es ist bekannt, daß bewegte Elektronen in einem Magnetfeld eine Beschleunigung erfahren und deshalb eine elektromagnetische Strahlung aussenden. Steht ihre Geschwindigkeit $\vec{v}$ senkrecht zu den magnetischen Flußlinien $\vec{B}$, so bewegen sie sich auf Kreisen. Besitzen sie eine Geschwindigkeitskomponente in Richtung $\vec{B}$, so beschreiben sie Schraubenlinien. Ihre charakteristische Frequenz für einen Umlauf ist

$$\nu_B = \frac{e\,B_\perp}{2\,\pi\,m_e}\,. \tag{1-19}$$

Sie wird *Zyklotrofrequenz* genannt und ist unabhängig vom Radius der Kreis- bzw. Schraubenbahn. Elektronen, deren kinetische Energie klein ist im Vergleich mit ihrer Ruhenergie, deren Gesamtenergie E also nicht stark von ihrer Ruhenergie $m_e\,c^2 = 0{,}511 \cdot 10^6$ eV abweicht, strahlen allein mit dieser Frequenz. Es gilt

$$\nu_B = 2{,}8 \cdot 10^{10}\,B_\perp \qquad (B \text{ in T}, \nu \text{ in } s^{-1})\,. \tag{1-20}$$

Interstellare Magnetfelder besitzen im allgemeinen eine Stärke von 10^{-9} T. Aus (1-20) ergibt sich $\nu_B = 28\,s^{-1}$. Das entspricht einer Wellenlänge von über 10 000 km. Die übliche Atmosphäre läßt aber je nach dem Zustand ihrer Ionosphäre nur Radiostrahlung mit einer Wellenlänge kleiner als 20 m oder 30 m durch. Aber auch außerhalb unserer Atmosphäre ist eine Strahlung mit Wellenlängen von einigen 1000 km wohl kaum zu empfangen. Nichtrelativistische Elektronen, deren Geschwindigkeit wesentlich kleiner als die Lichtgeschwindigkeit ist, erzeugen also bei ihrer Bewegung in den schwachen Magnetfeldern des interstellaren Raumes keine nachweisbare Strahlung.

Ganz anders liegen die Verhältnisse bei relativistischen Elektronen, Elektronen also, deren Gesamtenergie ihre Ruhenergie merklich übersteigt. Ist ihre Gesamtenergie (einschließlich der Ruhenergie) E, so entsteht bei ihrer Bewegung im Magnetfeld eine kontinuierliche Strahlung mit einem Maximum der Leistung bei der Frequenz

$$\nu_{max} = \frac{1}{2}\,\frac{e\,B}{2\,\pi\,m_e} \cdot \left(\frac{E}{m_e \cdot c^2}\right)^2 = \frac{1}{2}\,\nu_B \left(\frac{E}{m_e \cdot c^2}\right)^2 \tag{1-21}$$

Energiereiche Elektronen sind z.B. in der kosmischen Strahlung zu finden. Elektronen mit einer Gesamtenergie von 10^{10} eV gehören noch zur weichen Komponente der kosmischen Strahlung. Für sie gilt mit $B = 10^{-9}$ T

$$\nu_{max} = \frac{e\,B}{4\,\pi\,m_e} \cdot \left(\frac{10^{10}}{5{,}11 \cdot 10^5}\right)^2 = 5{,}4 \cdot 10^9\ s^{-1}\ ,$$

entsprechend einer Wellenlänge von $\lambda_{max} = 5{,}6$ cm.

Beträgt die Gesamtenergie $E = 10^{14}$ eV, so ergeben sich wieder mit $B = 10^{-9}$ T die Werte $\nu_{max} = 5{,}4 \cdot 10^{17}\ s^{-1}$ bzw. $\lambda_{max} = 0{,}56$ nm, d.h. eine Röntgenstrahlung.

Bild 1-23 stellt schematisch die Bewegung eines Elektrons in einem Magnetfeld und die damit verbundene Abstrahlung dar. Die Richtung der Strahlung ist gleich der augenblicklichen Bewegungsrichtung der Elektronen und ist an das Innere eines Kegels gebunden, dessen Scheitelwinkel

$$\gamma = \frac{m_e \cdot c^2}{E} \qquad (1\text{-}22)$$

ist. Für die oben benutzten Werte für E (10^{10} eV und 10^{14} eV) erhält man

$$\gamma = 5{,}11 \cdot 10^{-5}\ \text{rad} = 0{,}^\circ 003$$

bzw. $\gamma = 5{,}11 \cdot 10^{-9}\ \text{rad} = (3 \cdot 10^{-7})^\circ \approx 0{,}''001$.

Die Strahlung ist also ungemein stark gebündelt. Die Strahlung ist auch polarisiert. Ihr Vektor des elektrischen Feldes steht senkrecht zur Richtung des Magnetfeldes und zur Bewegungsrichtung der Elektronen.

Der Energieverlust in der Zeiteinheit, d.h. also auch die Strahlungsleistung ist umgekehrt proportional zur 4. Potenz der Ruhmasse

$$-\frac{dE}{dt} \sim m^{-4}\ . \qquad (1\text{-}23)$$

Deshalb spielt die Bewegung von Protonen oder anderen Ionen für die Erzeugung von Magnetobremsstrahlung im Weltall keine (wesentliche) Rolle.

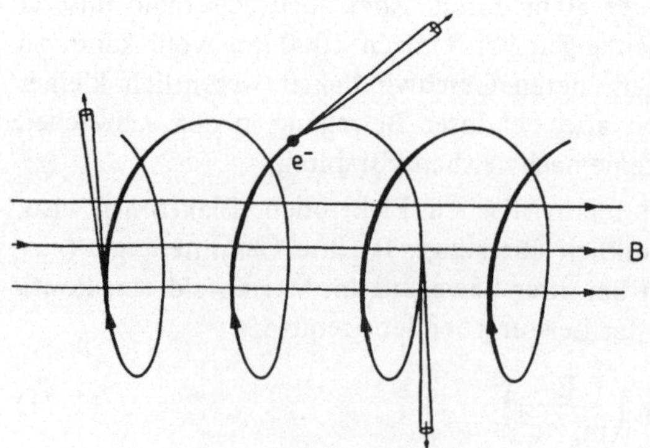

Bild 1-23
Synchrotronstrahlung. Die eingezeichneten Kegel symbolisieren den schmalen räumlichen Bereich, innerhalb welchem die elektromagnetischen Wellen jeweils abgestrahlt werden

Beispiel 1

Der Krebs- oder Crabnebel im Stier ist ein ungemein ergiebiges Objekt für die neuere astronomische Forschung. Es handelt sich um den Überrest einer Supernovae, die im Jahre 1054 beobachtet wurde. Man kann drei Komponenten unterscheiden: eine amorphe Gasmasse, leuchtende Filamente, die ein feines Netzwerk mit einer fasrigen Struktur bilden, und schließlich den durch einen Gravitationskollaps entstandenen Neutronenstern, den Pulsar 0531+21, dessen Pulsperiode nur 0,0331 s beträgt (Bild 1-24).

Nachdem *H. Alfvén* und *N. Herlofson* schon 1950 die Vermutung ausgesprochen hatten, daß *die Strahlung kosmischer Radioquellen keine thermische, sondern Synchrotronstrahlung sei,* stellte *Shklovsky* 1953 die Behauptung auf, daß auch ein Teil des Lichtes, das wir vom Krebsnebel empfangen, Synchrotronstrahlung ist, d.h. durch die Bewegung sehr energiereicher Elektronen in Magnetfeldern entsteht. Noch im gleichen Jahr wurde erstmals nachgewiesen (*V. M. Dombrowski* und *M. A. Vashakize,* Byurakan Observatorium in Armenien), daß das Licht des Krebsnebels teilweise bis zu 13 % linear polarisiert ist. Später fand man in einigen Partien des Nebels eine Polarisation von über 60 %. Der Krebsnebel weist weitere Besonderheiten auf: Im optischen Bereich strahlt er weit über 90 % der Energie im Kontinuum aus. Bei planetarischen Nebeln, die durch die Ultraviolettstrahlung eines heißen zentralen Sterns zum Leuchten angeregt werden, liegen wenigstens 90 % der ausgestrahlten Energie in den Emissionslinien. Die Energieverteilung im Spektrum der amorphen Masse des Krebsnebels ist völlig anders als bei Gasen, die infolge der hohen Temperatur leuchten.

Die Auswertung zahlreicher Beobachtungen hat ergeben, daß im Krebsnebel Magnetfelder zwischen 10^{-8} und 10^{-9} T herrschen. Die Elektronendichte liegt etwa zwischen $3 \cdot 10^8\ \text{m}^{-3}$ und $3 \cdot 10^9\ \text{m}^{-3}$. Unter den Elektronen gibt es sehr energiereiche (ca. 10^{14} eV), die für die Röntgenstrahlung des Nebels verantwortlich sind. Mit $B = 10^{-8}$ T und $E = 10^{14}$ eV erhält man z.B.:

$$\nu_{max} = 5{,}4 \cdot 10^{18}\ \text{s}^{-1} \quad \text{und} \quad \lambda_{max} = 0{,}056\ \text{nm}\ .$$

Röntgenstrahlung vom Krebsnebel wurde erstmals 1963 nachgewiesen. Energieärmere Elektronen sind für die Radioemission verantwortlich. Mit $B = 10^{-9}$ T und $E = 10^{10}$ eV ergeben sich, wie oben schon ausgerechnet, $\nu_{max} = 5{,}4 \cdot 10^9\ \text{s}^{-1}$ und $\lambda_{max} = 5{,}6$ cm. Mit $B = 10^{-9}$ T und $E = 10^9$ eV erhält man $\nu_{max} = 5{,}4 \cdot 10^7\ \text{s}^{-1}$ und $\lambda_{max} = 5{,}6$ m.

Beispiel 2: Jets

1917 entdeckte *Curtis* (Lick-Observatorium), daß von der elliptischen Riesengalaxie M 87, die dem zentralen Bereich des Galaxienhaufens in der Jungfrau angehört, ein Strahl ausgeht. Mit Entwicklung der Radioastronomie sind zahlreiche solcher Strahlen bei außergalaktischen Systemen aufgefunden worden. Sie werden Jets genannt. Es handelt sich um enggebündelte Gasströme. Das Gas ist hochionisiert, also ein Plasma. Der Öffnungswinkel beträgt nur wenige Grad. Die meisten dieser Jets sind optisch nicht nachweisbar. Die Ausdehnung extragalaktischer Jets ist enorm. So besitzt die Galaxie NGC 6251 einen Strahl mit einer Länge von über 120 000 pc. Das aus dem Kern einer Galaxie ausströmende Gas muß zuerst das interstellare, dann das intergalaktische Medium durchdringen. Der Strahl weitet sich, und an seinem Ende bilden sich sogenannte Keulen, in denen die Gesamtenergie sich hauptsächlich aus der Energie relativistischer Elektronen und der

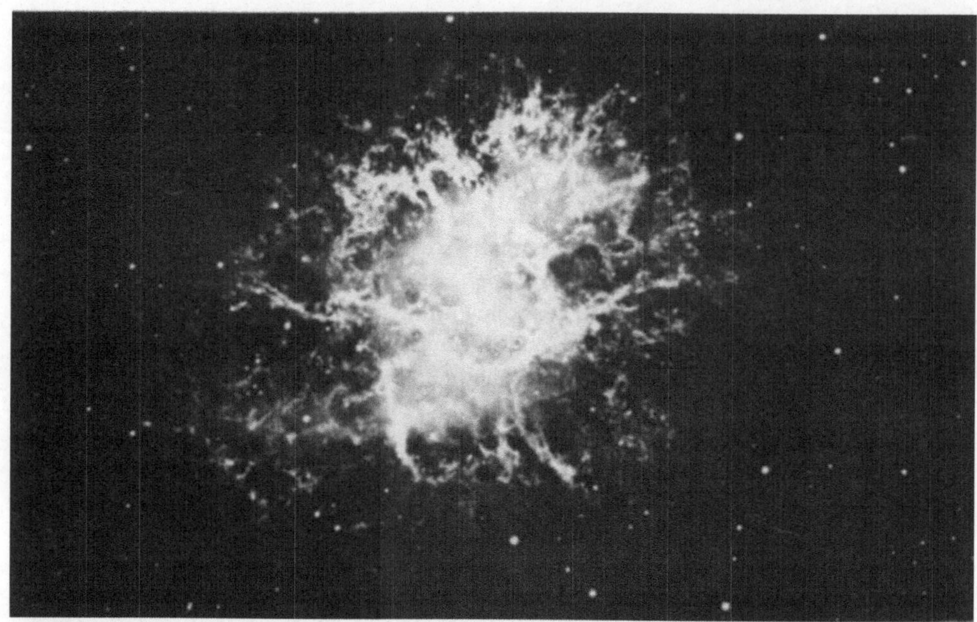

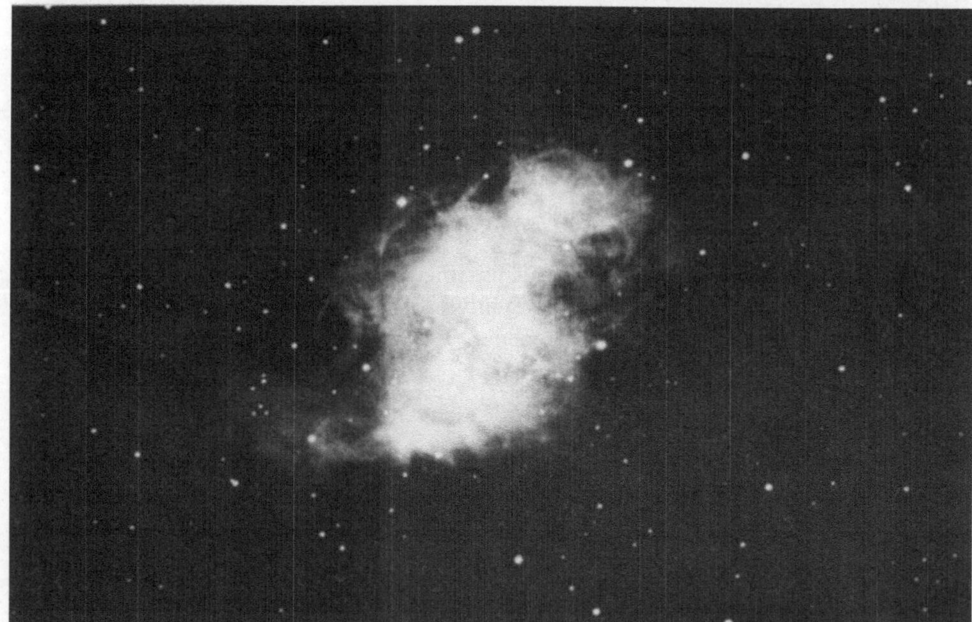

Bild 1-24 Krebsnebel im Sternbild Stier
oben: im Licht der Wasserstofflinie H_α und der benachbarten verbotenen Linien des einfach ionisierten Stickstoffs
unten: im Licht des grünen Kontinuums
Aufnahme von W. Baade, Mount Wilson und Palomar Observatories (aus: *O. Struve*, Elementary Astronomy, Oxford University Press 1959)

Energie des Magnetfeldes zusammensetzt. Am Rande der diffusen Radiokeulen, dort wo der Jetstrom stark abgebremst wird, bilden sich kleine Bereiche, die besonders stark strahlen, sogenannte „Hot Spots". Insgesamt steckt in den Keulen eine unvorstellbare Energie. So schätzt man die Energie in der Radioquelle Cygnus A auf etwa 10^{52} J. Das entspricht einer Energie, die bei der vollkommenen Zerstrahlung von etwa 10^5 Sternen von Sonnengröße freigesetzt würde ($E = mc^2$).

Eine elliptische Galaxie im Sternbild Zentaurus – IC 4296 – weist einen Jet auf, der ca. 300 000 pc lang ist und in einer Radiokeule endet, in der schätzungsweise 10^{53} J gespeichert sind. Diese durch die Synchrotronstrahlung im Radiobereich nachgewiesene Energie stellt selbst in vielen Fällen wahrscheinlich nur einen Bruchteil der wirklich in einem Jet und seiner Keule enthaltenen Energie dar. In wenigen Fällen ist auch im optischen Bereich ein Jet nachgewiesen worden. Man muß annehmen, daß in den übrigen Fällen ebenfalls eine Strahlung in anderen Bereichen des elektromagnetischen Spektrums als den Radiowellen vorhanden ist. Nur reicht die Empfindlichkeit der Empfangsinstrumente derzeit zu ihrem Nachweis nicht aus (Bild 1-25).

Es gibt auch Jets bei Objekten, die unserer Milchstraße angehören. Am bekanntesten und aufregendsten ist zur Zeit wohl das merkwürdige Gebilde mit der Katalognummer SS 433 (es ist in einem Katalog von *B. Stephenson* und *N. Sanduleak* unter der Nr. 433 aufgeführt). Bei ihm handelt es sich wahrscheinlich um einen Doppelstern mit einer weitentwickelten Komponente (Neutronenstern?), aus dem Gasströme in zwei entgegengesetzten Richtungen mit einer Geschwindigkeit von etwa 80 000 km s^{-1} herausschießen. Die Jets von SS 433 sind sowohl optisch als auch im Radio- und Röntgenbereich nachgewiesen.

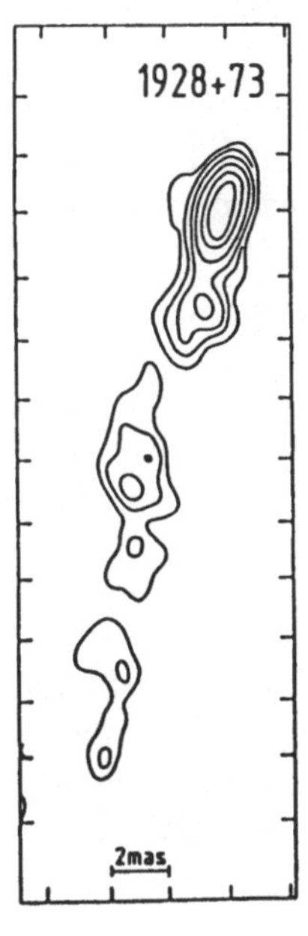

Bild 1-25

Innerer Jet (Kern-Jet) des Quasars 1928 + 73

Die Beobachtungen, deren Auflösung einige Zehntausendstel Bogensekunden beträgt, wurden mit Hilfe der Very-Long-Baseline-Interferometrie (VLBI) gemacht. Der Jet ist in diesem Bereich mit 130 Parsec Länge ungewöhnlich groß.

Häufig findet man Fortsetzungen von Millibogensekunden-Jets bis in den Bogensekundenbereich. Dort können die Jets bis zu einigen hundert Kiloparsec lang sein.

Die Abbildung wurde von *A. Eckart* und *A. Witzel*, Max-Planck-Institut für Radioastronomie, Bonn, zur Verfügung gestellt.

Beispiel 3: Sonnenflares

Flares oder chromosphärische Eruptionen sind plötzliche Strahlungsausbrüche auf der Sonne. Sie dauern von Minuten bis zu einigen Stunden und werden meistens in einem engen Spektralbereich, etwa in der H_α-Linie der Balmer-Serie des Wasserstoffs beobachtet. Sehr große Flares, die mit 3 % relativ selten sind, haben lineare Ausdehnungen von 50 000 km und mehr. Die Strahlung der Flares umfaßt das ganze elektromagnetische Spektrum von der γ-Strahlung bis zu den Radiowellen. Doch sind im Zusammenhang mit der Synchrotronstrahlung die Strahlungsausbrüche im Bereich der Radiostrahlung von Interesse. Die Intensität im Meterwellenbereich kann auf das 10^4-fache steigen im Vergleich mit der ungestörten Radiostrahlung der Sonne. Die Energie, die bei einer mittleren bis großen chromosphärischen Eruption umgesetzt wird, liegt in der Größenordnung von 10^{25} J. Sie entstammt wahrscheinlich komplizierten Magnetfeldern, die bei ihrem Zusammentreffen ihre Energien in andere Energieformen umsetzen. Durch die schnelle Änderung des magnetischen Flusses werden elektrisch geladene Teilchen beschleunigt. Elektronen kommen dabei der Lichtgeschwindigkeit nahe und führen bei ihrer Bewegung im Magnetfeld der Sonne zu einer Synchrotronstrahlung. Positive Ionen, insbesondere Protonen, können im Magnetfeld der Sonne nicht festgehalten werden und treten als Komponenten der kosmischen Strahlung in Erscheinung.

Damit ist nur ein winziger Teil der insgesamt sehr zahlreichen und komplizierten Vorgänge beschrieben, die sich in Flares abspielen. Kernprozesse wie $e^- + e^+ \longrightarrow 2\gamma$ und $n + p \longrightarrow d$ werden später beschrieben (Abschnitt 1.9).

Beispiel 4: Strahlungsgürtel

Jupiter besitzt ein Magnetfeld, das nach Ausdehnung und Stärke das Magnetfeld der Erde bei weitem übertrifft. Die Magnetosphäre ist auf der der Sonne zugewandten Seite zusammengedrückt. Auf der sonnenabgewandten Seite bildet sie einen langen Schweif, der zeitweise die Saturnbahn überschreitet. Man kann ihre Gestalt mit der eines Kometen vergleichen. Die Magnetosphäre beherbergt in ihrem Inneren einen Strahlungsgürtel, in dem Elektronen und Protonen auf schraubenförmigen Bahnen längs der Feldlinien von Pol zu Pol laufen. Im äquatorialen Bereich maß Pionier 10 maximal etwa 10^9 Treffer von energiereichen Elektronen bis zu $30 \cdot 10^6$ eV pro cm^2 und s in einem Abstand von etwas über 60 000 km über der Wolkengrenze.

Für den irdischen Strahlungsgürtel gilt im Maximum etwa $5 \cdot 10^4$ Teilchen pro cm^2 und s.

Elektronen mit einer kinetischen Energie von 10^7 eV bewegen sich mit einer Geschwindigkeit von 99,89 % der Lichtgeschwindigkeit:

$$\frac{E_k}{m \cdot c^2} = \frac{1}{\sqrt{1 - \frac{v^2}{c^2}}} - 1 \,. \tag{1-24}$$

Sie gehören also schon zu den relativistischen Elektronen und erzeugen bei ihrer Bewegung im Magnetfeld Synchrotronstrahlung. Vom Jupiter und seiner Umgebung stammen Radiowellen im Zentimeter-, Dezimeter- und Dekameterbereich. Die Dezimeterstrahlung bis etwa 70 cm hat sich als Synchrotronstrahlung erwiesen. Sie entstammt dem Strahlungsgürtel um Jupiter.

Die Zentimeterstrahlung ist eine thermische Strahlung der Jupiteratmosphäre. Die Dekameterstrahlung tritt eruptionsartig auf *(Bursts)* und hängt mit dem Jupitertrabanten Io und dem eigentümlichen Plasmaschweif in dessen Umlaufbahn zusammen.

Nach der Beziehung

$$\nu_{max} = \frac{e \cdot B}{4\pi \cdot m_e} \left(\frac{E}{m_e \cdot c^2}\right)^2$$

ergibt sich mit $E = 30 \cdot 10^6$ eV und $B = 10^{-5}$ T

$$\nu_{max} = 5 \cdot 10^8 \text{ s}^{-1} \quad \text{bzw.} \quad \lambda_{max} = 60 \text{ cm}. \tag{1-25}$$

Für den irdischen van Allen-Gürtel kann man z.B. mit den Werten $E = 1{,}5 \cdot 10^6$ eV und $B = 10^{-6}$ T rechnen. Sie führen zu

$$\nu_{max} = 1{,}26 \cdot 10^5 \text{ s}^{-1} \quad \text{bzw.} \quad \lambda_{max} = 2380 \text{ m}. \tag{1-26}$$

Die Synchrotronstrahlung des Strahlungsgürtels der Erde ist also nicht ohne weiteres zu beobachten.

1.6.2 Landau-Effekt

Bei sehr starken Magnetfeldern ist ein zuerst von *L. D. Landau* untersuchter Effekt zu beachten. Elektronen können ihre Energie bei der Bewegung im Magnetfeld nur sprunghaft ändern. Sie können nur von einem „*Landau-Niveau*" zu einem anderen übergehen. Der Energieabstand zwischen zwei benachbarten Landau-Niveaus ist

$$\Delta E = h\,\nu_B = h\,\frac{e \cdot B}{2\pi\,m_e} = \hbar\,\frac{e \cdot B}{m_e}, \tag{1-27}$$

wobei $\hbar = \frac{h}{2\pi}$.

Es entsteht eine „quantisierte Synchrotronstrahlung".

Beispiel

Im Sternbild Herculus gibt es eine pulsierende Röntgenquelle: Her X-1. Es handelt sich um einen engen Doppelstern. Eine Komponente ist mit größter Wahrscheinlichkeit ein Neutronenstern, der eine Rotationsdauer von 1,2378 s besitzt. Mit dieser Periode pulsiert die empfangene Röntgenstrahlung. Sie entsteht dadurch, daß von der sichtbaren Komponente Materie auf den Neutronenstern stürzt. Der Einsatz von etwa 10^{11} t s^{-1} erfolgt vorzüglich an den magnetischen Polen des Neutronensterns. Die getroffene Fläche wird auf etwa 1 km^2 geschätzt. Bei einer Auftreffgeschwindigkeit, die fast die halbe Lichtgeschwindigkeit erreicht, erhitzt sich die Materie auf ungefähr $200 \cdot 10^6$ K und wird damit zur Quelle der Röntgenstrahlung (Bild 1-26). Die in Form von Röntgenstrahlung abgegebene Leistung wird mit 10^{30} W angegeben. Das ist 2 500 mal so viel, wie die Sonne im Bereich aller Wellenlängen abstrahlt. Der Stern, der an seinem Lebensende zum Neutronenstern wurde, hat bei dem Kollaps sein Magnetfeld im wesentlichen mitgenommen und dabei auf kleinstem Raum konzentriert.

Auf diese Weise ist ein Magnetfeld von solcher Stärke entstanden, daß der Landau-Effekt zu erwarten ist. Tatsächlich ist eine Linienstruktur gefunden worden, die man als Ab-

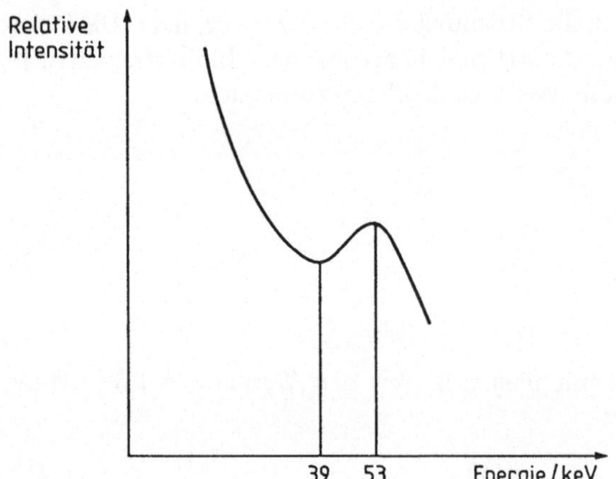

Bild 1-26
Absorption bei 39 keV und Emission bei 53 keV im Röntgenspektrum eines Neutronensterns

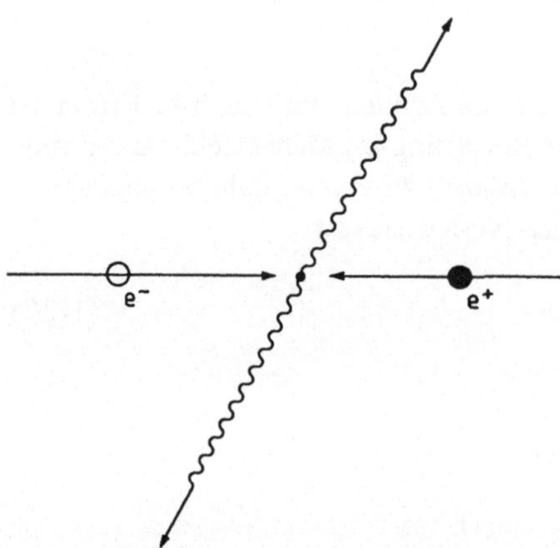

Bild 1-27
Zerstrahlung in zwei Quanten bei der Paarvernichtung von e^- und e^+

sorptionslinie bei 39 KeV oder als Emissionslinie bei 53 KeV deuten kann (Bild 1-27). Aus der oben genannten Beziehung folgt

$$B = \frac{m_e}{\hbar\, e} \cdot \Delta E\,, \tag{1-28}$$

zahlenmäßig also $B = 3{,}33 \cdot 10^8$ T bzw. $B = 4{,}53 \cdot 10^8$ T.

1.7 Der inverse Compton-Effekt

Ein Lichtquant oder Photon kann auf ein Elektron Energie und Impuls übertragen. Diesen Effekt hat *Compton* im Jahre 1923 entdeckt. Nichts spricht dagegen, daß auch der umgekehrte Prozeß möglich ist. *Ein energiereiches Elektron kann im Stoß einem Photon Energie und Impuls übergeben und es dadurch in den kurzwelligen Bereich verschieben.*

Das Weltall ist erfüllt mit der sogenannten kosmologischen Hintergrundstrahlung, einem Überrest aus den außerordentlich heißen Zuständen bei Beginn unserer heutigen Welt. Sie entspricht der Strahlung eines schwarzen Körpers mit einer Temperatur von 2,7 K. Nach dem Wienschen Verschiebungsgesetz

$$\lambda_{max}\, T = 2{,}9 \cdot 10^{-3}\ \mathrm{m\,K} \tag{1-29}$$

beträgt die Wellenlänge der maximalen Intensität etwa 1 mm. Photonen dieser Art ist eine Frequenz von $\nu = 3 \cdot 10^{11}\ s^{-1}$ und eine Energie von $E = h\nu = 1{,}24 \cdot 10^{-3}$ eV zuzuschreiben. Diese Energie ist verschwindend klein gegenüber der Energie von γ-Quanten, die etwa bei 10^5 eV beginnt und nach oben praktisch unbegrenzt ist. Seit 1961 weiß man, daß es in der kosmischen Strahlung Elektronen mit Energien bis zu vielen 100 GeV gibt. Diese sind durchaus geeignet, aus niederenergetischen Photonen des interstellaren und intergalaktischen Raumes durch den inversen Compton-Effekt energiereiche Photonen zu machen, die in den Bereich der Röntgen- und γ-Quanten fallen. Es ist nicht auszuschließen, daß ein Teil der diffusen Röntgen- bzw. γ-Strahlung auf den inversen Compton-Effekt zurückzuführen ist.

1.8 Paarvernichtung

Bei einer ausreichend nahen Begegnung eines Teilchens mit seinem Antiteilchen findet eine Zerstrahlung statt. Trifft ein Proton mit einem Antiproton oder ein Neutron mit einem Antineutron zusammen, so entstehen in der Regel π-Mesonen, ein Vorgang, der für die Kern- und Elementarteilchenphysiker von großem Interesse ist. In der Astrophysik

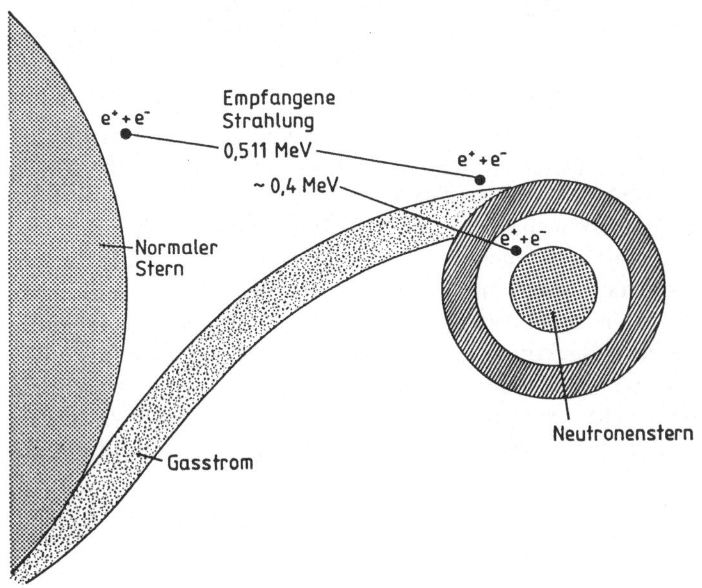

Bild 1-28 Paarvernichtung von e^- und e^+ in der Nähe eines Neutronensterns und in der Nähe des Begleiters

dagegen ist die Paarvernichtung bei der Begegnung eines Elektrons mit seinem Antiteilchen, dem Positron, von Bedeutung. In der Regel entstehen zwei Photonen bzw. γ-Quanten mit einer Energie von je 0,511 MeV, die in entgegengesetzter Richtung vom Ort der Erzeugung fortfliegen (Bild 1-28).

Die kinetische Energie der Teilchen kann bei der Energiebilanz meistens vernachlässigt werden, da sehr schnell bewegte Teilchen ohne genügende Wechselwirkung aneinander vorbeifliegen.

Elektron und Positron vereinigen sich zunächst zu einem exotischen Atom, dem *Positronium.* Dieses kann in zwei verschiedenen Zuständen existieren, einmal mit antiparallelen Spins der beiden Partner (Singuletterm $^1S_0$) oder mit parallelen Spins (Tripletterm $^3S_1$). Im ersten Fall entstehen bei dem Zerfall des Positroniums (mittlere Lebensdauer $8 \cdot 10^{-9}$ s) zwei Photonen, im anderen Fall (mittlere Lebensdauer $7 \cdot 10^{-8}$ s) drei Photonen. Hier ist nur der erste Fall $e^+ + e^- \longrightarrow 2\,\gamma$ von Interesse.

Beispiel 1

Am 4. August 1972 wurde von dem Sonnenobservatorium OSO-7 (Orbiting Solar Observatory) ein ungemein heftiger Ausbruch (Flare) auf der Sonne beobachtet. Die Empfänger stellten u.a. eine „Linie“ bei 0,511 MeV fest. Ihre Deutung liegt auf der Hand. Bei einem außerordentlich energiereichen Vorgang während des Flares müssen auch Positronen entstanden sein. Bei ihrer Zerstrahlung mit Elektronen sind die charakteristischen Linien entstanden.

Beispiel 2

In dem außerordentlich starken Magnetfeld eines Neutronensterns spielt der Landau-Effekt eine Rolle (s. Abschnitt 1.6.2). Ein relativistisches Elektron, das sich längs der Feldlinien auf einer Schraubenbahn bewegt, besitzt eine bestimmte Energie, die es nur sprunghaft ändern kann. Die Abstände der Energieniveaus (Landau-Niveaus) sind konstant: $\Delta E = \hbar \frac{e \cdot B}{m_e}$. Bei einem Wechsel von einem höheren zu einem niedrigeren Energieniveau entsteht wegen des starken Magnetfeldes B Röntgen- oder γ-Strahlung. Hat ein jedes γ-Quant eine Energie größer als 1,022 MeV, so kann es bei einer Wechselwirkung mit dem Magnetfeld in ein Elektron und ein Positron zerfallen. Anschließend erfolgt dann eine Zerstrahlung und die Erzeugung von zwei γ-Quanten. Solche γ-Quanten sind gemessen worden. Allerdings darf man nicht mit einer Energie dieser γ-Quanten von 0,511 MeV rechnen. Das Gravitationsfeld eines Neutronensterns ist nämlich so stark, daß ein merklicher Teil der Energie zum Verlassen dieses Feldes aufgewandt werden muß. So wurde am 10. Juni 1974 ein γ-Spektrum aufgenommen, in dem eine Linie bei etwas mehr als 0,4 MeV enthalten war. Man deutete sie als die Linie, die bei der Paarvernichtung von Elektron und Positron entsteht, die aber im Schwerefeld eines Neutronensterns eine Gravitationsrotverschiebung erfahren hatte. Für die Rotverschiebung im Gravitationsfeld gilt

$$\frac{\Delta \nu}{\nu} = \frac{G \cdot m}{R \cdot c^2} \tag{1-30}$$

oder auch

$$\frac{h \cdot \Delta \nu}{h \cdot \nu} = \frac{G \cdot m}{R \cdot c^2}\,. \tag{1-30a}$$

Mit Werten für m und R, die für einen Neutronenstern ungefähr angenommen werden können, erhält man

$$\frac{h \cdot \Delta\nu}{h \cdot \nu} = \frac{6{,}67 \cdot 10^{-11} \cdot 2 \cdot 10^{30}}{10^4 \cdot 9 \cdot 10^{16}} = 0{,}15 \; . \qquad (1\text{-}31)$$

D.h. 15 % der Energie gehen bei der Überwindung des Gravitationsfeldes verloren. Von den 0,511 MeV eines γ-Quantes bleiben nur noch 0,43 MeV.

Beispiel 3

Diskutiert wird auch eine andere Erzeugung von Positronen in der Nähe eines Neutronensterns. Neutronensterne sind häufig Komponenten eines Doppelsterns, von dem eine Komponente sichtbar ist. Bei genügender Nähe strömt von dem sichtbaren Stern Materie zum Neutronenstern. Um diesen bildet sich eine *Akkretionsscheibe* (accretio = Zunahme), in der die Materie auf so hohe Temperaturen erhitzt wird, daß z.B. Röntgenstrahlung entsteht (Bild 1-28). Es ist nun möglich, daß die Zufuhr von Materie nicht in einem gleichmäßigen Strom, sondern gelegentlich auch stoßartig erfolgt. Dabei können sich Kernprozesse abspielen, die u.a. zur Erzeugung von Positronen (und Neutronen) führen. Fliegen die Positronen auf den Neutronenstern zu und zerstrahlen sie in seiner Nähe, so entstehen γ-Quanten, die bei einer Energie von weniger als 0,5 MeV beobachtet werden. Fliegen sie jedoch in Richtung auf den Begleitstern zu und zerstrahlen weit weg vom Neutronenstern mit seinem enormen Gravitationsfeld, dann findet man im Spektrum der γ-Strahlen eine Linie bei 0,5 MeV.

Beispiel 4

γ-Strahlung mit 0,511 MeV, die also als Elektron-Positron-Vernichtungsstrahlung zu deuten ist, ist auch Ende der siebziger Jahre *aus dem zentralen Bereich unserer Milchstraße* festgestellt worden. Die Intensität war so groß, daß auf eine Zerstrahlung von 10^{43} Elektron-Positron-Paaren in einer Sekunde geschlossen werden konnte. Das ist eine Leistung von rund $1{,}6 \cdot 10^{30}$ W in einer einzigen Linie des Spektrums. Unsere Sonne strahlt in allen Wellenlängen nur mit $3{,}8 \cdot 10^{26}$ W. Über den Ursprung der Positronen gibt es verschiedene Vorstellungen. Sie könnten aus dem radioaktiven Zerfall der Atomkerne stammen, die bei Supernovaexplosionen entstehen. Auch die kosmische Strahlung kann ihren Beitrag liefern. Wenn energiereiche Teilchen dieser Strahlung mit Atomkernen der interstellaren Materie zusammenstoßen, entstehen π-Mesonen, die ihrerseits bei ihrem Zerfall Positronen erzeugen, z.B.

$$\begin{aligned} p + n &\longrightarrow n + n + \pi^+ \\ \pi^+ &\longrightarrow \mu^+ + \overline{\nu}_\mu \end{aligned} \qquad (1\text{-}32)$$

$$\begin{aligned} p + n &\longrightarrow p + n + \pi^+ + \pi^- \\ \mu^+ &\longrightarrow e^+ + \overline{\nu}_\mu + \nu_e \end{aligned} \qquad (1\text{-}32a)$$

Vielleicht existiert auch im Zentrum unserer Milchstraße ein riesiges „Schwarzes Loch“. Ähnlich wie Neutronensterne in einem Doppelsystem würde es von einer Akkretionsscheibe umgeben sein, in der sich Prozesse abspielen können, die zur Erzeugung von Positronen führen.

Interessant bleibt auch immer noch die Frage, ob bei dem Urknall vielleicht zahlreiche „Mini-Schwarze-Löcher" entstanden sind. Da nach *Hawking* die Lebensdauer eines schwarzen Loches proportional der dritten Potenz seiner Masse ist, könnten einige dieser Minilöcher am Ende ihrer Existenz sein. Sie würden dann in unserer Zeit zerfallen und ihre Energie zu einem (großen) Teil in Form von Elektron-Positron-Paaren abgeben.

1.9 Kernprozesse

Im Weltall spielen sich unter verschiedensten Umständen Kernprozesse ab, bei denen angeregte Atomkerne entstehen, die unter Aussendung von γ-Quanten in den Grundzustand übergehen. Von den im Inneren von Sternen ablaufenden Fusionsprozessen soll hier abgesehen werden. Die bei ihnen frei werdende γ-Strahlung ist nicht unmittelbar zu beobachten. Unter unzähligen Wechselwirkungen mit der dichten Materie in den tiefen Bereichen eines Sterns wandeln sich die γ-Quanten in energieärmere Photonen. So dauert es z.B. einige Millionen Jahre, bis die heute im Inneren der Sonne erzeugte Strahlung in Form von Licht, Infrarot- und Ultraviolettstrahlung die Oberfläche ungehindert verläßt.

Beispiel 1

Als Folge starker Sonnenflares hat man γ-Strahlung bei 2,2 MeV beobachtet. Man nimmt an, daß sie durch die Verbindung von Protonen mit Neutronen unter der Bildung von Deuteronen entsteht:

$$p + n \longrightarrow d \tag{1-33}$$

Das Deuteron befindet sich in einem angeregten Zustand. Beim Übergang in das Grundniveau wird die überschüssige Energie in Form eines γ-Quants von 2,2 MeV abgegeben. Wenn in Flares schon Protonen auf solche Energien gebracht werden, daß Kernprozesse ablaufen können, dann sind natürlich, wenn auch seltener, Wechselwirkungen mit den nächst H und He häufigsten Kernen von C und O zu erwarten. Tatsächlich sind Linien bei 4,4 MeV und 6,1 MeV beobachtet worden. Sie stammen von ^{12}C- und ^{16}O-Kernen, die durch energiereiche Protonen angeregt werden.

Beispiel 2

Auch in der Umgebung von Neutronensternen können freie Neutronen entstehen, die sich mit Protonen zu Deuteronen vereinigen. Wenn dieser Vorgang in dem starken Gravitationsfeld des Neutronensterns erfolgt, liegt die beobachtete Linie bei geringerer Energie als bei 2,2 MeV.

Beispiel 3

In einigen Modellvorstellungen wird angenommen, daß die Oberfläche eines Neutronensterns zu einem großen Teil aus Eisen besteht. Fängt ein ^{56}Fe-Kern ein Neutron ein, so wird ein ^{57}Fe-Kern gebildet, der sich zunächst in einem angeregten Zustand befindet. Beim Übergang in den Grundzustand wird die überschüssige Energie in Form von γ-Strahlung frei. Beobachtet wurde u.a. eine Strahlung mit knapp 6 MeV.

Beispiel 4

Technetium ist ein Element, das man auf der Erde darstellen kann, in Sternen allerdings normalerweise nicht findet. $^{97}_{43}Tc$ hat als langlebigstes Isotop dieses Elements eine Halbwertszeit von $2{,}7 \cdot 10^6$ a. Es wird heute in einigen M-, S- und N-Sternen beobachtet. Dort muß es laufend erzeugt werden.

Beispiel 5

Die drei Elemente Lithium, Beryllium und Bor werden in Sternen sofort durch Protonen und Alphateilchen in kleinere Teile zerbrochen. Durch die kosmische Strahlung entstehen sie im interstellaren Raum aus Sauerstoff und Neon durch Zusammenstoß mit energiereichen Partikeln.

1.10 Plasmaschwingungen

1.10.1 Allgemeine Bemerkungen

Der weitaus größte Teil der Materie im Weltall befindet sich in einem Zustand, den man als Plasma bezeichnet. Nach seiner Herkunft aus dem Griechischen bedeutet Plasma: Gebilde, Bildwerk. In der Physik bedeutet Plasma ein Gas, in dem zumindest ein Teil der Partikel elektrisch geladen ist. Der amerikanische Chemiker *J. Langmuir* hat als erster die Bezeichnung Plasma für den sogenannten „4. Aggregatzustand" der Materie vorgeschlagen. Im Inneren der Sonne und der Sterne liegt ein vollständiges Plasma vor, d.h. alle Teilchen sind elektrisch geladen. Die Atmosphären der Sterne bilden ein teilweise ionisiertes Plasma. Plasma findet man auch in interstellaren Gaswolken in der Nähe heißer Sterne, in Supernova-Überresten, in den zahlreich festgestellten Gasausbrüchen (Jets) von Galaxien und Doppelsternen, als intergalaktisches Gas, in Galaxienhaufen, in der Sonnenkorona, in Kometenköpfen und Kometenschweifen und als Ionosphäre in der Hochatmosphäre. Hier soll eine nicht sehr bekannte Möglichkeit der Entstehung von Strahlung besprochen werden. Diese Strahlung soll durch die Schwingung elektrischer Ladungen in einem Plasma entstehen. Bei allen bisher besprochenen Mechanismen zur Erzeugung von Strahlung handelt es sich um Prozesse, bei denen einzelne Atome, Moleküle oder auch Elementarteilchen wie Elektronen ihre Energie änderten.

In einem Plasma kann sich nun aber ein makroskopischer Vorgang abspielen, der zur Aussendung von Strahlung führt. *Ein Plasma ist insgesamt neutral.* Meist besteht es aus freien Elektronen und positiven Ionen. Wegen ihrer geringen Masse folgen die Elektronen äußeren Kräften leichter als die massereichen Ionen. So kann eine makroskopische Verschiebung der Ladungen gegeneinander zustande kommen. Rücktreibende elektrostatische Kräfte führen dann zu Schwingungen. Die Bewegung der Ionen kann dabei in erster Näherung vernachlässigt werden.

Die Frequenz dieser Plasmaschwingung berechnet sich zu

$$\nu_P = \frac{1}{2\pi} \cdot \sqrt{\frac{n_e \cdot e^2}{m_e \cdot \epsilon_0}} \,. \qquad (1\text{-}34)$$

Darin bedeuten n_e die Anzahldichte der Elektronen und m_e die Masse eines Elektrons. e ist die Elementarladung und ϵ_0 ist die elektrische Feldkonstante. Mit den Zahlenwerten für $e = 1{,}6 \cdot 10^{-19}$ C, $m_e = 9{,}1 \cdot 10^{-31}$ kg und $\epsilon_0 = 8{,}86 \cdot 10^{-12}$ AsV^{-1} m^{-1} erhält man

$$\nu_p = 8{,}98 \cdot \sqrt{n_e}\ \text{Hz} \quad (n_e \text{ in } m^{-3}) \,. \tag{1-35}$$

Für die Frequenz, mit der eine Masse m an einer Schraubenfeder mit der Feldkonstanten D schwingt, gilt $\nu \sim \sqrt{\frac{D}{m}}$. In einem Plasma ist die Rückstellkraft proportional n_e und die schwingende Masse proportional m_e. Deshalb ist für die Plasmafrequenz $\nu_p \sim \sqrt{\frac{n_e}{m_e}}$ zu erwarten.

1.10.2 Einfluß eines Plasmas auf die Ausbreitung von Radiowellen

Bevor auf Strahlungserzeugung durch Plasmaschwingungen eingegangen wird, sollen wegen der besonderen Bedeutung kurz drei Beispiele besprochen werden, in denen der Einfluß eines Plasmas auf die Ausbreitung von Radiowellen eine Rolle spielt.

Beispiel 1

Es ist bekannt, daß durch elektromagnetische Wellen Plasmaschwingungen angeregt werden können. Von dieser Tatsache macht man z.B. bei der Untersuchung der irdischen Ionosphäre Gebrauch. Der Brechungsindex in einem Plasma – er sei hier, um Verwechselungen zu vermeiden, mit $\bar{n}$ bezeichnet – ist frequenzabhängig. Für ihn gilt die *Ecclesche Gleichung*

$$\bar{n} = \sqrt{1 - \frac{n_e \cdot e^2}{m_e \cdot \epsilon_0}} = \sqrt{1 - \left(\frac{\nu_p}{\nu}\right)^2} \,. \tag{1-36}$$

Dieser Brechungsindex ist stets kleiner als 1, d.h. eine Radiowelle, die in die Ionosphäre eindringt, verhält sich so wie eine Lichtwelle, die aus einem optisch dichteren in ein optisch dünneres Medium übergeht (Bild 1-29).

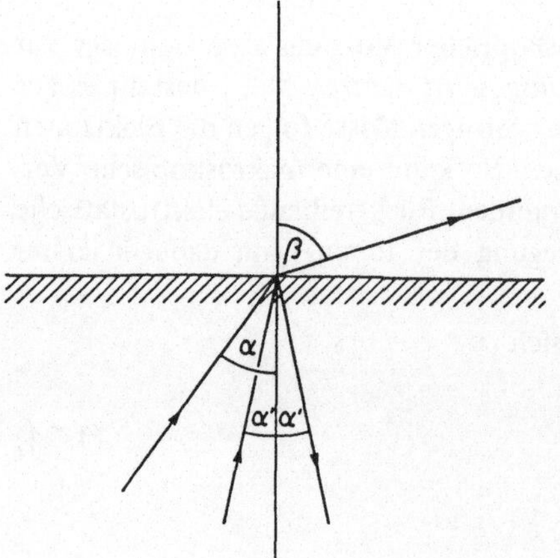

Bild 1-29
Brechung und Totalreflexion

Es gilt $\frac{\sin\alpha}{\sin\beta} = \bar{n} < 1$. Ist α genügend klein, tritt Totalreflexion ein. So muß z.B. für $\bar{n} = 0{,}01$ und $\beta = 90°$ $\alpha = 0{,}°57$ sein. Geht $\bar{n}$ gegen Null, so geht auch α gegen 0°, d.h. aber, daß auch bei senkrechtem Einfall Totalreflexion eintritt.

Der Brechungsindex $\bar{n}$ ist Null, wenn $\frac{\nu_p}{\nu} = 1$ ist. Diese Bedingung ist erfüllt, wenn $\nu_p = \nu$ oder

$$\frac{1}{2\pi} \cdot \sqrt{\frac{n_e \cdot e^2}{m_e \cdot \epsilon_0}} = \nu \,. \tag{1-37}$$

Bestimmt man die Laufzeit von vertikal ausgesandten Radioimpulsen der Frequenz ν, dann kann man feststellen, in welcher Höhe die für eine Totalreflexion nötige Elektronendichte n_e vorliegt. Aus (1-36) folgt

$$n_e = 4\,\pi^2\,\nu^2 \cdot \frac{m_e \cdot \epsilon_0}{e^2} \approx 1{,}24\,\frac{s^2}{m^3} \cdot \nu^2 \,. \tag{1-38}$$

Für $\nu = 10^7\ s^{-1}$ entsprechend einer Wellenlänge $\lambda = 30$ m erhält man

$$n_e = 1{,}24 \cdot 10^{12}\ m^{-3}$$

und für $\nu = 10^6\ s^{-1}$ ($\lambda = 300$ m)

$$n_e = 1{,}24 \cdot 10^{10}\ m^{-3} \,.$$

Solche Dichten werden bei Tage bzw. in der Nacht in ungefähr 300 km Höhe festgestellt.

Beispiel 2

Das interplanetare Plasma, das ständig durch den Sonnenwind aufrechterhalten wird, ist nicht homogen. Die immer wieder auftretenden *Inhomogenitäten wirken auf Radiowellen aus dem Weltall wie Turbulenzelemente der irdischen Atmosphäre auf das Licht der Sterne.* Man beobachtet eine Szintillation durch das interplanetare Plasma allerdings nur dann, wenn das Radioteleskop auf eine kompakte Radioquelle gerichtet ist. Ausgedehnte Quellen zeigen diese Erscheinung nicht. (Bekanntlich stellt man bei Planeten keine Szintillation ihres Lichtes fest, weil sie dem Beobachter eine flächenhafte Lichtquelle bieten. Nur Fixsterne „funkeln".)

1967 wurde an der Universität Cambridge (England) eine Versuchsreihe bei 81,5 MHz zum Studium der interplanetaren Szintillation durchgeführt. Es ist bekannt, daß im Laufe dieser Untersuchungen eine aufregende Entdeckung gemacht wurde: *Der erste Pulsar* – PSR 1919 +21 – *wurde gefunden.* Das war nur möglich, weil zur Durchführung der geplanten Beobachtungen ständig größere Teile des Himmels überwacht wurden, und zwar mit sehr empfindlichen Geräten, die außerdem eine kleine Zeitkonstante besaßen.

Beispiel 3

Auch im interstellaren Raum gibt es Plasma. Dort, wo heiße Sterne den Wasserstoff in ihrer Umgebung ionisieren und eine H II-Region schaffen (Emissionsnebel), ist das selbstverständlich. Aber auch in den weiten Gebieten, in denen der Wasserstoff neutral ist, gibt es freie Elektronen, so daß man mit Recht von einem teilweise ionisierten Plasma sprechen kann. Da in einem Plasma der Brechungsindex nach Gl. (1-36) von der Frequenz abhängig ist, pflanzen sich im interstellaren Raum Wellen verschiedener Frequenz mit unterschiedlichen Geschwindigkeiten fort. Es gilt

$$v_{Gr} = c\bar{n} = c \cdot \sqrt{1 - \frac{\nu_p}{\nu}^2} = c \cdot \sqrt{1 - \frac{n_e \cdot e^2}{4\pi^2 \cdot m_e \cdot \epsilon_0} \frac{1}{\nu^2}} \tag{1-39}$$

(v_{Gr} ist die meßbare Gruppengeschwindigkeit).

Zahlenbeispiel: $\nu = 10^8\ s^{-1}$. Das entspricht einer Wellenlänge von 3 m, die auf der Erde gut empfangen werden kann. Für n_e kann man etwa $3 \cdot 10^4\ m^{-3}$ setzen, wie später gezeigt wird. Damit wird

$$v_{Gr} = c \cdot \sqrt{1 - 2{,}4 \cdot 10^{-10}} \approx c\,(1 - \tfrac{1}{2} \cdot 2{,}4 \cdot 10^{-10})$$
$$\approx c\,(1 - 1{,}2 \cdot 10^{-10})\,.$$

Die Ausbreitungsgeschwindigkeit unterscheidet sich also nur außerordentlich geringfügig von der Vakuumgeschwindigkeit elektromagnetischer Wellen. Der Unterschied macht sich erst bei sehr großen Laufzeiten bemerkbar.

Wellen verschiedener Frequenz pflanzen sich in einem Medium verschieden schnell fort. Sie kommen demnach, wenn sie zur gleichen Zeit ausgesandt werden, zu verschiedenen Zeiten beim Beobachter an. Allgemein gilt z.B. für die Fortpflanzung von elektromagnetischen Wellen in einem Plasma

$$\Delta t = t_2 - t_1 = \frac{r}{c \cdot \sqrt{1 - \frac{n_e \cdot e^2}{4\pi^2 \cdot m_e \cdot \epsilon_0} \frac{1}{\nu_2^2}}} - \frac{r}{c \cdot \sqrt{1 - \frac{n_e \cdot e^2}{4\pi^2 \cdot m_e \cdot \epsilon_0} \frac{1}{\nu_1^2}}}\,, \tag{1-40}$$

wenn r die Entfernung der Quelle ist. Da der Ausdruck $\frac{n_e \cdot e^2}{4\pi^2 \cdot m_e \cdot \epsilon_0} \frac{1}{\nu^2}$ im Vergleich zu Eins sehr klein ist, kann man die Wurzeln durch einfache Ausdrücke annähern. Man erhält

$$\Delta t = \frac{r \cdot n_e}{c} \cdot \frac{e^2}{8\pi^2 \cdot m_e \cdot \epsilon_0} \cdot \left(\frac{1}{\nu_2^2} - \frac{1}{\nu_1^2}\right). \tag{1-41}$$

$n_e r$ bedeutet die Anzahl der Elektronen in einer Säule vom Querschnitt der Flächeneinheit und der Länge r. Man bezeichnet $n_e r$ als *Dispersionsmaß* DM. Wegen der ungleichmäßigen Verteilung der Elektronen gilt genauer $DM = \int_0^r n_e\, dr$.

$\frac{\Delta t}{\nu_2^{-2} - \nu_1^{-2}}$ ist eine meßbare Größe und wird als Dispersionskonstante D bezeichnet.

Für $\nu_1 - \nu_2 \ll \nu_1 + \nu_2$ kann man auch schreiben $D \approx \frac{\Delta t \cdot \nu^3}{2\,\Delta\nu}$ mit $\nu_1 - \nu_2 = \Delta\nu$ und $\nu_1 = \nu_2 = \nu$. Es gilt also

$$DM = \langle n_e \rangle \cdot r = D\,\frac{8\pi^2 \cdot m_e \cdot \epsilon_0 \cdot c}{e^2} \tag{1-42}$$

oder mit den Zahlenwerten im SI-System

$$\langle n_e \rangle \cdot r \approx 7{,}45 \cdot 10^6 \, D\,. \tag{1-42a}$$

Als Quellen für regelmäßige Radiostrahlung in verschiedenen Frequenzen kommen Pulsare infrage. Schon bald nach deren Entdeckung im Jahre 1967 hatte man durch Verfeinerung der Beobachtungen festgestellt, daß Pulse mit kleinerer Frequenz später eintreffen als solche mit größerer Frequenz. Durch quantitative Messungen gewann man für viele Pulsare ein Dispersionsmaß $\langle n_e \rangle$ r. Da für einige Pulsare r bestimmt werden konnte, kam man zu einer Aussage über $\langle n_e \rangle$. Mit der Annahme, daß $\langle n_e \rangle$ in verschiedenen Richtungen und Entfernungen nicht sehr unterschiedliche Werte besitzt, kann man dann für andere Quellen r bekommen. Dabei sind die individuellen Werte natürlich unter Umständen mit größeren Fehlern behaftet.

Der Pulsar im Krebsnebel ist rund 2000 pc $\approx 6 \cdot 10^{19}$ m von uns entfernt. Für $\nu = 10^8\ s^{-1}$ und $\Delta\nu = 10^6\ s^{-1}$ führten Messungen zu $\Delta t \approx 0{,}46$ s. Daraus folgt $D \approx 2{,}3 \cdot 10^{17}\ s^{-1}$ und $\langle n_e \rangle \cdot r \approx 7{,}45 \cdot 10^6 \cdot 2{,}3 \cdot 10^{17}\ m^{-2}$. Mit dem oben angegebenen Wert für r erhält man

$$\langle n_e \rangle = 2{,}86 \cdot 10^4\ m^{-3}\ . \tag{1-43}$$

1978 waren 28 Pulsare bekannt, deren Entfernungen unabhängig von der Elektronendichte im interstellaren Raum bestimmt werden konnten. Für zwei, den Krebs- und den Velapulsar, war dies möglich durch Beobachtungen der Supernovaüberreste, in die diese Pulsare eingebettet sind. In den Spektren der übrigen 26 Pulsare konnte die 21-cm-Linie des interstellaren Wasserstoffs in Absorption beobachtet werden. Die Dopplerverschiebung dieser Linie in Verbindung mit einem Modell der differentiellen Rotation der Milchstraße (Kapitel 3) erlaubt eine Abschätzung dieser Entfernungen. Die mit bekanntem r berechneten mittleren Elektronendichten $\langle n_e \rangle$ liegen zwischen $1{,}2 \cdot 10^4\ m^{-3}$ und $1{,}38 \cdot 10^5\ m^{-3}$. Große Werte können leicht dadurch zustande kommen, daß die Strahlung nahe gelegener Pulsare auf dem Weg zum Beobachter durch H II-Gebiete mit relativ großen Elektronendichten hindurchgeht. Einigermaßen zuverlässige Werte für r ergeben sich, wenn ein Pulsar weit entfernt ist, die Ausdehnung von zufällig durchsetzten H II-Gebieten also relativ klein ist im Vergleich mit der Gesamtentfernung, und wenn der Pulsar nicht zu weit von der galaktischen Mittelebene entfernt ist. Für die Schicht, in der man mit $\langle n_e \rangle$ zwischen $3 \cdot 10^4\ m^{-3}$ und $5 \cdot 10^4\ m^3$ rechnen kann, gibt man eine Dicke von etwa 1000 pc bis 1300 pc an.

Anmerkung: Es ist bekannt, daß sich in vielen Medien Licht verschiedener Wellenlänge mit verschiedener Geschwindigkeit ausbreitet. Allgemein gilt für die Geschwindigkeit in einem Medium $v = \frac{c}{\bar{n}}$, wobei $\bar{n}$ der Brechungsindex gegen das Vakuum ist. Für optisch isotropes Quarzglas gilt z.B. $\bar{n}_{400\,nm} = 1{,}47021$ und $\bar{n}_{700\,nm} = 1{,}45535$. Damit ergibt sich

$$v_{400\,nm} = 0{,}6802 \cdot c \approx 204\,052\ km\ s^{-1} \tag{1-44}$$

und

$$v_{700\,nm} = 0{,}6871 \cdot c \approx 206\,136\ km\ s^{-1}\ . \tag{1-44a}$$

Natürlich wurde auch die Frage aufgeworfen, ob die Lichtgeschwindigkeit im Vakuum eventuell von der Wellenlänge abhängt oder unabhängig von ihr ist. Sollte das letztere der Fall sein, dann müßten zwei gleichzeitig ausgesandte Signale verschiedener Wellenlänge gleichzeitig beim Beobachter ankommen. Im anderen Fall müßte z.B. ein Signal, für das die Wellenlänge von 700 nm zur Verfügung steht, eher eintreffen als ein gleichzeitig ausgesandtes Signal auf der Wellenlänge 400 nm. Versuche zur Entscheidung dieser Frage sind wirklich unternommen worden. So hat der russische Astronom *G. A. Tikhow* zu Beginn dieses Jahrhunderts Bedeckungsveränderliche beobachtet, um festzustellen, ob die Zeiten für die Verdunklung davon abhingen, mit welcher Wellenlänge (Farbe) die Messungen durchgeführt wurden. Zu dieser Zeit hielt man den interstellaren Raum für absolut leer.

Wendet man die Beziehung (1-41) auf rotes Licht mit der Wellenlänge 700 nm bzw. der Frequenz $\frac{3}{7} \cdot 10^{15}\,s^{-1}$ und auf blaues Licht mit der Wellenlänge 400 nm bzw. der Frequenz $\frac{3}{4} \cdot 10^{15}\,s^{-1}$ an, so ergibt sich für eine Strecke von 1000 pc $\approx 3 \cdot 10^{19}$ m, auf der mit einer mittleren Elektronenzahldichte von $\langle n_e \rangle = 5 \cdot 10^4\,m^{-3}$ zu rechnen ist,

$$\Delta t \approx 6 \cdot 10^{-13}\,s\,. \tag{1-45}$$

Nicht ganz so winzig ist der Zeitunterschied für Signale auf verschiedenen Wellenlängen, wenn das Licht eine größere Strecke, etwa 1000 km, in der irdischen Atmosphäre durchlaufen muß. Als Signal kann man sich z.B. das erste Aufblitzen der Sonnenstrahlen nach einer totalen Sonnenfinsternis oder das Austreten eines Jupitermondes aus dem Schatten des Planeten denken. Mit $v = \frac{c}{\bar{n}}$ und $t = \frac{r}{v}$ erhält man

$$t = r \cdot \left(\frac{1}{v_1} - \frac{1}{v_2}\right) = \frac{r}{c} \cdot (\bar{n}_1 - \bar{n}_2)\,. \tag{1-46}$$

Für Luft bei Normaldruck gilt $\bar{n}_{400\,nm} = 1{,}000\,2817$ und $\bar{n}_{700\,nm} = 1{,}000\,2753$. Natürlich ändert sich der Luftdruck auf dem Weg des Lichtstrahls durch die Atmosphäre erheblich. Zur Abschätzung kann man aber ohne großen Fehler konstante Verhältnisse z.B. auf 1000 km annehmen. Dann wird

$$\Delta t \approx 2{,}13 \cdot 10^{-8}\,s\,. \tag{1-47}$$

Man wird also keine Farbfolge bei Ereignissen der genannten Art feststellen können.

1.10.3 Erzeugung elektromagnetischer Wellen in einem Plasma

In den drei angeführten Beispielen ist der Einfluß eines Plasmas auf die Ausbreitung elektromagnetischer Wellen gezeigt worden. Jetzt soll noch etwas über die Erzeugung elektromagnetischer Wellen durch Plasmaschwingungen gesagt werden.

1957 wurden zum ersten Mal Radiowellen empfangen, die durch Plasmaschwingungen im Schweif eines Kometen entstanden waren. Es handelte sich um den Kometen Arend-Roland, der auch mit bloßem Auge sichtbar war. Erregt wurden die Plasmaschwingungen durch Unregelmäßigkeiten im Sonnenwind, der ja bekanntlich für die Bildung von Ionenschweifen verantwortlich ist. (Die Staubschweife von Kometen sind auf den Strahlungsdruck zurückzuführen!)

Radiostrahlung der Sonne

Die Sonne sendet neben Licht und Wärme ständig eine Strahlung im Radiowellenbereich aus. Diese folgt weitgehend den Gesetzen eines schwarzen Strahlers, so daß man auf Grund des Rayleigh-Jeansschen Gesetzes die Strahlungstemperatur für den Ort der Entstehung berechnen kann. Man erhält für die Meterwellenstrahlung etwa 10^6 K, d.h. einen Wert, wie er in Teilen der Korona herrscht. Aus tieferen Schichten kann wegen der Abhängigkeit des Brechungsindex von der Elektronendichte nur kurzwelligere Strahlung kommen. Diese Reflexion von Radiowellen z.T. weit außerhalb der sichtbaren Sonnenoberfläche, der Photosphäre, wobei die reflektierende Schicht abhängig von der Wellenlänge ist, macht es unmöglich, die Entfernung der Sonne mit Hilfe der Radarmethode, d.h. einer Laufzeitmessung, zu bestimmen. Man kann nur umgekehrt aus der bekannten

Entfernung und der benutzten Wellenlänge die Höhe einer Schicht mit bestimmter Elektronenzahldichte in der Sonnenkorona ermitteln.

Der Brechungsindex nach der *Eccleschen Gleichung* (1-36) läßt sich schreiben (n_e in m^{-3} und λ in m) als

$$\bar{n} = \sqrt{1 - 8{,}95 \cdot 10^{-16}\, n_e \cdot \lambda^2}\,. \tag{1-48}$$

Für

$$\lambda_0 = \frac{3{,}34 \cdot 10^7}{\sqrt{n_e}} \tag{1-49}$$

wird $\bar{n} = 0$, d.h. es findet Totalreflexion statt. Da die Elektronendichte n_e von innen nach außen abnimmt, gibt es für jedes λ_0 eine Schicht derart, daß Strahlung dieser oder einer größeren Wellenlänge nur aus Bereichen außerhalb dieser Schicht zu uns gelangen kann. Nach *Waldmeier* herrscht in einem Abstand von 1,6 Sonnenradien vom Mittelpunkt der Sonne aus gerechnet eine Elektronenzahldichte von rund $10^{13}\ m^{-3}$. (Das gilt für die äquatorialen Bereiche.) Das ergibt nach der Gleichung (1-49) eine untere Grenzwellenlänge von 10,6 m für eine Totalreflexion bei senkrechtem Einfall. Der Strahlenverlauf für Radiowellen mit $\lambda \approx 10$ m, die den Beobachter erreichen, sieht dann etwa so aus, wie es im Bild 1-30 gezeigt wird.

Neben der Strahlung der „ruhigen Sonne" im Radiowellenbereich gibt es eine Strahlung der „aktiven Sonne", die sich durch plötzliche Ausbrüche bemerkbar macht. Die ganze Fülle der Erscheinungen kann hier nicht besprochen werden. Im Zusammenhang mit Plasmaschwingungen sind Ausbrüche (Bursts) vom Typ II und III besonders interessant. Es handelt sich um eine plötzliche Steigerung der Radiostrahlung, die von der Erde aus im ganzen zugänglichen Bereich der cm- und m-Wellen beobachtet werden kann. In sehr kurzen Zeiten von $\frac{1}{10}$ s bis zu wenigen Minuten steigt die Intensität im Bereich der cm-Wellen auf das 10- bis 40-fache, im Bereich der m-Wellen sogar auf das 10000-fache der Werte vor einem Ausbruch. Solche Ausbrüche treten immer in Verbindung mit Flares

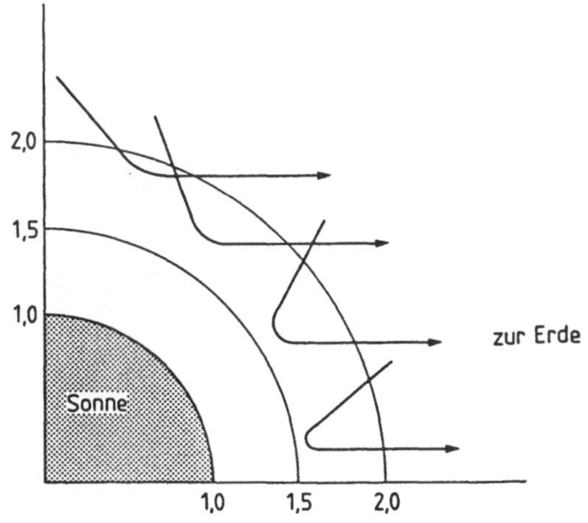

Bild 1-30
Radiostrahlung der Sonne, die nach der Reflexion an Schichten mit bestimmter Elektronenzahldichte zur Erde gelangt. Dargestellt ist ein Schnitt durch die Sonne; die Zahlen geben den Abstand vom Sonnenmittelpunkt in Vielfachen des Sonnenradius an.

(chromosphärischen Eruptionen) auf. Bei diesen handelt es sich wahrscheinlich um die kurzzeitige Umsetzung magnetischer Energie in andere Energieformen wie elektromagnetische Strahlung und hochenergetische Partikelströme.

Von besonderem Interesse ist die Änderung und vor allem die Änderungsgeschwindigkeit der Frequenz der Radiostrahlung. Die letztere liegt bei Bursts vom Typ III etwa bei $-20\ \mathrm{MHz\ s^{-1}}$. Die Frequenz nimmt ab, die Wellenlänge also zu. Das heißt nach den Überlegungen im Abschnitt 1.10.2, daß die Quelle der Strahlung in der Korona aufsteigt.

Aus der Elektronenzahldichte in Abhängigkeit von der Höhe über der Photosphäre und der Geschwindigkeit, mit der sich die Frequenz und damit auch nach Gl. (1-49) die Grenzwellenlänge λ_0 ändert, kann man die Aufstieggeschwindigkeit berechnen. Bei Ausbrüchen vom Typ III kommt man zu Werten zwischen $30\,000\ \mathrm{km\ s^{-1}}$ und $150\,000\ \mathrm{km\ s^{-1}}$! Man nimmt an, daß Wolken hochenergetischer Elektronen bei der Energieumsetzung in einem Flare erzeugt werden und bei ihrem schnellen Flug durch das koronale Plasma dieses zu Plasmaschwingungen anregen. (Diese Anregung führt auch zu der beobachteten ersten Oberschwingung.)

Bei Ausbrüchen vom Typ II ist die Geschwindigkeit, mit der sich die Frequenz der erzeugten Radiostrahlung ändert, wesentlich kleiner. Sie liegt bei 0,5 bis $1\ \mathrm{MHz\ s^{-1}}$. Entsprechend kleiner sind auch die Aufstieggeschwindigkeiten der Quellen für die Plasmaschwingungen. Sie liegen in der Größenordnung von $1000\ \mathrm{km\ s^{-1}}$ und einigen $1000\ \mathrm{km\ s^{-1}}$. Hier handelt es sich höchstwahrscheinlich um Plasmawolken. Darauf deutet auch die Tatsache hin, daß auf Ausbrüche vom Typ II oft erdmagnetische Stürme folgen, die ja bekanntlich auf die Wechselwirkung zwischen Plasmawolken und dem irdischen Magnetfeld zurückzuführen sind.

Abschätzung der Aufstieggeschwindigkeit

Aus der Gleichung

$$\lambda_0 = \frac{3{,}34 \cdot 10^7}{\sqrt{n_e}}$$

ergibt sich

$$\nu_0 = \frac{c}{3{,}34 \cdot 10^7} \sqrt{n_e}$$

und

$$\Delta\nu_0 = 4{,}5 \cdot \frac{\Delta n_e}{\sqrt{n_e}} \tag{1-50}$$

(n_e in $\mathrm{m^{-3}}$, ν_0 in Hz und $\Delta\nu_0$ in $\mathrm{Hz\ s^{-1}}$).

Für die Elektronenzahldichte n_e der inneren Korona wird folgende Beziehung angegeben:

$$n_e = \left(\frac{2{,}99}{z^{16}} - \frac{1{,}2}{z^6}\right) \cdot 10^{14}\ \mathrm{m^{-3}}\,. \tag{1-51}$$

Gewonnen wird diese Gleichung aus der gemessenen Flächenhelligkeit der inneren Korona. In ihr ist $z = \frac{r}{R_\odot}$, d.h. z ist der Abstand vom Mittelpunkt der Sonne in Einheiten des Sonnenradius. Beschränkt man sich für eine erste Abschätzung auf das zweite Glied, so gewinnt man leicht die Gleichungen

$$\frac{\Delta\nu_0}{\Delta t} \approx - \frac{3 \cdot 10^8}{z^4} \cdot \frac{\Delta z}{\Delta t} , \tag{1-52}$$

$$\frac{\Delta z}{\Delta t} \approx - \frac{z^4}{3 \cdot 10^8} \cdot \frac{\Delta\nu_0}{\Delta t} , \tag{1-52a}$$

$$\frac{\Delta r}{\Delta t} \approx - \frac{z^4 \cdot R_0}{3 \cdot 10^8} \cdot \frac{\Delta\nu_0}{\Delta t} . \tag{1-52b}$$

Für z = 1,1 (dies entspricht einer Grenzwellenlänge $\lambda_0 = 2{,}7$ m) und $\frac{\Delta\nu_0}{\Delta t} = -20$ MHZ s^{-1} erhält man für die Aufstieggeschwindigkeit

$$\frac{\Delta r}{\Delta t} \approx \frac{1{,}1^4 \cdot 7 \cdot 10^5}{3 \cdot 10^8} \cdot 20 \cdot 10^6 \text{ km s}^{-1} ,$$

$$\frac{\Delta r}{\Delta t} \approx 68\,000 \text{ km s}^{-1} . \tag{1-53}$$

2 Neue und zukünftige Geräte

2.1 Einleitung

In diesem Kapitel wird kein allgemeiner Überblick über astronomische Instrumente gegeben. Im wesentlichen soll kurz über einige wichtige Neuentwicklungen, sowie über Pläne und Tendenzen berichtet werden. Vollständigkeit auch nur in einem Teilbereich ist bei beschränktem Raum nicht möglich und sicher auch nicht nötig.

Obwohl astronomische Beobachtungen von Satelliten aus schon zu großartigen Erfolgen geführt haben und die Durchführung ausgereifter Pläne für die Weltraumastronomie (s. Kapitel 2.9) sicher zu einer Flut neuer Erkenntnisse führen wird, sind auch in der bodengebundenen Astronomie erstaunliche Entwicklungen im Gange. In dreifacher Weise können hier Fortschritte erzielt werden. Man kann

1. Fernrohre größerer Öffnung bauen,
2. empfindlichere Detektoren einsetzen und
3. viele Vorgänge während der Beobachtung und bei der Auswertung automatisieren.

2.2 Das größte Linsenfernrohr

Das größte Linsenfernrohr der Welt steht im Yerkes-Observatorium an der Williams Bay. Diese liegt am See Geneva im äußersten Süden des Staates Wisconsin. Der Durchmesser des Linsensystems beträgt 102 cm, die Brennweite 1940 cm. Da Linsen nur an ihrem Rand unterstützt werden können, lassen sich größere Linsen nicht benutzen. Ihre Verformung bei verschiedenen Stellungen des Fernrohrs würde die Bildqualität erheblich beeinflussen.

2.3 Der 6-m-Spiegel

Bei Spiegeln läßt sich auch die Rückseite unterstützen. Durch ein raffiniert ausgeklügeltes System von mechanischen und pneumatischen Stützen kann der Spiegel in jeder Lage in einer optimalen Form gehalten werden (Bild 2-1).

Verlangt wird dabei, daß die Abweichungen von der Sollform kleiner als 50 nm sind. Das entspricht etwa 1/10 der Wellenlänge des Lichtes.

Der größte einzelne Spiegel, ein 6-m-Spiegel, steht im Kaukasus in 2100 m Höhe bei Selentschukskaja. Die Brennweite des Primärfokus ist 24 m. Im Nasmythfokus wird eine Brennweite von 186 m erreicht. (Das Nasmyth-System entsteht aus dem klassischen Cassegrain-System dadurch, daß die Strahlen nach Reflexion an dem Sekundärspiegel durch einen Planspiegel rechtwinklig zur optischen Achse aus dem Fernrohr herausgelenkt werden, und zwar bei dem 6-m-Spiegel durch die Höhenachse hindurch, Bild 2-2.)

Bild 2-1 oben: Mechanische Stützen innerhalb der Spiegelwanne. Sie ermöglichen die elsatische Lagerung des Teleskopspiegels. Man beachte die Ausgleichsgewichte an den einzelnen Lagertellern.

unten: Außenansicht des in die Wanne eingelagerten Spiegels.

Die Aufnahmen entstammen der Montagephase des 1m-Teleskops am Observatorium Hoher List der Universitätssternwarte Bonn.

Bild 2-2 Außenansicht der Kuppel des 6m-Teleskops am Special Astrophysical Observatory in Zelenchukskaia, Kaukasus, UdSSR.
Aufnahme: *W. Altenhoff*, Max-Planck-Institut für Radioastronomie, Bonn

Der bewegliche Teil des Fernrohres wiegt 840 t. Die Bewegung erfolgt um eine horizontale und eine vertikale Achse (wie bei einem Theodoliten). Man spricht von einer altazimutalen Montierung. Diese hat den Vorteil, daß die Belastung der Lager und Achsen sich bei der Bewegung nicht ändert. Zur Nachführung muß das Teleskop um beide Achsen ungleichmäßig bewegt werden. Das läßt sich durch Steuerung mit geeigneten Rechnern machen. Ebenso läßt sich die nichtlineare Rotation des Sternfeldes relativ zum Fernrohr ausgleichen. Die Positionierung ist computergesteuert und erfolgt mit einer Genauigkeit von $\pm 0\overset{''}{.}3$. Die Nachführung kann so genau erfolgen, daß Abweichungen kaum größer werden als 1/5 eines Sternscheibchens. Unter normalen Bedingungen (Seeing) hat dieses etwa einen Durchmesser von $1''$, so daß die Nachführung nicht mehr als $0\overset{''}{.}2$ von der Solleinstellung abweicht. Im Primärfokus kann man visuell Objekte bis zur 19. Größe so gut erfassen, daß sie zur Nachführung benutzt werden können. Mit Hilfe einer Fernsehkamera will man sogar bis zur Grenzgröße $21\overset{''}{.}5$ vorstoßen.

Trotz dieser Werte, von denen jeder für sich allein schon phantastisch genug anmutet, ist man noch nicht ganz zufrieden. Der Spiegel ist aus *Pyrex*, einem Borsilicatglas, angefertigt. Der lineare Ausdehnungskoeffizient dieses Materials beträgt ungefähr $\alpha = 3 \cdot 10^{-6}\ K^{-1}$. Dieser Ausdehnungskoeffizient, der im Vergleich mit heute zur Verfügung stehenden Materialien recht groß ist, hat zur Folge, daß durch kaum vermeidbare Temperaturdifferenzen in verschiedenen Bereichen des Spiegels Verformungen auftreten, die die Bildqualität beeinflussen. Das 6-m-Teleskop wurde 1977 in Betrieb genommen und war vorher 17 Jahre lang in Planung und Bau. In dieser Zeit sind bessere Stoffe als Spiegelträger entwickelt worden. Seit 1969 gibt es Quarzgläser mit $\alpha = 0{,}6 \cdot 10^{-6}\ K^{-1}$. Wenige Jahre später war die Entwicklung so weit, daß man Materialien besaß, deren Ausdehnungskoeffizient praktisch Null ist. Bei Versuchen ergeben sich Werte zwischen $+0{,}03 \cdot 10^{-6}\,K^{-1}$ und $-0{,}01 \cdot 10^{-6}\,K^{-1}$. Es handelt sich um glaskeramische Stoffe, die unter verschiedenen Namen wie *Sitall, Cervit, Zerodur* oder *Pyrocéron* im Handel sind. 1983 sollte der *6-m-Pyrex-Spiegel* durch einen *Sitall-Spiegel* ersetzt werden. Man erwartet u.a. von diesem Wechsel, daß die Sternscheibchen von bisher etwa 1″ Durchmesser bei guter Luft auf 0,″5 Durchmesser verkleinert und damit die Bildqualität wesentlich verbessert werden kann.

Die alt-azimutale Montierung hat sich so gut bewährt, daß ernstlich darüber diskutiert wird, ob man sie nicht in Zukunft auch bei kleineren Instrumenten einsetzen soll. Noch allerdings behauptet sich die parallaktische Montierung. Sie ist technisch ausgereift und bietet eine Fülle von Variationsmöglichkeiten.

Die Astronomen verfügen heute über eine große Zahl von Teleskopen mit Spiegeldurchmessern größer oder gleich 2 m. Die weitaus meisten sind erst nach 1960 in Betrieb genommen worden. Alleine 21 Reflektoren haben einen Spiegeldurchmesser zwischen 2 m und 3 m, 11 einen solchen zwischen 3 m und 6 m.

2.4 Das Auflösungsvermögen

Das Auflösungsvermögen $\widehat{\alpha}$ eines Fernrohres wird theoretisch durch die Beziehung

$$\widehat{\alpha} = 1{,}22\ \frac{\lambda}{D} \qquad (2\text{-}1)$$

angegeben (λ = benutzte Wellenlänge, D = Durchmesser der beugenden Öffnung).

Zur Berechnung wird vorausgesetzt, daß das Zentrum des Beugungsscheibchens eines Sterns auf das erste Minimum der Beugungsfigur eines zweiten Sterns fällt. In diesem Fall kann man die Bilder der beiden Sterne zwei verschiedenen Objekten zuordnen. Rechnet man nach dieser Formel für die Wellenlänge $\lambda = 500$ nm, so erhält man die in Tabelle 2-1 aufgeführten Werte.

Tabelle 2-1 Größe des Beugungsscheibchens für $\lambda = 500$ nm bei verschiedenen Durchmessern

D m	α Bogenmaß	α'' Bogensekunden
2	$3{,}05 \cdot 10^{-7}$	0,063
3	$2{,}03 \cdot 10^{-7}$	0,042
4	$1{,}53 \cdot 10^{-7}$	0,032
5	$1{,}22 \cdot 10^{-7}$	0,025
6	$1{,}02 \cdot 10^{-7}$	0,021

Nun darf man sich nicht durch die theoretischen Werte täuschen lassen. Der störende Einfluß der Atmosphäre blieb bei der Berechnung des Auflösungsvermögens unberücksichtigt. Die unvermeidbare Unruhe der Atmosphäre, die sich durch auf- und absteigende Turbulenzelemente mit unterschiedlichen Brechungsexponenten bemerkbar macht, verschmiert die Sternbildchen weit über die Größe des zentralen Beugungsscheibchens hinaus. Man muß auch beim 5- und 6-m-Teleskop mit Sternscheibchen von etwa 1″ oder nur wenig darunter rechnen.

Das unbewaffnete Auge stellt im wesentlichen eine Helligkeitsschwankung des Sternenlichtes fest. (Bei tiefstehenden Sternen werden auch Farbänderungen beobachtet.) Bei der visuellen Beobachtung mit einem nicht zu kleinen Fernrohr fallen insbesondere die unregelmäßigen Zitterbewegungen und Verformungen auf. Diese Änderungen erfolgen mit Frequenzen zwischen 1 Hz und 100 Hz mit einem Maximum, das etwa bei 7 Hz liegt. Die ganze Erscheinung nennt man *Szintillation.* Sie macht den irdischen Sternhimmel so eindrucksvoll und lebendig. Für den Astronomen ist sie sehr störend. Er kann ihren Einfluß nur mildern, indem er für seine Zwecke klimatisch bevorzugte Gegenden aufsucht, und seine Instrumente auf hohen Bergen aufstellt. Die Benutzung von ballongetragenen Teleskopen ist ein weiterer Schritt, den störenden Einfluß der Atmosphäre zu mildern (Abschnitt 2.8). Ganz vermeiden kann man die Störungen allerdings nur, wenn man in den Weltraum hinausgeht (Abschnitt 2.9).

2.5 Die Speckle-Interferometrie

In der Entwicklung von Instrumenten und Methoden gibt es immer wieder Überraschungen. Der menschliche Geist gibt sich nicht so leicht geschlagen und findet gelegentlich auch aus fast hoffnungslosen Situationen einen Ausweg, so auch in bezug auf die Verbesserung des Auflösungsvermögens erdgebundener Fernrohre. Hier zeigte die *Speckle-Interferometrie* neue Wege auf. Theorie und Anwendung lassen sich nicht in wenigen Worten schildern. Es soll aber versucht werden, bei Beschränkung auf das Wesentliche eine brauchbare Vorstellung von dieser Methode zu entwickeln.

Man könnte vermuten, daß bei sehr kurz belichteten Aufnahmen ein Beugungsscheibchen der theoretischen Größe entsteht und daß die Verschmierung eines Sternbildes über einen Bereich von 1″ Durchmesser oder mehr durch das unregelmäßige Springen des Beugungsscheibchens während einer längeren Belichtungszeit hervorgerufen wird. Das ist nicht der Fall. Auch bei Belichtungszeiten unter 1/100 s, die heute mit Bildverstärkern (Abschnitt 2.6.3) ohne weiteres möglich sind, ergibt sich eine Helligkeitsverteilung über den ganzen schon mehrfach genannten Bereich von 1″ und mehr. Doch zeigen die Sternbilder bei genügend kurzer Belichtungszeit interessante Strukturen. Die erkennbaren Einzelheiten besitzen etwa die Größe der theoretisch erwarteten Beugungsscheibchen, allerdings nicht deren kreisförmige Gestalt. Sie sind bei Benutzung eines größeren Wellenlängenbereiches merklich länglich. *Die Turbulenzelemente der Atmosphäre* lenken nämlich das Licht nicht nur vom geradlinigen Weg ab, sie *bewirken auch eine Dispersion.* Will man diesen Effekt so klein wie möglich halten, muß man sich auf einen engen Wellenlängenbereich beschränken. In der heutigen Praxis liegt dieser etwa zwischen 10 nm und 25 nm. Benutzt werden Interferenzfilter. Es ist klar, daß die nötigen extrem kurzen Belichtungszeiten und der Ausschluß des meisten einfallenden Lichtes einen Detektor erfordert, dessen Empfindlichkeit die der fotografischen Platte bei weitem übersteigt, und zwar um das 10^4- bis 10^6-fache.

Jedes Strukturelement ist ein winziges „Fleckchen“, das zum Gesamtbild beiträgt. Die englische Bezeichnung für Fleckchen ist “speckle”. Man spricht von einem *Speckle-Bild,* wenn man die Gesamtzahl aller Speckles in einem Sternbild meint (Bild 2-3). Diese Speckles sind natürlich völlig zufällig verteilt. In jedem Speckle befindet sich aber auch eine Information über das aufgenommene Objekt. Benutzt man eine größere Zahl von einzelnen Specklebildern, so kann man die stets wechselnde Zufallsverteilung weitgehend

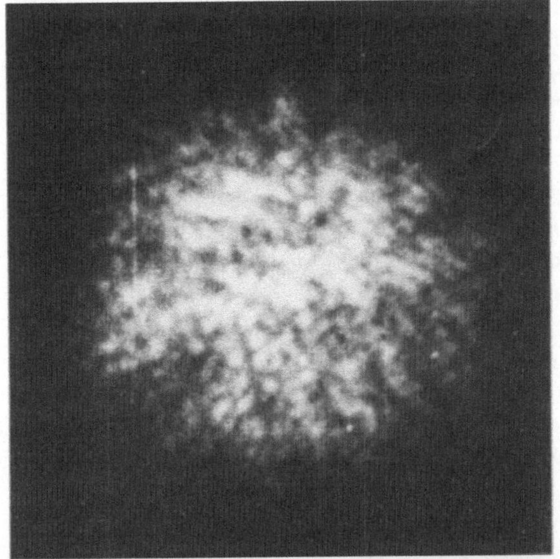

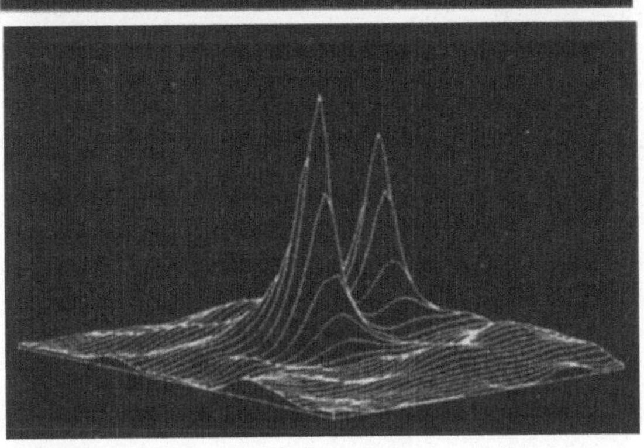

Bild 2-3

Eines der 150 verwendeten Speckle-Bilder sowie Rekonstruktionen des spektroskopischen Doppelsterns ψ Sagittarii.

Messungen und Darstellung von *A. Weigelt*, Universität Erlangen-Nürnberg

herausmitteln und die – bei genügend schneller Folge der Aufnahmen – immer gleiche Information über das Objekt deutlich machen. Wie das im einzelnen geschieht, kann bei der Kürze der vorliegenden Darstellung nicht ausführlich aufgezeigt werden. Der erste, der die in der neuen Methode der Speckle-Interferometrie liegenden Möglichkeiten erkannte und einen geeigneten Prozeß entwickelte, war *A. Labeyrie,* der im Meudon-Observatorium in Frankreich arbeitete (1970). In seinem Verfahren wird mit Hilfe von Laserlicht und einer besonderen Optik von dem einzelnen Specklebild zunächst eine Fouriertransformation durchgeführt. Durch Summation der Betragsquadrate von vielen (bis zu einigen 100) Speckle-Bildern kann man das Signal-Rausch-Verhältnis wesentlich vergrößern und so wichtige Informationen gewinnen.

Die benötigte Fouriertransformation kann man auch mit einem genügend leistungsfähigen Rechner erhalten. Dazu muß man jedes einzelne Speckle-Bild mit einer Mikrosonde abtasten und die Helligkeitsverteilung (Intensitätsverteilung) in Zahlen umsetzen. Wieder muß dies für genügend viele Speckle-Bilder geschehen, damit die vom Rauschen (Zufallsverteilung) überdeckte Information über das Objekt mit der wünschenswerten Deutlichkeit hervortritt.

Beispiel 1

Capella im Fuhrmann ist ein Doppelstern mit zwei fast gleichhellen Komponenten. Diese umlaufen einander in einem geringen Abstand von $0\rlap{.}''05$ auf ziemlich kreisförmigen Bahnen in 104 Tagen. Der geringe Abstand wurde schon in den Jahren 1919 bis 1921 von *Anderson* mit einem Okularmikrometer am 2,5-m-Spiegel auf dem Mt. Wilson ermittelt. Capella wurde von *Labeyrie* 1971 mit dem 5-m-Spiegel und der Speckle-Interferometrie erneut untersucht. Die scheinbaren Ausmaße des Systems konnten sehr genau bestimmt werden.

Beispiel 2

η-Orionis ist ein fünffaches System. 3 Komponenten kann man optisch gut trennen. Die Sterne A und B (3,7. und 5,1. Größe) stehen in einem Abstand von $1\rlap{.}''5$. Zu ihnen gesellt sich die C-Komponente in $115''$. Interessant für die Speckle-Interferometrie ist die Komponente A. Zu ihr gehören 3 Einzelsterne. Die Komponente E umläuft den Hauptstern A in 8 Stunden. A und E bilden einen Bedeckungsveränderlichen, der mit den heutigen Mitteln der Speckle-Interferometrie nicht in zwei Komponenten aufgelöst werden kann. Die Komponente D, die A in 9,2 Jahren umläuft, konnte in einem Abstand von $0\rlap{.}''044$ aufgefunden werden.

Beispiel 3

Mit Hilfe der Speckle-Interferometrie konnten einige spektroskopische Doppelsterne getrennt werden. Dadurch gelangte man zu mehr Daten über diese Systeme. Hat man z.B. für einen spektroskopischen Doppelstern die Werte $m_1 \sin^3 i$ und $m_2 \sin^3 i$, so kann man mit Hilfe der Speckle-Interferometrie i bestimmen (i ist der Winkel zwischen der Tangentialebene und der Umlaufsbahn). Dadurch kommt man zu den einzelnen Massen. Man kann auch i bestimmen, wenn nur die Massensumme zu ermitteln ist. In beiden Fällen kann man die Parallaxe berechnen. Nach dem 3. Keplerschen Gesetz gilt die Beziehung

$$m_1 + m_2 = \frac{a^3}{T^2} = \frac{a''^3}{T^2 \cdot \pi^3}. \tag{2-2}$$

In ihr werden die Massen m_1 und m_2 in Sonnenmassen, a in Erdbahnradien und T in Jahren gemessen. a'' ist die halbe große Achse der elliptischen Umlaufsbahn in Bogensekunden und π die Parallaxe des Systems. Durch Speckle-Interferometrie aufgelöste Doppelsterne liefern also äußerst wichtige Daten für die Astronomie: Massen bzw. Massensummen, Umlaufszeiten, Entfernungen und damit auch Leuchtkräfte.

Die Bestimmung von i soll in einer grafischen Methode aufgezeigt werden (Bild 2-4).

In der scheinbaren Ellipse sei Z der Mittelpunkt, St die Projektion des Hauptsterns und C die Projektion des Periastrons. Da bei einer Projektion die Streckenverhältnisse unverändert bleiben, erhält man aus

$$\frac{\overline{Z\,St}}{\overline{ZC}} = e \qquad (2\text{-}3)$$

sofort die Exzentrizität der wahren Bahn. Bei jeder Projektion gehen konjugierte Durchmesser in ebensolche über. Man wird zu $\overline{CD}$ den konjugierten Durchmesser $\overline{EF}$ konstruieren. So wie $\overline{CD}$ die Projektion der wahren Hauptachse ist, so ist $\overline{EF}$ die Projektion der wahren Nebenachse. Danach wird man alle Sehnen parallel zu $\overline{EF}$ um den Faktor $(1-e^2)^{-1/2}$ verlängern. Das ist genau der Faktor, um den man die Ordinaten einer Ellipse verlängern muß, um den Umkreis zu erhalten. Durch diese Konstruktion bekommt man die in Bild 2-4 gezeichnete äußere Ellipse, deren halbe große Achse $\overline{ZA_1} = \overline{ZA_2}$ gleich der halben großen Achse a der wahren Ellipse ist. Die konstruierte Hilfsellipse ist gleich der Projektion des Umkreises der wahren Bahnellipse. Ihre halbe Nebenachse sei $\overline{ZB_1} = \overline{ZB_2}$. Mit diesen Erkenntnissen gewinnt man sofort

$$\cos i = \frac{\overline{ZB_1}}{\overline{ZA_1}}\,; \qquad (2\text{-}4)$$

i ist durch diese Gleichung nur dem Betrage nach bestimmt. Das Vorzeichen gewinnt man aus der Radialgeschwindigkeitskurve. Entfernt sich der Begleiter in K (Bild 2-4) vom Beobachter, so wird i positiv gerechnet.

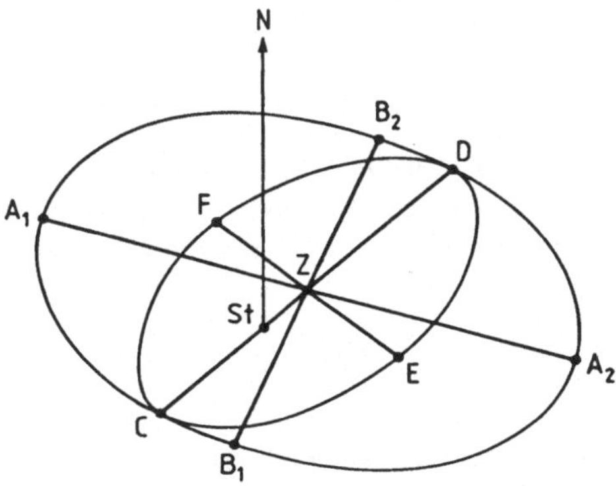

Bild 2-4
Zur Bestimmung des Neigungswinkels i

Beispiel 4

1979 und 1980 wurden mit Hilfe der Speckle-Interferometrie Beobachtungen an Pluto und Charon durchgeführt. Eine erfolgte z.B. mit einem der 6 Spiegel des Multi-Mirror-Teleskops (MMT) auf dem Mt. Hopkins in Arizona (Abschnitt 2.7.2).

Der Abstand der beiden Körper ergab sich zu $0\overset{''}{.}31 \pm 0\overset{''}{.}05$ und lag damit nahe dem berechneten Wert für diese Zeit. Die Durchmesser wurden für Pluto zu 3000 km ± 400 km und für Charon zu 1100 km ± 600 km gefunden. Die Umlaufsbewegung wurde um $+ 4^h$ und die Bahnneigung von 106° auf 109° verbessert.

J. W. Christy fand 1978 auf fotografischen Aufnahmen eine Ausbuchtung des Planeten Pluto, die sich systematisch in ihrer Lage zum Planeten änderte. *J. A. Graham* konnte diese Tatsache mit dem 4-m-Teleskop in Chile bestätigen. Die Deutung dieser Erscheinung führte zu dem Schluß, daß Pluto einen Mond besitzt, der seinen Planeten in knapp $6{,}39^d$ umläuft. Der Name des Mondes ist Charon. Charon war in der griechischen Mythologie der Bootsmann, der die Toten über den Styx in den Hades brachte. Seine Bahn wurde berechnet und erwies sich als rückläufig mit einer Bahnneigung gegen die Ekliptik von 106°.

2.6 Neuartige Empfänger

2.6.1 Einleitung

Zu Aufnahmen mit dem Speckle-Interferometer und zu sehr vielen anderen Aufgaben der Astronomie gehören heute neuartige Detektoren. In diesen werden durch die elektromagnetische Strahlung Elektronen freigesetzt. Die Elektronen werden in irgendeiner Weise registriert und liefern eine Aussage über das zu untersuchende Objekt.

Die fotografische Platte gibt eine gute Auflösung. Die Zahl der *Bildelemente* kann bei größeren Platten (etwa 35 cm × 35 cm) bis zu 10^9 betragen. Die Platte gibt ein speicherbares Bild. Doch bietet sie nur teilweise eine Linearität zwischen Belichtung und Schwärzung. Ihre Quantenausbeute ist gering. *Von 100 auftreffenden Photonen bewirkt etwa 1 Photon ein schwärzungsfähiges Korn.* Bei hochgezüchteten Platten kann die Ausbeute auch etwas über 1 % liegen. Trotz ihrer Schwächen ist die fotografische Platte der am meisten benutzte Empfänger.

2.6.2 Einkanaldetektoren

Beim äußeren Fotoeffekt werden durch eine genügend kurzwellige Strahlung Elektronen aus einer geeigneten Schicht ausgelöst. Wegen der geringen Austrittsarbeit verwendet man oft Alkalimetalle, die auf Glas oder Quarz dünn aufgetragen werden. Es gilt die Gleichung von Einstein:

$$h\nu = \frac{1}{2} m_e v_e^2 + W . \tag{2-5}$$

Ein Photon löst nur ein Elektron aus der Schicht. Dieses aber gewinnt Energie im elektrischen Feld zwischen Kathode und Anode. Dadurch kann ein Elektron aus der Anode mehrere Elektronen herausschlagen, die nun wieder beschleunigt werden können. Man

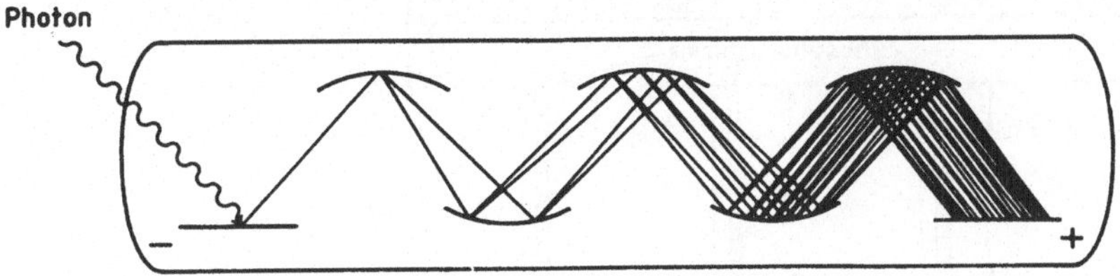

Bild 2-5 Sekundärelektronen-Vervielfacher

kann dieses Spiel fortsetzen und so eine starke Vermehrung der Elektronen erzeugen. Die Metallschichten, aus denen eine steigende Zahl von Elektronen ausgelöst wird, nennt man *Dynoden.* Die Verstärkung kann ein Vielfaches von Millionen sein. Ein Gerät dieser Art ist ein *Sekundärelektronen-Vervielfacher* oder *Photomultiplier* (Bild 2-5). Auf der Anode entsteht kein Bild des untersuchten Gegenstandes. Man mißt nur die Bestrahlungsstärke. Einen Detektor dieser Art nennt man *„Einkanaldetektor"*. Einkanaldetektoren sind in der Astronomie in starkem Gebrauch. So wird mit ihnen die Helligkeit und die Helligkeitsänderung astronomischer Objekte gemessen. Die Genauigkeit der Messung liegt zwischen $0^{m}_{,}001$ und $0^{m}_{,}01$. Die Luftunruhe setzt hier eine untere Grenze. *Der Photomultiplier hat eine wesentlich höhere Quantenausbeute als die Fotoplatte.* Sie liegt im blauen Spektralbereich bei etwa 30 %.

2.6.3 Bildverstärker

Bei den Objekten, die für den astronomischen Beobachter eine Ausdehnung haben, möchte man in sehr vielen Fällen ein Bild des Gegenstandes besitzen. Auch hier hilft die Photokathode. Durch eine geeignete Optik wird auf dieser das Bild des Objektes erzeugt. Die freigesetzten Elektronen werden zur Anode hin beschleunigt. Helle Stellen setzen mehr, weniger helle setzen weniger Elektronen frei. Die Anode ist ein fluoreszierender Schirm, auf dem das Bild 50- bis 100-fach verstärkt erscheint (Bild 2-6). Im einfachsten

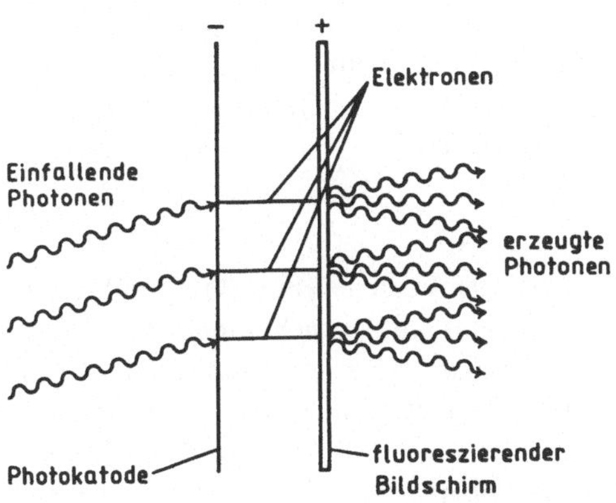

Bild 2-6
Einfacher Bildverstärker zur 50- bis 100fachen Verstärkung

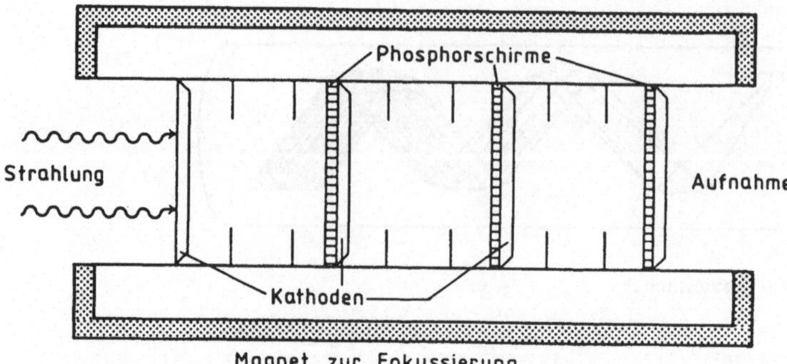

Bild 2-7 Bildverstärker für eine große Verstärkung

Fall braucht man keine Führung der Elektronen. Kathode und Anode stehen dicht beieinander. Das Bild auf dem Fluoreszenzschirm ist genau so groß wie das Bild auf der Kathode. Bei diesem *Zweielektroden-Bildverstärker* muß die Spannung zwischen Kathode und Anode so klein bleiben, daß keine Funken überspringen können.

Man kann die Verstärkung eines Bildverstärkers wesentlich, und zwar bis zum 10^6-fachen, erhöhen, wenn man mehrere Stufen hintereinander schaltet (Bild 2-7). Man braucht dann aber eine Führung der Elektronen z.B. durch ein Magnetfeld. Bei großer Verstärkung leidet die Güte des Bildes. Die Bilder werden mit einem Film oder einer fotografischen Platte aufgenommen. Diese befinden sich unmittelbar hinter dem letzten fluoreszierenden Schirm.

2.6.4 Elektronografische Kamera

In einem Bildverstärker kann man auf den fluoreszierenden Schirm verzichten. Man läßt die beschleunigten Elektronen auf eine etwa 4 μm dünne Glimmerschicht fallen; diese schützt das Innere des evakuierten Rohres gegen den äußeren Luftdruck, läßt aber die Elektronen ohne wesentlichen Verlust an Auflösung hindurchtreten. An das Glimmerfenster wird ein Film gedrückt. Der Abstand von nur wenigen Mikrometern zwischen Film und Glimmerplatte ist nötig, damit die im Glimmer schon gestreuten Elektronen auf ihrem Weg zum Film die Güte des Bildes nicht durch weitere Streuung verderben. Ein Gerät dieser Art bringt etwa einen Helligkeitsgewinn von 3 Größenklassen im Vergleich mit dem einfachen Einsatz einer fotografischen Platte.

2.6.5 Die Vielkanalplatte

In der Zeit um 1960 wurde der Versuch gemacht, die Vorteile eines Photomultipliers zu benutzen und dabei doch ein scharfes und verstärktes Bild zu bekommen. Man baute zunächst einige Dutzend, später einige tausend „*Kanalverstärker*" zusammen. Ein Kanalverstärker oder -multiplier ist eine feine Glasröhre, an deren Enden eine Spannung von etwa 1000 V liegt. Heute enthält eine *Vielkanalplatte* auf 1 cm^2 einige 100000 Kanäle. Sie ist ungefähr 1 mm dick. Das Glas ist natürlich von spezieller Zusammensetzung und wird zudem in besonderer Weise bearbeitet. So eignet sich z.B. ein Stoff aus 50 % Bleioxid, 40% Siliciumdioxid und einigen Teilen Alkalioxiden in guter Weise für die Herstellung von Kanalplatten. Das Bleioxid wird bei 400 °C in einer Wasserstoffatmosphäre bis in Tiefen von einigen zehntel Mikrometer reduziert und zum größten Teil verdampft. Der restliche Teil des Bleis überzieht die Innenseite der Kanäle mit einer schwarzen Schicht. Diese ist in der Lage, beim Auftreffen eines Elektrons im Schnitt zwei Elektronen freizusetzen. Damit die aus der Photokathode ausgelösten Elektronen auch immer die Wände der Kanäle treffen, werden diese etwas schräg zur angelegten Spannung gelegt (Bild 2-8).

Um die Wirkung von entstehenden Ionen zu vermindern, werden die Kanäle oft verbogen. Man bringt die Kanalplatte zwischen zwei ungleich erwärmte Metallplatten und verschiebt diese gegeneinander. So erhält man Kurven. Man kann auch Zickzacklinien durch Aufeinanderlegen verschiedener Platten erzeugen (Bild 2-9).

Es gibt zwei Möglichkeiten, Vielkanalplatten zur Erzeugung eines verstärkten Bildes zu verwenden:

Der nahfokussierte Bildverstärker unterscheidet sich von dem Bildverstärker in Abschnitt 2.5.3 nur durch die Zwischenschaltung einer Vielkanalplatte mit ihrer Spannung zwischen Photokathode und dem fluoreszierenden Bildschirm (Bild 2-8). Die Wege der Elektronen vor und hinter der Vielkanalplatte sind sehr kurz. Es bedarf daher keiner Führung durch ein elektrisches oder magnetisches Feld, um ein scharfes Bild zu erhalten.

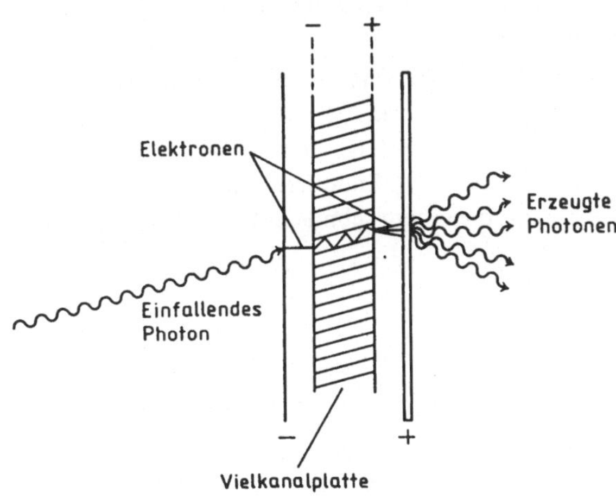

Bild 2-8
Vielkanalplatte

Bild 2-9
Vielkanalplatte mit Verminderung der Ionisation

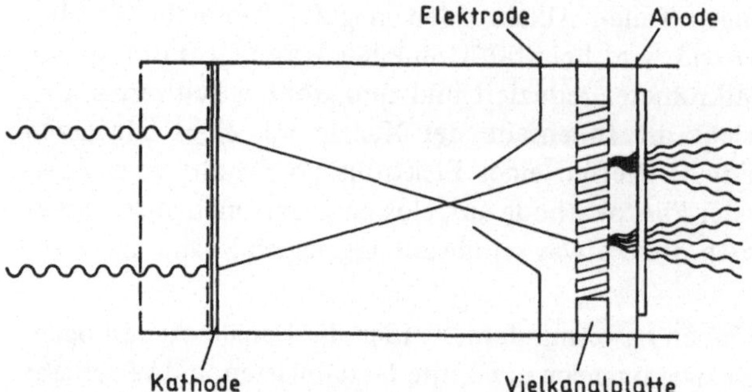

Bild 2-10
Vielkanalplatte mit Führung der Elektronen durch ein inhomogenes elektrisches Feld

Bei einer zweiten Anordnung braucht man ein inhomogenes elektrisches Feld. Hierbei werden die Elektronen von der Photokathode so geführt, daß ein umgekehrtes, vergrößertes oder verkleinertes Bild entsteht (Bild 2-10).

2.6.6 Das Digicon und das zweidimensionale Photodiodenarray

In vielen Fällen werden nicht Bildschirme zum Empfang der beschleunigten Elektronen benutzt, sondern Anordnungen von elektronischen Empfängern. Die einzelnen Empfänger nennt man *Rasterpunkte oder Pixels* (pixel = picture element). Diese Pixels können sehr klein sein, z.B. kleiner als 0,01 mm^2. Die Unterbringung von vielen Pixels auf engem Raum und die Verarbeitung ihrer Signale ist erst durch die Entwicklung der Halbleitertechnik und der Mikroelektronik möglich geworden.

Das Digicon besteht aus einer eindimensionalen Anordnung von Dioden. Man kann es z.B. zur Aufzeichnung bei einem Spektrographen benutzen. Man führt das zerlegte Licht auf eine Photokathode. Die ausgelösten Elektronen werden durch ein elektrisches Feld beschleunigt und durch ein Magnetfeld linear geführt. Am Ende steht ein *lineares Diodenarray.* Jede Diode empfängt nur die Elektronen, die einem schmalen Wellenlängenbereich des Spektrums entsprechen (Bild 2-11).

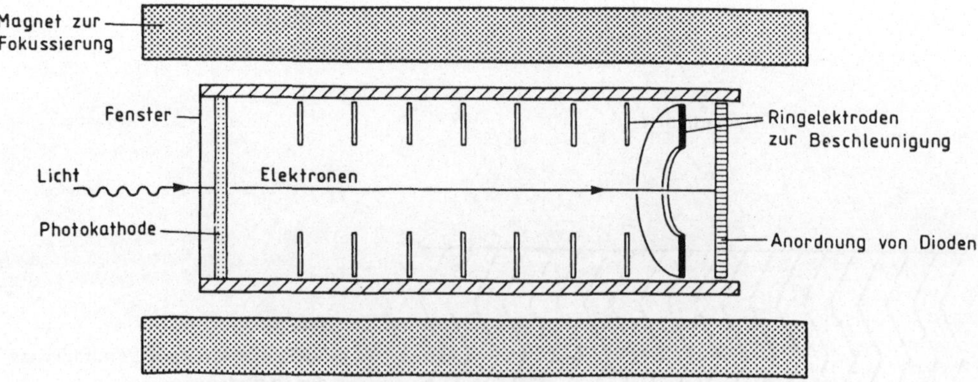

Bild 2-11 Ein Digicon, schematisiert. Eine Ringelektrode ist perspektivisch angedeutet

Man kann die Dioden natürlich auch auf einer Fläche anordnen und damit z.B. bei Beobachtung der Sonne spektrale Unterschiede in größeren Bereichen erfassen. So hat das Institut für Sonnenforschung in Orselina (Schweiz) einen 6 mm × 6 mm großen Empfänger aus 10 000 Dioden entwickelt. Damit werden u.a. die Bewegungen in Supergranulen, die eine Ausdehnung von 30 000 km bis zu 40 000 km besitzen, untersucht.

Verarbeitet werden jeweils die Spannungen, die in den Dioden durch die Beschießung mit beschleunigten Elektronen entstanden sind. Die Signale können durch ein Schieberegister nacheinander ausgelesen und einem Band oder Rechner zugeführt werden. Man hat dann eine *dynamische Anordnung.* Während des Auslesens kann keine neue Aufnahme gemacht werden. Besitzt jede Diode ihren eigenen Verstärker (und was sonst an Geräten dazu gehört), dann kann die Aufnahme des Objektes ohne Unterbrechung durchgeführt werden. Man hat in diesem Fall eine *statische Einrichtung.* Natürlich setzen hier die zahlreichen Verbindungen zwischen jeder Diode und ihren zugehörigen Geräten eine Grenze für die Bildauflösung.

2.6.7 Ladungsgekoppelte Bauelemente oder Charge Coupled Devices (CCD)

Nicht nur in der Industrie, sondern auch in der Astronomie haben sich seit 1970 die *ladungsgekoppelten Bauelemente,* die CCDs, in starkem Maße durchgesetzt. Auf einen meist p-dotierten Silicium-Halbleiter ist eine dünne Schicht aus isolierendem Siliciumdioxid gelegt. Auf dieser befinden sich Elektroden. Die Elektroden sind positiv, das p-Silicium ist negativ geladen. Die Spannungen sind niedrig und erreichen meistens keine 20 V. Wird das p-Silicium von Fotoelektronen getroffen, so sammeln sich die Elektronen unter den Elektroden. Das optische Bild wird in einzelne Elemente zerlegt. Der entsprechenden Bildhelligkeit in jedem Element entspricht die Menge der Ladungsträger. In einem zweiten Schritt werden die Ladungen durch eine schnelle Taktfolge (im MHz-Bereich), d.h. Spannungsänderungen an den Elektroden, verschoben (Bild 2-12). Sie geben schließlich über eine Ausgangsdiode Spannungen an einen Verstärker. In der Folge dieser Spannungen ist das aufgenommene Bild enthalten.

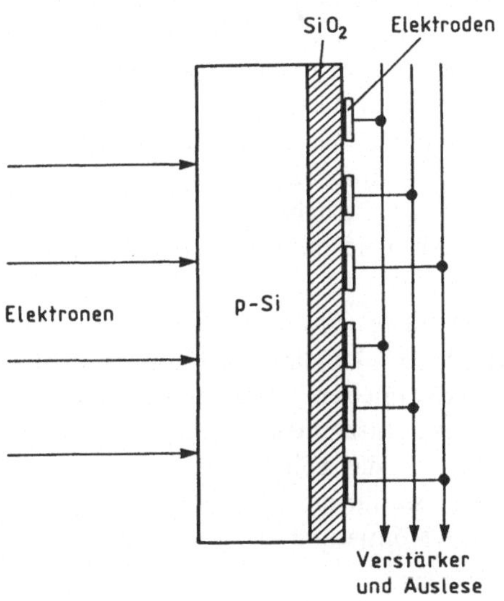

Bild 2-12
Ladungsgekoppelte Bauelemente

2.7 Die Entwicklung erdgebundener Teleskope

2.7.1 Zwei Wege in der Planung

Trotz aller Erfolge in der Aufnahme- und Verarbeitungstechnik bleibt das Bestreben der Astronomen auch weiterhin, in möglichst kurzer Zeit möglichst viele Photonen von einem Objekt zu sammeln. Dazu sollen größere Fernrohre dienen. Pläne für 25-m-Teleskope sind im Gespräch. Ein solches Gerät würde in der gleichen Zeit 2,75mal so viel Licht sammeln wie alle zur Zeit vorhandenen Rohre, die einen Durchmesser von 2,5 m bis zu 6 m besitzen. Und das sind immerhin 18 Instrumente!

Im Januar 1980 fand auf dem Kitt Peak eine Zusammenkunft von mehr als 200 Teilnehmern aus 16 Ländern statt, in der alle Pläne für große und größte Fernrohre diskutiert wurden. Dabei spielten neben der Technik natürlich auch die erforderlichen Preise eine wichtige Rolle. Der Preis hängt wesentlich vom Gewicht des Spiegels und von der für seine Bewegung notwendigen Montierung ab. Das Gewicht eines Spiegels ist abhängig von der Größe des Spiegels und bedingt durch das Verhältnis von Durchmesser zu Dicke. Dieses Verhältnis liegt bei den meisten heutigen Spiegeln in der Größe von 8 : 1. Doch hat man schon merkliche Fortschritte gemacht. So ist der 3,8-m-Spiegel auf dem Mauna Kea in Hawaii am Rande 29 cm, in der Mitte 19 cm dick und besitzt so die Maße 16 : 1. An der Universität Texas wird ein 7-m-Instrument geplant, das eine mittlere Dicke von nur 15 cm besitzt. Man erhält so ein Verhältnis von 47 : 1!

Die Planung großer Teleskope geht offensichtlich zwei verschiedene Wege. *Man kombiniert entweder mehrere voneinander getrennte Einzelspiegel so, daß alle zusammen ein Gesamtbild des Objektes erzeugen, oder man setzt viele kleinere Spiegel zu einem großen Spiegel zusammen.*

2.7.2 Das MMT auf dem Mt. Hopkins

Am 9. Mai 1979 wurde nach 8-jähriger Planung und Bauzeit das Mehrfach-Spiegel-Teleskop (Multi Mirror Telescope = MMT) auf dem 2600 m hohen Mt. Hopkis eingeweiht. 6 Spiegel von 1,8 m Durchmesser, die von der amerikanischen Luftwaffe zur Verfügung gestellt und für die astronomischen Zwecke nachgearbeitet wurden, bilden die Eckpunkte eines Sechsecks, das für die Außenseiten zweier diametraler Spiegel einen Durchmesser von 6,9 m hat. Jeder Spiegel besitzt einen Sekundärspiegel von 26 cm Durchmesser und einen Tertiärspiegel. Die letzteren sorgen dafür, daß die Strahlen aller Spiegel über einen Strahlenvereiniger zu einem Bild vereinigt werden (Bild 2-13). Die 6 Fokalebenen der 6 Spiegel sind ein wenig gegeneinander geneigt. Deshalb ergibt sich ein scharfes Bild nur in einem Feld von etwa 4 Bogenminuten. Ein Feld ohne Vignettierung besitzt nur einen Durchmesser von 50 Bogensekunden.

Jede Abweichung von der richtigen Lage der 6 Fokalbilder wird durch Laserlicht gemessen und durch 21 Motoren sehr schnell korrigiert. Die 6 Sekundärspiegel können in gleicher Frequenz in Phase schwingen. So kann ein Objekt mit dem unmittelbaren Himmelshintergrund verglichen werden. Das MMT besitzt eine lichtsammelnde Fläche, die einem 4,5-m-Spiegel entspricht. Ein solcher Spiegel würde in der üblichen Bauart etwa das 9-fache der 6 Spiegel des MMT wiegen. Die kleine Masse für die 6 Hauptspiegel von nur 3270 kg verringert natürlich die Kosten erheblich. Die Montierung wird wesentlich billiger

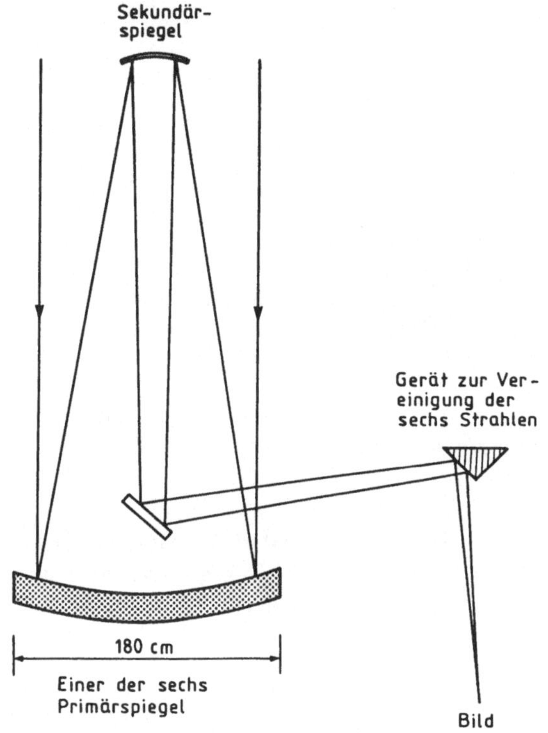

Bild 2-13
Ein Teil des Multi-Mirror-Telescopes

als bei einem großen Spiegel. Zur Verringerung der Kosten trägt auch das Gebäude bei, in das das Instrument eingebaut ist. Dieses dreht sich azimutal mit dem Teleskop.

Der Haupteinsatz erfolgt zunächst in der Infrarotastronomie. Ein mit flüssigem Helium gefüllter InSb-Detektor ist für die Strahlung mit 1 μm bis 5 μm zuständig. Ein weiterer Detektor wird mit flüssigem Helium-3 auf 0,3 K gekühlt. Auch der Submillimeterbereich wird mit diesem Instrument erschlossen. Schließlich wird auch im optischen Bereich beobachtet. Dies geschieht vorzüglich mit CCD- und CID-Kameras (Charge Coupled- und Charge Injektion Devices).

2.7.3 Weitere Planungen von Großteleskopen

Das Steward Observatorium der Universität Arizona plant ein neues Vielfach-Instrument, das MT-2. In ihm sollen acht 5-m-Spiegel zusammengefaßt werden. Die effektive lichtsammelnde Fläche entspricht einem 14-m-Teleskop. Das Auflösungsvermögen ist das eines 22-m-Instruments. Die Kosten sollen kaum höher sein als für einen üblichen 4-m-Spiegel.

Die Universität von Kalifornien plant ein 10-m-Teleskop, bei dem der Hauptspiegel aus 60 1,4-m-Spiegeln zusammengesetzt ist. Jeder der 60 Einzelspiegel ist nur 10 cm dick. Das Gewicht des Gesamtspiegels ist dann vergleichbar mit dem eines konventionellen 4-m-Spiegels mit dem Verhältnis Durchmesser zu Dicke gleich 8 : 1. Die 60 Einzelspiegel

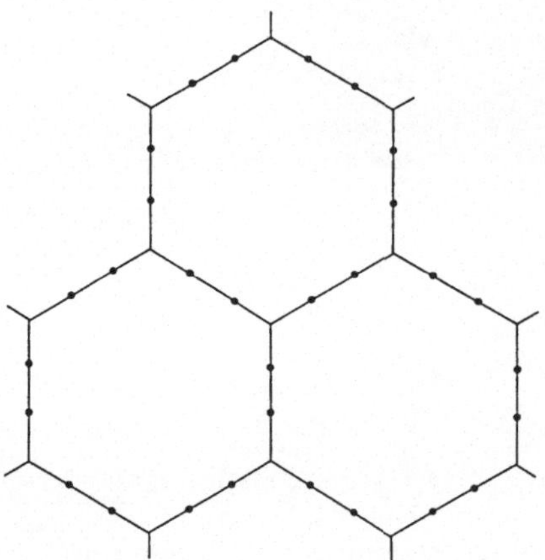

Bild 2-14
Ein Stück des großen Spiegels, der aus 60 Einzelspiegeln besteht

haben die Gestalt von Sechsecken (Bild 2-14). Die richtige Gestalt des Gesamtspiegels läßt sich verhältnismäßig leicht kontrollieren. Zwischen je zwei Hexagonalspiegeln sind zwei Sensoren, von denen jeder für die richtige Lage zum Nachbarelement verantwortlich ist.

Die größten zur Zeit geplanten Instrumente sollen eine effektive Fläche von 25 m Durchmesser besitzen. Drei Objekte werden erörtert.

Auf dem Kitt Peak wird seit 1974 über ein 25-m-Teleskop beraten. Dort wird einem Mehrspiegelsystem der Vorzug gegeben. Sechs Spiegel von je 10,2 m Durchmesser sollen auf einem Sechseck angebracht werden. Die Abstände benachbarter Spiegelmittelpunkte sollen 45 m betragen. Ein großer Vorteil dieser Einrichtung besteht darin, daß man schon mit einem Instrument arbeiten kann, wenn dieses fertiggestellt ist oder wenn die Helligkeit eines Objektes für einen Spiegel ausreicht. Mit zwei diametralen Spiegeln, die einen Abstand von etwa 100 m haben, können gute interferometrische Messungen durchgeführt werden.

Astronomen in der Sowjetunion planen ein 25-m-Teleskop ST-25. Es soll aus 500 sechseckigen Einzelspiegeln bestehen, deren richtige Lage so gut kontrolliert wird, daß die Bilder nur durch die Sichtbedingungen, nicht aber durch die Fähigkeit des Kontrollsystems begrenzt sind. Erprobt wird diese Methode schon an einem Instrument aus sieben 0,4-m-Spiegeln, das den Namen AST-1200 trägt. Die Bilder der sieben Spiegel werden mit einer Genauigkeit von 0,″2 zusammengesetzt. Alle Versuche zeigen, daß die oben erhobene Forderung – die Güte der Bilder hängt von den Sicht- und Durchsichtbedingungen, nicht aber vom Kontrollsystem ab – durchaus bei dem kleinen Gerät schon erfüllt ist.

Diskutiert wird auch ein feststehender Spiegel, der selbst aus Einzelspiegeln zusammengesetzt ist. Dieses Gerät würde im optischen Bereich dem feststehenden Radio-Teleskop in Arecibo (Puerto Rico) entsprechen. Die Empfänger müssen sich im Brennpunkt des Hauptspiegels befinden. Wenn man dem Objekt auch nur für kurze Zeit folgen soll, müssen Teile des Hauptspiegels ein wenig verstellt werden. Das aber führt zu Unsicherheiten bei photometrischen Messungen. Der Preis wäre allerdings beachtlich niedrig, er würde nur etwa 1/10 des Preises für ein bewegliches Instrument betragen.

Die Europäische Südsternwarte ESO (European South Observatory) bearbeitete zunächst zwei Pläne. Im ersten sollten 16 4-m-Spiegel zusammenwirken. Um Turbulenzeffekte wenigstens teilweise zu vermeiden, sollten alle Strahlen durch evakuierte Röhren zu einem Fokus zusammengeführt werden. Dazu wären aber sieben Reflexionen nötig, die starken Lichtverlust herbeiführten. Um diese Schwierigkeiten zu vermeiden, einigte man sich auf einen Spiegel aus 18 Teilen. 54 Motoren regeln alle paar Millisekunden die richtige Lage aller Segmente. Im ersten wie im zweiten Fall ergibt sich eine effektive Fläche von 16 m Durchmesser für das Aufsammeln von Photonen.

2.7.4 Astronomische Aufgaben für große Teleskope

L. B. Robinson hat über die Tagung berichtet, die im Januar 1980 auf dem Kitt Peak National Observatory stattfand. Hier wurde von über 200 Teilnehmern aus 16 Ländern über die zukünftige Entwicklung großer Teleskope gesprochen. Einige weiterführende astronomische Probleme, die mit den Teleskopen in Angriff genommen werden können, sollen kurz behandelt werden.

Kometenkerne und dunkle Asteroiden enthalten Materie aus der Zeit, in der unser Sonnensystem entstanden ist. Ihr Studium könnte physikalische und chemische Prozesse erkennen lassen, die sich bei der Bildung des Sonnensystems abspielten. Kometenkerne müßten beobachtet werden, bevor die Sonnenstrahlung Gase aus ihnen heraustreibt.

Die Entwicklung von Sternen, von den protostellaren Objekten bis zum Endstadium, könnte mit großen Instrumenten genauer verfolgt werden. In den nahegelegenen Wolken, z.B. im Schlangenträger, Stier und Fuhrmann, könnten bei einer Auflösung von 0,″5 Einzelheiten erkannt werden, die heute bei Sternbildungen noch unbekannt sind. Hier ist mit Objekten von 100 AE zu rechnen. Auch massearme rote Hauptreihensterne, die ihr Leben mit der Verbrennung von Wasserstoff gerade begonnen haben, sowie das Ende von Sternen könnten durch spektroskopische Untersuchungen besser verstanden werden.

Speckle-Interferometrie könnte dazu führen, daß man in periodischen Bewegungen von Sternen Planetensysteme in unserer Nachbarschaft entdeckt. Bei der Untersuchung von Sternoberflächen könnte man die Strömungsverhältnisse studieren, die einen Energietransport gewährleisten. Man würde Granulen und Supergranulen finden, wie sie auf der Sonne bekannt sind. Mit einem 25-m-Instrument könnte man Helligkeitsunterschiede entdecken, die sich nur um wenige Prozent unterscheiden. Man könnte auch unterschiedliche Stellen einer Sternoberfläche auffinden, selbst wenn diese nur wenige Prozent der Sternoberfläche einnehmen würden.

Die Sterne eines Kugelhaufens sind aus einheitlichem Material entstanden. Trotzdem ergeben sich Verschiedenheiten in ihrer chemischen Zusammensetzung. Beruhen diese auf verschiedenartiger Entwicklung oder gab es doch Unterschiede in der vorstellaren Materie? Hier könnte eine Hochdispersions-Spektroskopie helfen. Notwendig wäre aber eine Beobachtung von Sternen 19. Größe und schwächer.

Wenn man die *Geschwindigkeit von Kugelsternhaufen* bei naheliegenden Galaxien mit größerer Genauigkeit messen könnte, würde man die Masse dieser Sternsysteme genauer ermitteln und vielleicht auch feststellen, ob vielleicht ein bisher nicht nachgewiesener Halo vorhanden ist.

Eine immer noch offene Frage ist die nach der *Entwicklung von Galaxien.* Wenn man sehr weit entfernte Galaxien genauer beobachten könnte, solche, die 10^{10} bis $1{,}4 \cdot 10^{10}$ a alt sind, könnte man wahrscheinlich heute noch offene Fragen klären. Vielleicht könnte man bei einem solchen Rückblick in die Vergangenheit des Weltalls Einblick in Ereignisse gewinnen, die heute allein den Theoretikern überlassen sind, z.B. die Bildung von Galaxienhaufen.

Vielleicht ist eine Entscheidung möglich, ob wir in einem *stets expandierenden ober in einem oszillierenden Universum* leben. Beobachtungen, die Objekte von 29^m erfassen lassen, würden uns viel weiter in den Raum hinausblicken lassen, als es heute möglich ist. Dann könnte man wahrscheinlich entscheiden, ob unsere Welt sich in einer fortlaufenden Expansion befindet oder nicht. Vielleicht läßt sich in späterer Zeit der Verzögerungsfaktor $q(t) = -\frac{R \cdot \ddot{R}}{\dot{R}^2}$ ermitteln und damit entscheiden, wie unsere Welt sich in Zukunft verhält ($q = 0 \ldots 1/2$: hyperbolisch, $q = 1/2$: parabolisch, $q > 1/2$: elliptisch). Bei einem Blick über die heute möglichen Entfernungen hinaus können große Teleskope vielleicht *optische Gegenstücke zu* Röntgenquellen, Infrarotquellen und Radioquellen finden, wo für eine Reihe dieser Objekte bis heute im optischen Bereich nichts nachzuweisen ist.

Schließlich ist darauf hinzuweisen, daß viele Objekte, die von Weltraumteleskopen erfaßt worden sind, von erdgebundenen Teleskopen über lange Zeit beobachtet werden können.

Es gibt wohl kaum einen Zweifel daran, daß nationale und internationale Anstrengungen gemacht werden müssen, um weiterhin wichtige Fortschritte in der Astronomie zu erzielen.

2.8 Ballonastronomie

Erdgebundene Teleskope sind selbst in größeren Höhen noch stark dem Einfluß der Erdatmosphäre ausgesetzt. In Mauna Kea auf den Hawaiinseln hat man immer noch bei einer Höhe von 4200 m 60% der Atmosphäre über sich. Natürlich ist das schon ein großer Vorteil gegenüber dem 5-m-Spiegel, der in einer Höhe von 1706 m aufgestellt ist, oder den Instrumenten auf dem Kitt Peak, die sich in 2064 m Höhe befinden. Der 5-m-Spiegel hat rund 80%, die Teleskope auf dem Kitt Peak haben noch 77% der irdischen Lufthülle über sich.

Schon sehr früh bestand der Wunsch der Astronomen, den Einfluß der Atmosphäre durch Aufstieg in größere Höhen zu verringern. Am 22. März 1874 stiegen zwei Franzosen mit einem Ballon auf 7300 m. Sie beobachteten die Absorptionslinien des Wasserdampfes mit einem kleinen Handspektroskop und zeigten, daß diese Linien in der irdischen Atmosphäre und nicht auf der Sonne entstehen. Diese Linien wurden nämlich mit steigender Höhe immer schwächer. Auch nachts erfolgten schon im vergangenem Jahrhundert Ballonflüge, bei denen auch astronomische Beobachtungen gemacht wurden. Doch wurden die meisten wissenschaftlichen Ballonflüge zur Erforschung der irdischen Atmosphäre durchgeführt. Von Versuchen *Kiepenheuers* abgesehen, der 1939 das UV-

Spektrum der Sonne bis etwa 200 nm untersuchen wollte, begann die astronomische Forschung mit Ballonen erst im Jahre 1954. Damals flog ein bemannter Ballon – u.a. mit *A. Dollfuß* – bis auf 7000 m Höhe. Man nahm z.B. Teile der infraroten Strahlung des Mars auf.

1957 begann *M. Schwarzschild* mit seiner Princeton-Gruppe eine großangelegte Beobachtung der Sonne. 1959 wurden 4 Flüge zur Untersuchung der Sonne durchgeführt. Bei zahlreichen Aufnahmen gelang teilweise eine Auflösung von $0\overset{''}{.}4$. Das entspricht einer Strecke von 290 km auf der Sonne. Auf einem Bild dagegen, das von der Erdoberfläche gemacht worden ist, sind Einzelheiten nur bis herab zu 700 km zu erkennen.

Diese Flüge mit „Stratoskop I" fanden in 24 km Höhe statt. Hier liegen nur noch 5 % der Atmosphäre über dem Instrument. Schon bald nach den erfolgreichen Flügen von Stratoskop I wurde Stratoskop II geplant und eingesetzt. Ein Fernrohr von 91 cm Öffnung führte teilweise bis zu einer Auflösung von $0\overset{''}{.}1$. Nach einem ersten Start am 1./2. März 1963 flog Stratoskop II am 26. November 1963 mit voller Ausrüstung von Palestine/Texas. Diesmal war der Ballon 12 Stunden lang in 24 km Höhe. Beobachtungen wurden im Wellenlängenbereich von 1 μm bis 5 μm gemacht. Objekte waren Jupiter, Aldebaran (Stier), Beteigeuze (Orion), Mira Ceti, die Sterne R im Löwen, μ in den Zwillingen, ρ im Perseus und μ im Cepheus. Das war damals ein wesentlicher Beitrag zur Infrarotastronomie.

Auch die deutschen Astronomen haben mit der Ballonastronomie große Erfolge erzielt. Bekannt sind die Ballone Thisbe I und Thisbe II, die von der Landessternwarte Heidelberg und dem Max-Planck-Institut für Astronomie geplant wurden. Der erste Flug von Thisbe I erfolgte in der Nacht vom 29. zum 30. September 1969 von Meppen im Emsland und dauerte 2,5 Stunden in 29 km Höhe. Bei diesem Flug wurden Beobachtungen des Zodiakallichtes und Flächenaufnahmen der Milchstraße durchgeführt. Die nächsten Flüge erfolgten in Palestine/Texas. Thisbe I wurde zuletzt zur Untersuchung von galaktischen Objekten im Infraroten eingesetzt.

Thisbe II war mit einem 80-cm-Cassegrain-Spiegel ausgerüstet. Die Untersuchungen erfolgten im fernen Infraroten bei 20 μm bis 500 μm mit Geräten, die mit flüssigem Helium gekühlt waren. Außerdem wurden Messungen im Ultravioletten, im Röntgen- und γ-Bereich durchgeführt.

Kiepenheuer und seine Mitarbeiter entwickelten das *Spektro-Stratoskop.* Der Ballon faßte 157 000 m^3. Am 17. Mai 1975 trug er z.B. für einen 9,5-Stundenflug ein Instrument von 32 cm Öffnung in eine Höhe von 28 km. Der Start wurde in Palestine durchgeführt. Ein erster Testflug hatte schon 1966 stattgefunden. Ein zweiter Flug war 1968 mißglückt. 1975 wurden alleine 400 Spektren der Sonne und über 1000 Granulationsaufnahmen gewonnen. Die Auflösung war $0\overset{''}{.}4$. Die erste Ausrichtung der Gondel betrug $0\overset{\circ}{.}25$. Die letzte Ausrichtung des Fernrohrs war besser als einige Bruchteile von 1''.

Die Ballonastronomie ist beim Vergleich mit Raketen- oder Satellitenflügen sehr billig. Die Instrumente können immer wieder benutzt und nach den bisherigen Erfahrungen verbessert werden. Flüge von einem Tag oder einer Nacht werden meist in weiten, ebenen Geländen durchgeführt, in denen eine laufende Kontrolle des Ballons möglich ist. Wegen der Luftfahrt muß jeder Flug angemeldet und genau festgelegt werden. Auch Flüge in der Arktis oder Antarktis unterliegen diesen Bedingungen. Es finden auch Langzeitflüge von Tagen, Wochen oder Monaten statt. So flog ein Ballon in der Höhe von Australien und Argentinien mehrmals um den Südpol, um kosmischen Staub zu sammeln.

Diese wenigen Hinweise auf die Ballonastronomie müssen hier genügen; es sollte hier aber wenigstens auf dieses interessante Gebiet hingewiesen werden.

2.9 Das Weltraumteleskop

2.9.1 Einführung

Will man sich frei machen von den störenden Einflüssen der irdischen Atmosphäre, muß man sich der Raketen oder Satelliten bedienen. Die Raketen sind immer nur wenige Minuten in ausreichender Höhe. Sie ließen sich erst in den sechziger Jahren mit Hilfe von Gyroskopen so genau ausrichten, daß der meßbare Wellenlängenabstand im Spektrum nur einige 0,1 nm betrug. Vorher waren die Messungen zwar interessant, aber recht ungenau. So waren die UV-Spektren der Sonne, die am 10. Oktober 1946 mit einer deutschen V2-Rakete in einer Höhe von 55 km gewonnen wurden und die bis 220 nm gingen, zwar sehr aufregend. Doch boten sie nicht mehr als die von der Theorie her längst bekannte Tatsache, daß die Sonne ein UV-Spektrum mit Absorptionslinien besitzt (Bild 2-15). Die Sonne war immer das erste Ziel astronomischer Beobachtungen außerhalb der Atmosphäre. Auf sie lassen sich alle Geräte leicht einstellen. Sternbeobachtungen folgten immer später. 1957 gelang es, UV-Spektren von Sternen zu bekommen. Auf den

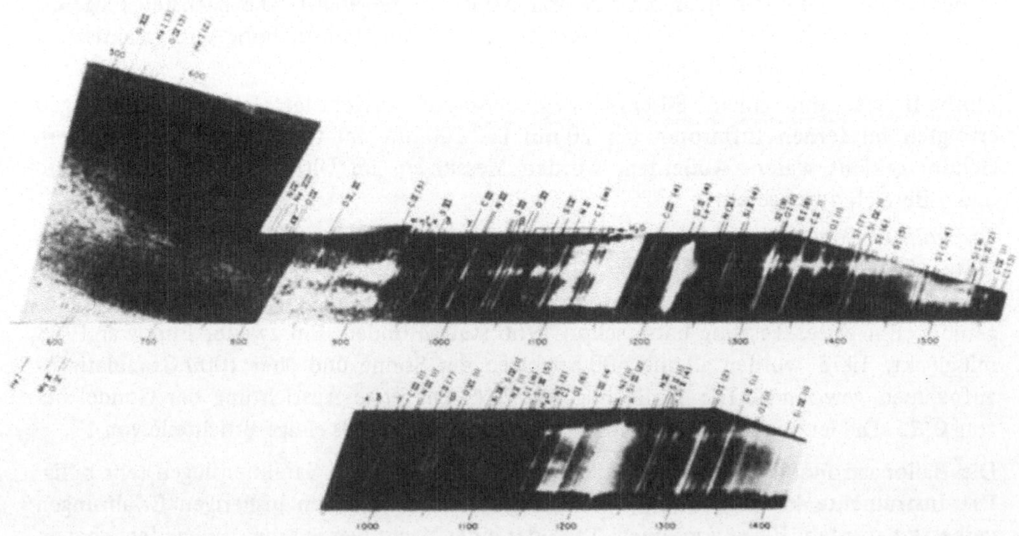

Bild 2-15 Das Sonnenspektrum im extremen Ultravioletten. Das Spektrum wurde am 19. April 1960 mit einer Aerobee-Hi-Rakete aufgenommen (*O. Struve* und *V. Zerbergs*, Astronomy of the Twentieth Century, MacMillan, New York 1962).

Einsatz einiger Satelliten für die UV- und Röntgenstrahlung sowie für den infraroten Bereich wird im 6. Kapitel, für die Astrometrie auch im 3. Kapitel eingegangen. Hier soll ausführlicher über das Weltraumteleskop berichtet werden, das Ende 1983 gestartet werden sollte, dessen Start aber zunächst auf 1985 verschoben worden ist.

2.9.2 Planung des Weltraumteleskops

Schon 1962 gab es erste Überlegungen, ein größeres Fernrohr in einer Umlaufbahn zu stationieren. In mehreren Gutachten wurde dieses Projekt bearbeitet. 1973 gelang es der NASA, eine kleine Gruppe von 12 Forschern unter der Leitung von *C. R. O'Dell* zusammenzubringen. *O'Dell* gab für den neuen Plan seine Stellung als Direktor des Yerkes-Observatoriums auf. Ab 1977 übernahm er auch die Leitung einer größeren Gruppe von 60 Wissenschaftlern aus 38 verschiedenen Instituten. 1978 wurde das erarbeitete Programm vom Kongreß in Washington genehmigt.

2.9.3 Die Spiegel

In den ersten Plänen sprach man von einem 3-m-Spiegel. Aus finanziellen Gründen und technischen Überlegungen hat man sich jedoch auf einen hyperbolischen 2,4-m-Hauptspiegel geeinigt. Das Licht fällt vom Hauptspiegel auf einen hyperbolischen Sekundärspiegel in etwa 5 m Entfernung und wird von dort durch die Mitte des großen Spiegels

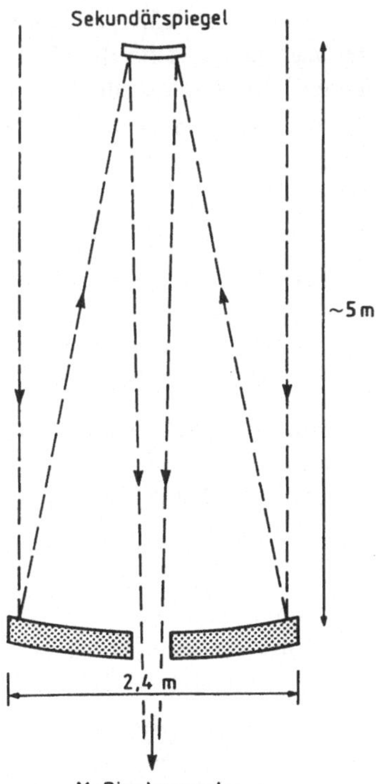

Bild 2-16
Die Spiegel des Weltraumteleskops

zu den Detektoren hindurchgelenkt. Man benutzt also das *Cassegrain-System* in der Ausführung von *Ritchey-Crétien* mit nichtsphärischen Spiegeln (Bild 2-16). Der Schliff und die Politur des 2,4-m-Spiegels hat 28 Monate gedauert. Nach der Politur wurde der Spiegel mit einer 6,5 μm dicken Aluminiumschicht belegt. Diese ist schließlich mit Magnesiumfluorid (Schichtdicke 2,5 μm) geschützt. Diese letzte Schicht erhöht auch das Reflexionsvermögen im Ultravioletten. Die endgültige Bearbeitung ist so genau, daß die gewünschte Gestalt des Spiegels an keiner Stelle mehr als 10 nm von der Sollgestalt abweicht. (Man stelle sich zur Veranschaulichung der Präzision einen Spiegel von 2,4 km Durchmesser vor. Für diesen würden die größten Fehler nicht mehr als 0,01 mm betragen!) Das Material besteht aus gesintertem Quarzglas, dessen Ausdehnungskoeffizient praktisch Null ist. Im Weltraum werden der Haupt- und Sekundärspiegel mit Hilfe von Thermostaten auf konstanter Temperatur gehalten. Der Hauptspiegel besteht aus drei Schichten: zwei Schichten aus dem genannten Quarzglas, in die ein durch eingelagerte Graphitkristallfasern verstärkter Kern eingebettet ist. Die Wellenlängen, für die das Teleskop eingesetzt werden soll, reichen von 115 nm bis zu 10^6 nm = 1 mm. Dieser Bereich überstreicht vier Größenordnungen und übersteigt den optischen Bereich (von rund 300 nm bis 1000 nm) um etwa das 3000fache.

2.9.4 Der Aufbau des Teleskops

Bild 2-17 zeigt den Aufbau des Teleskops. Das ganze Instrument ist 13 m lang mit einem größten Durchmesser von fast 4,5 m. Ein Lichtschirm vor dem Sekundärspiegel von 3 m Länge soll das Licht der Sonne, der Erde und des Mondes fernhalten. Die Spiegel werden durch Rohrblenden so weit wie eben möglich vor jedem Streulicht geschützt. Hinter dem Hauptspiegel liegen die Instrumente für die Beobachtung und für die Nachführung. Die Festigkeit der Montierung muß außerordentlich gut, ihr Wärmeausdehnungskoeffizient sehr gering, fast Null sein. Trotz bester Erfahrung mit dem neuartigen Material besteht auch noch die Möglichkeit, jederzeit die Lage der Spiegel zu korrigieren.

2.9.5 Die Bahn des Fernrohrs

Die amerikanische Weltraumfähre Space-Shuttle wird das Instrument (wahrscheinlich 1985) in eine Bahn bringen, die von der Erdoberfläche einen Abstand von 500 km hat und die gegen den Erdäquator um $28\overset{\circ}{.}8$ geneigt ist. Die Flugdauer beträgt knapp 95 Minuten bei einer mittleren Geschwindigkeit von 7,63 km s^{-1}.

Wartungsmannschaften sollen immer wieder zum Weltraumteleskop gebracht werden, um eventuell Geräte auszutauschen oder zu reparieren. Das ganze Instrument soll nach einer Reihe von Jahren zur Erde zurückgebracht werden, damit eine gründliche Überholung vorgenommen werden kann.

2.9.6 Auflösungsvermögen, Einstell- und Nachführgenauigkeit

Das Auflösungsvermögen, das durch keine Turbulenzerscheinungen gestört ist, beträgt für das extreme Ultraviolett $0\overset{''}{.}01$, für 450 nm $0\overset{''}{.}05$ und für 1 mm etwa $105''$.

Die Einstellung des Fernrohrs erfolgt in drei Schritten. Eine Grobbewegung dreht das Gerät in 1^{min} um 5°, eine Feinbewegung in 1^{min} um 1°. Die endgültige Pointierung erfolgt schließlich in 2^{min}. Die Nachführgenauigkeit ist außerordentlich hoch.

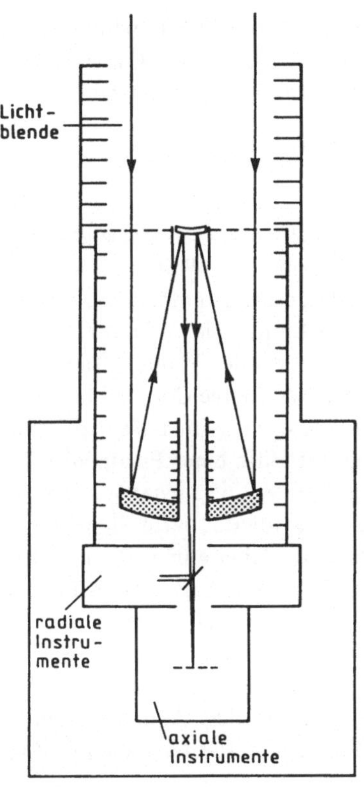

Bild 2-17
Aufbau des Weltraumteleskops

In 10 Stunden wird die Abweichung vom anvisierten Punkt 0,''01 nicht übersteigen. Man stelle sich vor, daß man den Mittelpunkt eines 1-DM-Stückes, das sich in 240 km Entfernung befindet, anpeilt. Dann wird man nach einer zehnstündigen Nachführung immer noch einen Punkt des 1-DM-Stückes im Mittelpunkt des Systems haben.

Die Feinnachführung erfolgt mit interferometrischen Sternsensoren. Die Sterne, die der Nachführung dienen, werden immer in den Randgebieten des Beobachtungsbereiches ausgesucht.

2.9.7 Lage und Art der Empfänger

Die Empfänger befinden sich hinter dem Hauptspiegel. Es gibt zwei Gruppen. Eine befindet sich in Richtung des einfallenden Strahls (axiale Empfänger), eine zweite im rechten Winkel dazu (radiale Empfänger) (Bild 2-17).

Die *vier axialen Instrumente* sind eine Kamera für lichtschwache Objekte (FOC = Faint Object Camera), zwei Spektrographen (FOS = Faint Object Spectrograph, HRS = High Resolution Spectrograph) und ein Hochgeschwindigkeitsphotometer (HSP = High Speed Point/Area Photometer).

Vier Spiegel unter einem Winkel von 45° zur einfallenden Strahlrichtung werfen Licht in vier Quadranten. In drei dieser Quadranten sind Sensoren für die Feinnachführung untergebracht. In dem vierten Quadranten befindet sich eine Kamera, die für Weitwinkel- oder Planetenaufnahmen gedacht ist (WFC = Wide Field Camera, PC = Planetary Camera). Die Spiegel für die *radialen Instrumente* nehmen so wenig Licht fort, daß gleichzeitig auch axial liegende Geräte bedient werden können.

2.9.8 Weitwinkel- und Planetenkamera

Das Licht, das ein 45°-Spiegel in der optischen Achse senkrecht zu dieser Achse ablenkt, wird über einen pyramidenförmigen Spiegel auf die vier Sensoren der Weitwinkelkamera oder nach einer Drehung des Pyramidenspiegels auf die vier Sensoren der Planetenkamera gelenkt (Bild 2-18). Die Sensoren bestehen aus Silicium-Chips, die 1,5 cm × 1,5 cm groß sind. Jeder Chip setzt sich aus 800 × 800 Rasterpunkten oder Pixels zusammen, die die optischen Signale in elektrische Signale umsetzen (CCD = Charge Coupled Device). *Für jedes astronomische Bild stehen also durch die vier Sensoren 2 560 000 Pixels zur Verfügung.* Die Aufnahmetechnik ist völlig anders als die mit Hilfe einer Fotoplatte. Es wird ein quadratischer Bereich mit einem Gesichtsfeld von 2',67 × 2',67 in vier verschiedenen CCDs aufgenommen. Alle Pixels verwandeln das Licht in digitalisierte Signale, die gespeichert und zur Erde gefunkt werden. Ein Pixel entspricht dabei einem Blickwinkel von 0",1. (2',67 · 60 : 1600 = 0",1, in der Seitenlänge eines Quadrates liegen 1600 Pixel!) Die Weitwinkelkamera dient zur Aufnahme etwas ausgedehnterer Quellen. Dazu gehören z B. Galaxien, Galaxienhaufen, planetarische Nebel. Die Planetenkamera hat ein kleineres Gesichtsfeld als die Weitwinkelkamera. Die Seitenlänge ihrer Aufnahmefläche ist 68",7. Einem Pixel entspricht damit ein Blickwinkel von 0",043. Trotz des kleinen Gesichtsfeldes können alle Planeten voll erfaßt werden. Selbst Venus und Jupiter haben größte

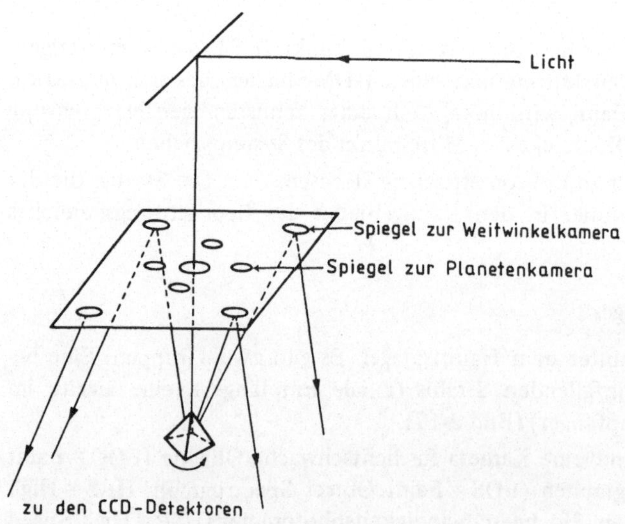

Bild 2-18 Weitwinkel- und Planetenkamera. Der pyramidenförmig dargestellte Spiegel erzeugt vier Teilstrahlen, die an kleinen Spiegeln entweder zur Planetenkamera oder zur Weitwinkelkamera reflektiert werden.

scheinbare Durchmesser von nur 64″ und 48″. Natürlich ist die Planetenkamera mit ihrem guten Auflösungsvermögen auch für andere Objekte als Planeten geeignet. Sterne mit starker Eigenbewegung sollen auf planetarische Begleiter untersucht werden. Fernere Objekte, wie z.B. Quasare, zeigen vielleicht feinere Strukturen, die einen Schritt weiter in ihrer Deutung zulassen.

Damit die CCDs gut arbeiten können, werden sie auf 178 K gekühlt. Das Verhältnis von Signal zu Rauschen soll etwa bei 10 liegen. Die CCDs sprechen auf alle Wellenlängen von 115 nm bis zum nahen Infrarot bei 1100 nm an. Um ultraviolette Strahlung empfangen zu können, sind die Silicium-Chips mit „Coronen" belegt. Dieser Farbstoff verwandelt ultraviolette Strahlung in sichtbares Licht.

2.9.9. Die Instrumente in der axialen Kammer

(a) *Die Kamera für besonders lichtschwache Objekte* besitzt wie die Weitwinkel- oder Planetenkamera zwei Aufnahmesysteme. Das erste hat ein quadratisches Feld von 11″ × 11″. Jedes Bildelement hat eine Ausdehnung von 0,″022. Das zweite Feld ist doppelt so groß: 22″ × 22″ mit einem Bildelement von 0,″044. Der Aufnahmebereich geht von 120 nm bis zu 800 nm. Die Detektoren der Kamera sollen Objekte bis zu 28^m oder 29^m erfassen können. Eine größere Zahl von Farb- und Interferenzfiltern gestattet spektroskopische Untersuchungen. Schließlich ist auch die Möglichkeit gegeben, durch Polarisationsfilter die unter Umständen vorhandene Polarisation von punktförmigen oder flächenhaften Objekten zu messen.

Als eine der vielen Möglichkeiten zur Untersuchung lichtschwacher Objekte wird die detaillierte Beobachtung von weißen Zwergen in Kugelsternhaufen angesehen. Diese Endstadien von Sternen, von denen man einige 10 000 in den weit entfernten Kugelhaufen erwartet, sind von der Erdoberfläche aus nicht zu sehen. Die Kamera im Weltraumteleskop könnte aber Einzelheiten entdecken, die uns viel über die Entwicklung von Sternen sagen würde, die aus der gleichen Ausgangsmaterie entstanden sind und alle gleiches Alter haben.

(b) *Zwei Spektrographen* erweitern die Aufnahmetechnik des Weltraumteleskops. Der eine dient zur Untersuchung schwacher Objekte (bis etwa 22^m), der andere besitzt eine besonders hohe Auflösung und ist auf hellere Objekte begrenzt. Beide Spektrographen sind mit Digicons als Empfänger versehen (vgl. Abschnitt 2.5.6).

Der *Spektrograph für lichtschwache Objekte* besitzt zwei Detektorsysteme. Das eine System erfaßt die ultraviolette, das andere System die rote Strahlung. Der nutzbare Wellenlängenbereich reicht von 115 nm bis zu 800 nm. Die in den Digicons ausgelösten Elektronen werden durch Magnetfelder gelenkt und von 512 Dioden empfangen. Jede Diode ist für einen schmalen Wellenlängenbereich zuständig. Der Spektrograph für lichtschwache Objekte hat ein Auflösungsvermögen von $\frac{\lambda}{\Delta\lambda} \approx 10^3$. Damit ist seine Bandweite größer als die Breite der Emissions- und Absorptionslinien.

Im Sonnenspektrum besitzt eine Komponente der Natrium-D-Linien die Halbwertsbreite 0,004 nm. Diese rührt von der Dopplerverbreiterung her und betrifft den Kern der Linie. Die Flügel der Linie, die im wesentlichen durch die Stoßdämpfung entstehen, verbreitern zwar die Linie (Bild 2-19). Doch ergibt sich für die Wellenlänge 589 nm der

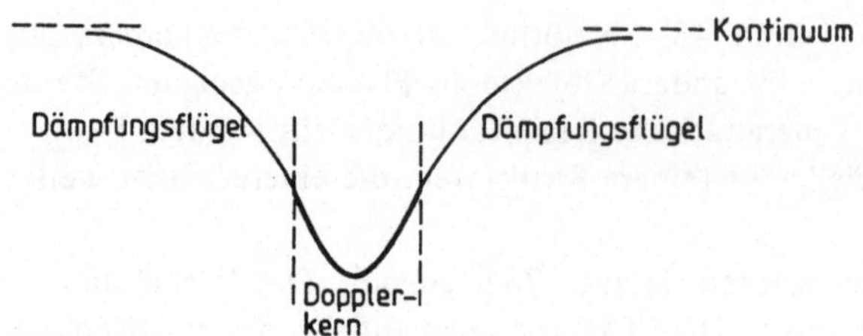

Bild 2-19
Verbreiterung der Na-Linie im Sonnenspektrum

einen Komponente die Bandweite des Spektrographen zu $\Delta\lambda \approx 0{,}6$ nm. D.h. die Feinheiten der D-Linie werden vollkommen überdeckt.

Der *hochauflösende Spektrograph* hat im Normalzustand eine Auflösung von 1/20 000, zeigt also weit mehr Einzelheiten und Feinheiten als der Spektrograph für lichtschwache Objekte. Dieser zweite Spektrograph kann auch so geschaltet werden, daß seine Auflösung etwa $1:10^5$ beträgt. Dann ist allerdings der Wellenlängenbereich der Beobachtung auf 115 nm bis 300 nm beschränkt.

Die Aufgaben des hochauflösenden Spektrographen werden sich z.B. der Untersuchung des interstellaren und des intergalaktischen Gases zuwenden. Man möchte viel mehr über die Bewegung und die chemische Zusammensetzung der interstellaren Wolken wissen, als von der Erde aus zu erfahren ist. Man möchte auch etwas erfahren über die ersten Schritte bei der Entstehung von Sternen in den Wolken oder nach dem Zusammenstoß zweier Wolken. Schließlich interessieren die besonders heißen Gebiete von 10^5 K und mehr, die z.B. im galaktischen Halo durch Untersuchungen im Ultravioletten schon entdeckt worden sind.

(c) *Im axialen Raum befindet sich als viertes Instrument das Hochgeschwindigkeitsphotometer.* Es hat vier Detektoren, die auf eine Strahlung zwischen 115 nm und 650 nm reagieren. Dazu kommt ein Fotomultiplier für das nahe Infrarot und ein Polarimeter für ultraviolette Strahlung. Die Möglichkeit, im zeitlichen Ablauf Helligkeitsunterschiede zu messen, geht herab bis zu 10^{-5} s. In dieser kurzen Zeit legt das Licht einen Weg von 3 km zurück. Man könnte also in extremen Fällen räumliche Ausdehnungen erfassen, die für astronomische Maßstäbe – von Untersuchungen im planetaren Raum abgesehen – außergewöhnlich klein sind. Man denkt an die Beobachtung von Stellen, in denen Schwarze Löcher vermutet werden, oder an die Auffindung von bisher nicht gefundenen optischen Quellen, die zu bereits bekannten Röntgen- oder Radioquellen gehören.

Bei der Fähigkeit des Weltraumteleskops, Winkelabstände bis zu 0,″002 zu messen, bietet sich die Möglichkeit, Parallaxen näherer Sterne mit größerer Genauigkeit als von der Erde aus zu messen. Daraus ergeben sich dann besssere Kenntnisse der absoluten Helligkeiten. Mit diesen kann ein weiterer Schritt bei der Bestimmung von größeren Entfernungen getan werden. Das Weltraumteleskop ist den irdischen Geräten bei der Ermittlung von Positionen und Parallaxen sicher fünfmal überlegen. Es kann schon in den ersten Jahren astrometrische Messungen machen, bis dann später das Guidance System Astrometer (GSA) eingebaut wird. Dieses soll im Bereich von 40 nm bis 600 nm Positionsbestimmungen an Sternen bis mindestens 17^m durchführen.

3 Wichtiges und Interessantes aus der Positionsastronomie

3.1 Einleitung

Bis zur Begründung der Himmelsmechanik durch *Newton* – zu datieren etwa mit dem Erscheinungsjahr seines Hauptwerkes "Philosophiae naturalis principia mathematica" (1687) – war die Astronomie reine Positionsastronomie. Sie blieb es im Grunde genommen auch noch nach *Newtons Entdeckung des Gravitationsgesetzes,* selbst wenn die bis dahin reine Bewegungslehre nun erweitert wurde zu einer Dynamik. Man wußte jetzt, warum sich die Planeten, Monde und Kometen so und nicht anders bewegen. *Friedrich Wilhelm Bessel* – sicher einer der bedeutendsten Astronomen seiner Zeit – stand noch in seinen letzten Lebensjahren auf dem Standpunkt, daß es die einzige Aufgabe des Astronomen sei, *„Regeln für die Bewegung jedes Gestirns zu finden, aus welchen sein Ort für jede beliebige Zeit folgt"*.

Physikalische Arbeitsmethoden fanden im Laufe des 19. Jahrhunderts nur sehr langsam Eingang in die Astronomie. Zaghafte Anfänge einer physikalischen Betrachtung der Gestirne etwa seit Beginn des 19. Jahrhunderts wurden von den meisten Astronomen abgelehnt. Der Begriff „Astrophysik" wurde erst in einer Arbeit von *Karl Friedrich Zöllner* aus dem Jahre 1865 – „Photometrische Untersuchungen" – benutzt. Noch Ende des 19. Jahrhunderts waren weniger als 10% aller Arbeiten, die in den „Astronomischen Nachrichten" veröffentlicht wurden, astrophysikalischer Natur.

Heute ist Astronomie ein Oberbegriff, der viele und zum Teil recht unterschiedliche Bereiche umfaßt. Eine grobe Unterteilung führt zunächst zu den beiden Gebieten *„Astrometrie"* und *„Astrophysik"*. Die Aufgabe der Astrometrie – auch Positionsastronomie oder sphärische Astronomie genannt – ist es, die Richtungen und Richtungsänderungen der Gestirne in einem definierten Koordinatensystem zu bestimmen.

3.2 Das Äquatorial- und das Ekliptikalsystem

Von einem strengen Standpunkt aus betrachtet beginnt die Entwicklung der Positionsastronomie in der ersten Hälfte des 18. Jahrhunderts mit den Arbeiten von *James Bradley.* Er entdeckte 1728 durch sehr genaue Messungen an dem *Stern γ-Draconis die Aberration* und wies damit die Bewegung der Erde in ihrer Bahn und die Endlichkeit der Lichtgeschwindigkeit nach. Später fand er auch die *Nutation der Erdachse.* Beides gelang ihm nur, weil er recht gute Instrumente bauen konnte und vor allem, weil er die Fehler dieser Instrumente berücksichtigte.

Die Theorie der Instrumente und ihrer Fehler ist ein wichtiger Teil der Positionsastronomie. *Bessel* schrieb einmal: „Jedes Instrument wird (auf diese Art) zweimal gemacht, einmal in der Werkstatt des Künstlers von Messing und Stahl; zum zweiten Male aber von dem Astronomen auf seinem Papier, durch die Register der nötigen Verbesserungen, welche er durch seine Untersuchungen erlangt".

Doch soll auf diesen sehr wichtigen Bereich der Astrometrie nicht näher eingegangen werden.

Die Position eines Gestirns, d.h. die Richtung zu diesem Gestirn, kann nur in einem wohldefinierten Koordinatensystem angegeben werden. Von der Beobachtung her bietet sich das *Äquatorialsystem* mit den *Koordinaten* α *(Rektaszension)* und δ *(Deklination)* an. Die Rektaszension wird vom Frühlingspunkt aus auf dem Äquator gemessen und zwar in Richtung von West nach Ost – vom Nordpol aus gesehen also im Gegenuhrzeigersinn – in Grad von 0° bis 360° bzw. üblich von 0^h bis 24^h ($15° \mathrel{\hat{=}} 1^h$; $15' \mathrel{\hat{=}} 1^{min}$; $15'' \mathrel{\hat{=}} 1^s$). (Der Frühlingspunkt ist der Schnittpunkt zwischen Himmelsäquator und Ekliptik, in dem der Mittelpunkt der wahren Sonne bei seiner Bewegung von negativer zu positiver Deklination übergeht.)

Die Deklination – der Winkelabstand vom Äquator – wird immer im Winkelmaß angegeben: positiv von 0° bis +90° für Gestirne nördlich des Äquators, negativ von 0° bis −90° für Gestirne südlich des Äquators. Eine Umrechnung auf andere Koordinatensysteme ist jederzeit mit Hilfe der sphärischen Trigonometrie möglich.

Beispiel 1

Die Positionsastrometrie benutzt zunächst das Äquatorialsystem. Die Himmelsmechanik, die in der praktischen Anwendung auf die *Positionsastronomie* angewiesen ist, arbeitet zweckmäßig mit dem *ekliptikalen System*, in dem die Ekliptik den Grundkreis bildet. Die Ekliptik oder Ekliptikalebene ist nicht exakt gleich der Erdbahnebene, sondern gleich der Ebene, die die Verbindungslinie des Sonnenmittelpunktes mit dem Massenmittelpunkt des Systems Erde-Mond in einem Jahr beschreibt.

Aus dem sphärischen Dreieck Himmelspol P, Pol der Ekliptik E, Sternort St (Bild 3-1) ergeben sich die beiden Gruppen (3-1) und (3-2) der benötigten Transformationsgleichun-

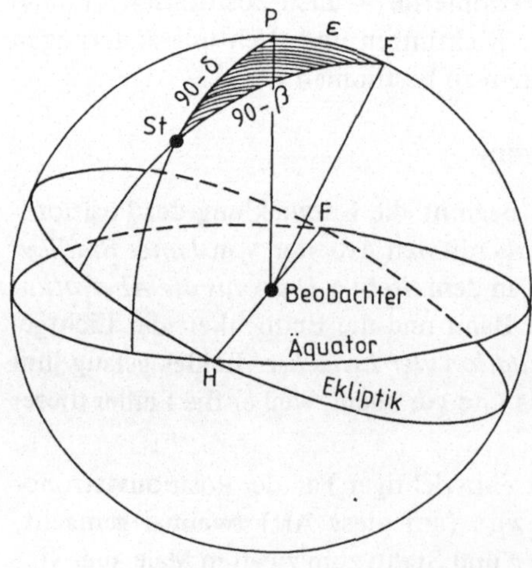

Bild 3-1
Zusammenhang zwischen dem äquatorialen und ekliptischen System: Es bedeuten:
St Sternort, P Nordpol des Himmels,
E Pol der Ekliptik, H Herbstpunkt,
F Frühlungspunkt, β ekliptale Breite,
δ Deklination, ϵ Schiefe der Ekliptik

gen, wobei λ und β die ekliptikale Länge und Breite im geozentrischen System und ϵ die Schiefe der Ekliptik bedeuten. ϵ ist der Winkel zwischen der Äquatorialebene und der Ekliptik.

$$\begin{aligned} \cos\beta \cos\lambda &= \cos\delta \cos\alpha \\ \sin\beta &= \cos\epsilon \sin\delta - \sin\epsilon \cos\delta \sin\alpha \\ \cos\beta \sin\lambda &= \sin\epsilon \sin\delta + \cos\epsilon \cos\delta \sin\lambda \end{aligned} \tag{3-1}$$

und

$$\begin{aligned} \cos\delta \cos\alpha &= \cos\beta \cos\lambda \\ \sin\delta &= \cos\epsilon \sin\beta + \sin\epsilon \cos\beta \sin\lambda \\ \cos\delta \sin\alpha &= -\sin\epsilon \sin\beta + \cos\epsilon \cos\beta \sin\lambda \end{aligned} \tag{3-2}$$

Die jeweils dritte Gleichung der beiden Gruppen dient dazu, λ bzw. α eindeutig zu bestimmen.

Beispiel 2

Die Koordinaten des Mars im geozentrischen Äquatorialsystem am 6. Januar 1983 um 1 Uhr mitteleuropäischer Zeit sind

$$\begin{aligned} \alpha &= 21\overset{h}{,}550 = 21^h, 33^{min} \mathrel{\hat{=}} 323\overset{\circ}{,}25 \\ \delta &= -15\overset{\circ}{,}73 \\ \epsilon &= 23\overset{\circ}{,}45 = 23^\circ 27' \end{aligned}$$

Die zweite Gleichung (3-1) liefert $\beta = -1\overset{\circ}{,}12$.

Aus der ersten Gleichung (3-1) folgt mit diesem Wert für β $\cos\lambda = +0{,}7714$ und daraus $\lambda = 39\overset{\circ}{,}52$ oder $320\overset{\circ}{,}48$.

Gleichung 3 aus (3-1) entscheidet, welcher der beiden Werte zutrifft. Sie liefert $\sin\lambda = -0{,}6364$. Aus dem positiven Wert für $\cos\lambda$ und dem negativen Wert für $\sin\lambda$ folgt eindeutig

$$\lambda = 320\overset{\circ}{,}48 \; .$$

λ und β sind die ekliptikalen Koordinaten im geozentrischen System. Will man die ekliptikalen Koordinaten im heliozentrischen System haben, muß man eine weitere Transformation durchführen. So interessant dies auch ist, hier sollen andere Probleme der Positionsastronomie in den Vordergrund treten.

3.3 Die Bestimmung der Rektaszension und der Deklination

Die Polhöhe eines Ortes ist gleich seiner geographischen Breite. In Bild 3-2 ist ∢ AMB die geographische Breite des Beobachtungsortes B. Für sehr weit entfernte Objekte sind die Beobachtungsrichtungen von B und dem Erdmittelpunkt M aus praktisch parallel. Man liest dann unmittelbar aus Bild 3-2 ab, daß die Höhe des Himmelspols über dem Horizont des Beobachters in B gleich seiner geographischen Breite ist.

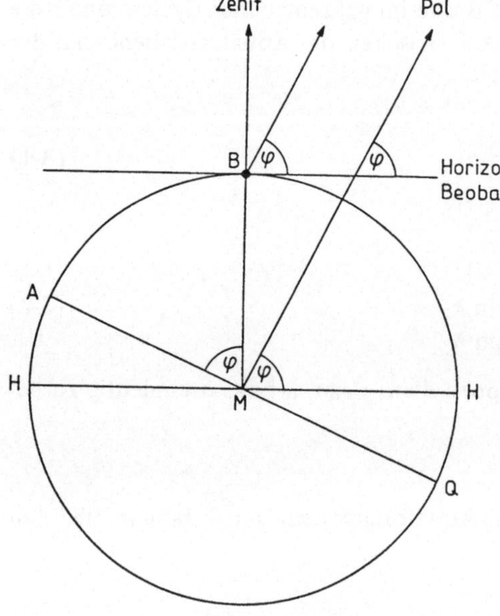

Bild 3-2
Die Höhe des Himmelspols ist gleich der geographischen Breite. Es bedeuten:
HH = geozentrischer Horizont des Beobachters,
$\overline{AQ}$ = Äquator, φ = geographische Breite,

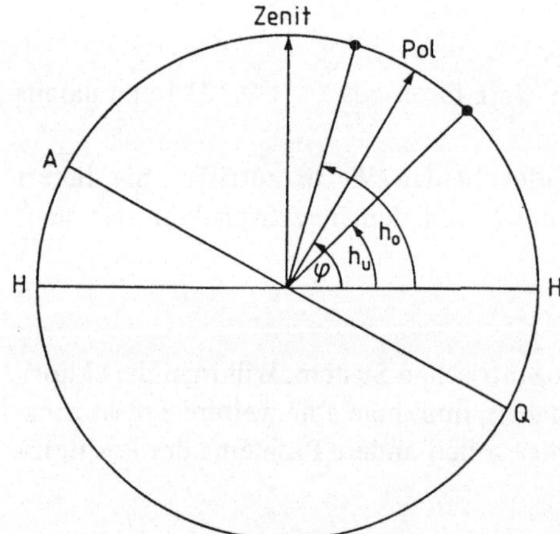

Bild 3-3
δ aus der oberen Kulmination eines Sterns nördlich des Zenits

Ein Zirkumpolarstern steht auch bei seiner unteren Kulmination über dem Horizont. Findet seine obere Kulmination h_o nördlich des Zenits statt, so gilt (Bild 3-3):

$$\varphi + (90^\circ - \delta) = h_o$$
$$\varphi - (90^\circ - \delta) = h_u$$

$$\varphi = \frac{1}{2}(h_o + h_u)$$
$$\delta = 90^\circ - \frac{1}{2}(h_o - h_u) \quad (3\text{-}3)$$

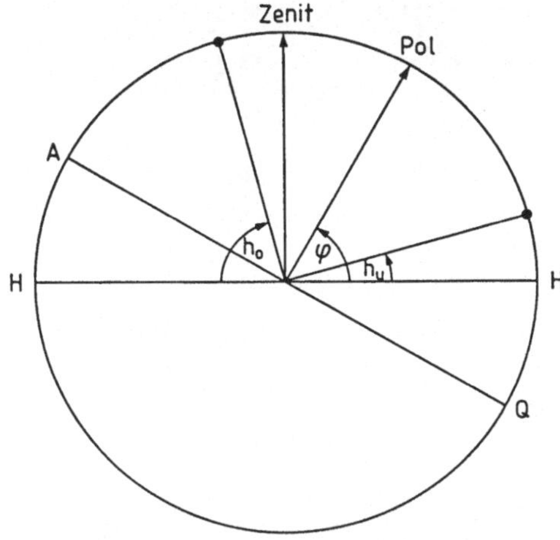

Bild 3-4
δ aus der oberen Kulmination eines Sterns südlich des Zenits

Findet die obere Kulmination des Sterns südlich des Zenits statt (Bild 3-4), so findet man die Gleichungen

$$(90^\circ - \varphi) + \delta = h_o$$
$$\varphi - (90^\circ - \delta) = h_u$$

$$\varphi = 90^\circ - \frac{1}{2}(h_o - h_u)$$
$$\delta = \frac{1}{2}(h_o + h_u) \qquad (3\text{-}4)$$

Die Beziehungen (3-3) und (3-4) bieten die Möglichkeit, die geographische Breite des Beobachtungsortes zu bestimmen. (Zur exakten Messung sind natürlich die Refraktion der irdischen Atmosphäre und die Fehler des benutzten Instruments zu beachten.)

Hat man einmal φ, so kann man mit einer der obigen Gleichungen und einer der Höhen, die der Stern im Meridian erreicht, seine Deklination ermitteln. Das gilt auch, wenn die Höhe in der unteren Kulmination null oder negativ, der Stern also kein Zirkumpolarstern ist. Höhen im Meridian oder die dazu gehörigen Zenitdistanzen (Komplementwinkel) werden mit einem Meridiankreis bestimmt (Bild 3-5). Ein Meridiankreis ist ein astronomisches Fernrohr, das sich nur in der Meridianebene bewegen läßt. Mit seiner Hilfe läßt sich auch die zweite Koordinate eines Gestirns, seine Rektaszension α, messen, wenn die Sternzeit im Augenblick der Beobachtung gegeben ist.

Unter einem Sterntag versteht man die Zeit zwischen zwei aufeinanderfolgenden oberen Kulminationen des Frühlingspunktes. Der Winkel zwischen dem Meridian – das ist der Großkreis durch den Pol und den Zenit – und dem Großkreis, der durch den Pol und den Frühlingspunkt (oder einen Stern) verläuft, wird Stundenwinkel des Frühlingspunktes (oder eines Sterns) genannt. Er wird vom Nordpol aus gesehen im Uhrzeigersinn von 0^h bis 24^h gezählt.

Bild 3-5 Der Meridiankreis der Sternwarte in Besançon. Die Art der Aufstellung ist deutlich ersichtlich. Sie hat sich auch bei den modernen Instrumenten nicht geändert. Neu ist heute die vollautomatische Ablesung der Koordinaten.

Das Bild ist dem „Atlas der Himmelskunde" von *A. v. Schweiger-Lerchenfeld*, 1898, entnommen.

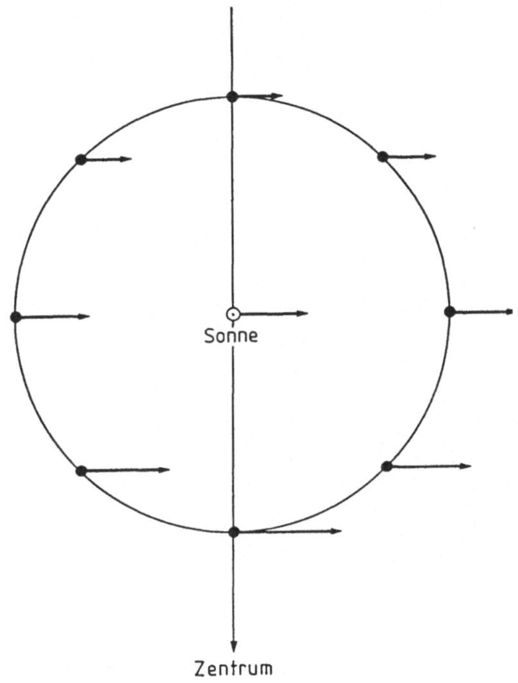

Bild 3-6
Zusammenhang zwischen Sternzeit, Rektaszension und Stundenwinkel

Es ergibt sich also die Tatsache, daß der Stundenwinkel des Frühlingspunktes t_F gleich der Sternzeit ϑ ist:

$$\vartheta = t_F \,. \qquad (3\text{-}5)$$

Und weiter folgt aus dem Bild 3-6, das den Äquator vom Nordpol P aus zeigt, daß die Sternzeit auch gleich dem Stundenwinkel t_{St} eines Sterns plus dessen Rektaszension α ist,

$$\vartheta = t_{St} + \alpha \,. \qquad (3\text{-}6)$$

Für den Augenblick des Meridiandurchgangs gilt $t = 0$ und daher

$$\alpha = \vartheta \,. \qquad (3\text{-}7)$$

Hätte man eine ideale, exakt nach Sternzeit gehende Uhr, dann brauchte man nur die Sternzeit beim Meridiandurchgang eines Sterns abzulesen und hätte damit seine Rektaszension. Der beobachtende Astronom muß aber den augenblicklichen Unterschied zwischen der Sollzeit und der Istzeit, den sogenannten Uhrstand ΔU, ermitteln. Es gilt dann

$$\vartheta = U + \Delta U \,, \qquad (3\text{-}8)$$

wenn U die registrierte Uhrzeit ist. Um ΔU zu bestimmen, wird der Meridiandurchgang der Sonne (Symbol ⊙) beobachtet, wenn diese sich in der Nähe der *Äquinoktien (Frühling- bzw. Herbst-Tagundnachtgleichen)* befindet.

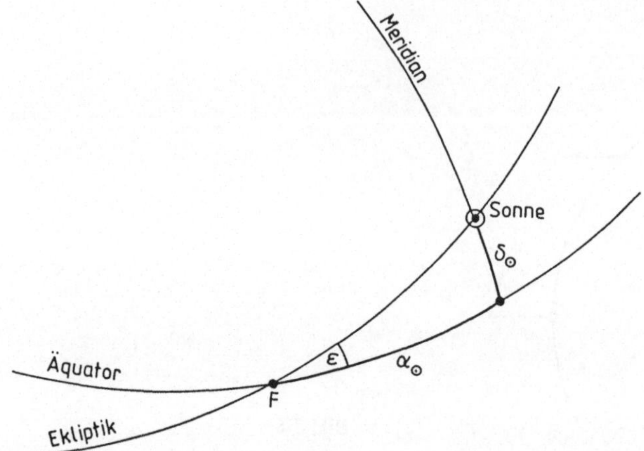

Bild 3-7
Bestimmung der Rektaszension der Sonne

Aus Bild 3-7 liest man ab

$$\sin \alpha_\odot = \frac{\tan \delta_\odot}{\tan \epsilon} . \tag{3-9}$$

Nach Gln. (3-7) und (3-8) gilt $\alpha_\odot = U_\odot + \Delta U$ und daraus

$$\Delta U = \alpha_\odot - U_\odot . \tag{3-10}$$

Mit diesem Uhrstand kann man nun die Rektaszension von Sternen bestimmen, die so hell sind, daß ihr Meridiandurchgang in der Umgebung der Sonne beobachtet werden kann:

$$\alpha_{St} = U_{St} + \Delta U . \tag{3-11}$$

In dieser Beziehung ist U_{St} die Kulminationszeit eines Sterns.

Hier soll wenigstens kurz angedeutet werden, welcher Aufwand zu treiben ist, um die erforderliche Genauigkeit bei der Ermittlung von Sternkoordinaten zu erreichen. Außer der Refraktion durch die irdische Atmosphäre müssen die folgenden Fehler des Instrumentes festgestellt und berücksichtigt werden:

(1) Die Achse des Meridiankreises kann eine Neigung i gegen die Horizontale haben.
(2) Die Lage der Achse kann um den Winkel k von der Ost-West-Richtung abweichen.
(3) Die optische Achse steht u. U. nicht senkrecht zur Drehachse: Kollimationsfehler c.

Unter Berücksichtigung dieser Instrumentenfehler ergibt sich

$$\alpha = U + \Delta U + i \cdot \frac{\cos(\varphi - \delta)}{\cos \delta} + k \cdot \frac{\sin(\varphi - \delta)}{\cos \delta} + c \cdot \sec \delta . \tag{3-12}$$

Man bedenke, daß auch bei der Messung der Polhöhe φ und der Deklination δ Fehler und Besonderheiten des Instruments zu beachten sind:

(1) Der Kreis, an dem die Zenitdistanz bzw. Höhe abgelesen wird, kann Teilungsfehler aufweisen.
(2) Der Kreis kann ein wenig exzentrisch gelagert sein.
(3) Der Zenitpunkt des Meßkreises muß sorgfältig bestimmt werden.
(4) Die Schwere des Fernrohres kann eine Biegung des Kreises und des Fernrohres bewirken.
(5) Der Einfluß von Temperaturschwankungen muß berücksichtigt werden.
(6) Von der Refraktion war oben schon die Rede.

Der Leser mag ermessen, daß die *Befreiung einer Messung von allen möglichen Fehlern (Reduktion)* eine mühselige und aufwendige Arbeit ist. Näheres hierüber erfährt man in den Lehrbüchern der sphärischen Astronomie.

3.4 Fundamentalkataloge

Die oben angedeuteten Messungen führen zu „absoluten Koordinaten“. Sie können selbstverständlich nur an einer beschränkten Zahl von Sternen durchgeführt werden. Dafür jedoch ist ihre Genauigkeit beträchtlich.

Seit dem ersten Sternverzeichnis, das *Hipparch* aufstellte, ist die innere Genauigkeit in der Ortsangabe eines Sterns etwa um einen Faktor 20 000 gesteigert worden. Die Grundlage des heutigen Fundamentalkataloges FK4 ist von *Arthur Auvers* gelegt worden. Er überarbeitete die Angaben aus vielen Sternverzeichnissen. Wie *Bessel* stand auch er auf dem Standpunkt, daß es die Hauptaufgabe der Astronomie sei, exakte Messungen der Position und der Bewegung der Sterne durchzuführen. Bei den grundlegenden Arbeiten zu dem ersten Fundamentalkatalog stützte sich *Auvers* u.a. auf Beobachtungen von *Bradley* und spätere Bearbeitungen und Verbesserungen dieser Beobachtungen. *Bradley* hatte schon eine Genauigkeit von 2″ erreicht und damit die gesamten Messungen vor Erfindung des Fernrohrs um den Faktor 50 übertroffen. *Bessel* hatte die Genauigkeit auf $0\overset{''}{.}7$ steigern können. In dem Fundamentalkatalog FK4, der 1535 Fundamental- oder Zeitsterne enthält, beträgt der mittlere Fehler in der Rektaszension $0\overset{s}{.}005$ und in der Deklination $0\overset{''}{.}05$. Den mittleren Fehler in der Rektaszension kann man auch in Bogensekunden angeben, wenn δ bekannt ist. Er beträgt z.B. für Sterne im Äquator ($\delta = 0$) $0\overset{''}{.}075$ und für Sterne mit $\delta = 50°$ $0\overset{''}{.}12$.

Ein Auszug aus den Angaben über einen Stern im FK4 soll die Fülle der Daten aufzeigen:

Tabelle 3-1 Stern Nr. 295 = β Gem = Pollux

Scheinbare Helligkeit m	1,21
Spektraltyp	K0
Rektaszension α	$7^h43^m47\overset{s}{,}247$
$\frac{d\alpha}{dT}$	$+366\overset{s}{,}754$
$\frac{1}{2}\frac{d^2\alpha}{dT^2}$	$-0\overset{s}{,}663$
Deklination δ	$28°5'16\overset{''}{,}13$
$\frac{d\delta}{dT}$	$-881\overset{''}{,}82$
$\frac{1}{2}\frac{d^2\delta}{dT^2}$	$-23\overset{''}{,}64$
Eigenbewegung in Rektaszension μ_α	$-4\overset{s}{,}733$
$\frac{d\mu_\alpha}{dT}$	$+0\overset{s}{,}007$
Eigenbewegung in Deklination μ_δ	$-4\overset{''}{,}98$
$\frac{d\mu_\delta}{dT}$	$+0\overset{''}{,}61$

Alle Werte gelten für die Epoche 1975. Die Zeit T ist in Jahrhunderten zu rechnen. Außerdem finden sich noch Angaben über die mittleren Fehler in α, μ_α, δ, μ_δ und die Nummern des Sterns in zwei anderen Katalogen. (Alle Zahlen stammen aus Landolt-Börnstein, Astronomie und Astrophysik, 1965.)

3.5 Weitere Kataloge

Der Generalkatalog (GC) von *B. Boss* wird auch zu den Fundamentalkatalogen gezählt. Er enthält 33 342 Sterne. Die Angaben der Sternörter sind nicht so genau wie diejenigen im FK4.

Welche Bedeutung haben die Kataloge? Zunächst können mit relativ leichter Mühe die Koordinaten zahlreicher weiterer Sterne bestimmt werden, indem man sie an die Fundamentalsterne anschließt, d.h. indem man in einem ersten Schritt Koordinatendifferenzen ermittelt.

Dies geschieht fast nur auf fotografischem Wege mit langbrennweitigen Instrumenten. Auf diese Weise sind z.B. die Kataloge AGK2 und AGK3 der *Astronomischen Gesellschaft* entstanden. Dem ersten Katalog der Astronomischen Gesellschaft AGK1 lagen noch Meridianbeobachtungen an fast 200 000 Sternen aus den Jahren 1868 bis 1908 zugrunde. Der zweite Katalog AGK2, der in den Jahren 1928 bis 1933 auf fotografischem Wege gewonnen wurde, enthält allein über 150 000 Sterne des Nordhimmels. Dabei ist die durchschnittliche Unsicherheit einer gemessenen Position $\pm 0\overset{''}{.}17$! Der AGK3, dem fotografische Beobachtungen aus den Jahren 1956 bis 1963 zugrunde liegen, ist eine Wiederholung für alle Sterne des AGK2. Solche Wiederholungen gestatten u.a., die Eigenbewegung der Fixsterne zu messen, und liefern damit die Grundlagen für die Kinematik und auch Dynamik unseres Sternsystems.

Kataloge mit möglichst genauen Positionsangaben für möglichst viele Sterne sind aber noch für sehr viele weitere Aufgaben unentbehrlich. Das wird bei der Flut astrophysikalischer Arbeiten häufig übersehen. Hier können nur einige Beispiele erwähnt werden.

3.6 Aus den Arbeitsbereichen der Positionsastronomie

Zum Arbeitsbereich der Positionsastronomie gehört u.a. die Berücksichtigung der jährlichen und täglichen Aberration bei der Angabe von Sternörtern.

Besonders wichtig ist die Messung von möglichst vielen *Sternparallaxen auf trigonometrischem Wege.* Ohne sie ist die Sicherung anderer Methoden zur Ermittlung von Entfernungen im Weltall nicht möglich.

Die genaue Angabe von Örtern auch schwächerer Sterne gestattet die *Vorhersage von vielen Sternbedeckungen durch die Planeten.* Solche Sternbedeckungen dienen u.a. der Untersuchung von Planetenatmosphären. Aus dem allmählichen Erlöschen des Sternenlichtes kann man auf die Dicke und Dichte der äußeren Atmosphärenschichten schließen. Beobachtungen dieser Art haben gerade in den letzten Jahren auch zu neuen und überraschenden Entdeckungen geführt. So hat man am 10. März 1977 ein ganzes System von (wahrscheinlich neun) Ringen um den Planeten Uranus entdeckt, als vor und nach der Bedeckung eines Sterns durch die Scheibe des Planeten das Licht dieses Sterns mehrfach geschwächt wurde.

Sternbedeckungen durch den Mond sind naturgemäß viel häufiger als solche durch Planeten. So werden z.B. im Kalender für Sternfreunde von *P. Ahnert* für das Jahr 1982 83 Bedeckungen aufgeführt. Bei genauer Kenntnis der Sternörter und guter Zeitnahme des Ereignisses (Bedeckung oder Freigabe durch den Mond) können besondere Feinheiten in der Bewegung des Mondes festgestellt werden. Hier z.B. treffen sich die Bemühungen der Astronomen, die Positionsastronomie betreiben, mit denen, deren Arbeitsbereich die Himmelsmechanik ist.

Die Zusammenarbeit beider Bereiche hat zu der Entdeckung geführt, daß *die Rotation der Erde nicht ganz regelmäßig erfolgt.* Das heißt aber, daß die Zeit, die durch Meridiandurchgänge des Frühlingspunktes von Sternen oder der Sonne definiert ist, nicht vollkommen gleichmäßig ist. Sie unterliegt säkularen, periodischen und regellosen Änderungen und Schwankungen. So bewirkt die Gezeitenreibung eine systematische Verlängerung des Tages um 0,0016 s in einem Jahrhundert (siehe z.B. *Hans Schäfer*).

Die periodischen Schwankungen der Tageslänge haben größtenteils meteorologische Ursachen, z.B. das Abschmelzen der Polkappen. Die Änderungen in der Länge des Tages sind gering. Sie betragen im Extremfall (Juni/Juli) nur −0,6 ms! Solche Änderungen summieren sich aber auf und führen dazu, daß die „Erduhr" im Juli um 0,06 s nach und im November um 0,05 s vor geht. Die Ursachen der unregelmäßigen Schwankungen in der Tageslänge sind zum Teil noch ungeklärt.

Den Berechnungen der Positionen der Planeten und des Mondes liegt eine vollkommen gleichmäßig ablaufende Zeit zugrunde. Für die Beobachtungen aber wurde zumindest bis 1960 die durch die Rotation der Erde bestimmte Zeit benutzt. Infolgedessen mußten Abweichungen zwischen den berechneten und den gemessenen Örtern von Planeten und Mond auftreten. Man beobachtete tatsächlich eine „säkulare Beschleunigung" der Planeten und des Mondes. Doch ist diese Beschleunigung auf die benutzte „Uhr" und nicht auf die wirkliche Bewegung der Himmelskörper zurückzuführen. (Hier ist nicht die Rede von einer auch beobachteten säkularen Beschleunigung des Mondes, die auf einer Abnahme der Exzentrizität der Erdbahn beruht.)

Auf Beschluß der „Internationalen Astronomischen Union" wurde *1960 die Ephemeridenzeit* eingeführt. Unter *„Ephemeriden"* versteht man eine Reihe geozentrischer Örter insbesondere von Sonne, Mond und Planeten, die für zeitlich konstante Abstände in Tabellen (Jahrbüchern) aufgeführt sind. Zur Berechnung der Örter dient *eine absolut gleichförmig ablaufende Zeit. Man nennt sie die Ephemeridenzeit.* Diese Zeit wird durch Atomuhren (Caesiumuhren) und Beobachtung der Bewegung des Mondes überwacht. Dazu ist die möglichst genaue Kenntnis der Positionen von möglichst vielen Sternen erforderlich. Natürlich ist dieses Problem der Zeitüberwachung nur eines von vielen, das eine Erweiterung und Verbesserung der Fundamentalkataloge wünschenswert erscheinen läßt.

Es gibt wenige Sterne, die bei der Bedeckung durch den Mond nicht plötzlich, sondern allmählich verschwinden. Aus dieser Tatsache kann der scheinbare Durchmesser und bei bekannter Entfernung auch der wahre Durchmesser des Sterns bestimmt werden. Die untere Meßgrenze bei der zeitlichen Erfassung des Erlöschens oder des Wiederauftretens liegt bei $0\overset{s}{,}002$.

Beispiel

Der hellste Stern im Skorpion ist ein roter Riese und trägt wegen seiner rötlichen Farbe den Namen Antares (d.h. Gegenmars). In Sternkatalogen findet man ihn unter der Bezeichnung α Sco. Seinen Radius R konnte man aus seiner bolometrischen Leuchtkraft L – das ist die gesamte Energieabgabe pro Sekunde – und seiner effektiven Oberflächentemperatur von ca. 3300 K abschätzen. Es gilt nämlich

$$L = 4\pi R^2 \cdot \sigma \cdot T_{eff}^4 \,. \tag{3-13}$$

Ein Vergleich mit der Leuchtkraft der Sonne $L_\odot = 4\pi R^2 \cdot \sigma \cdot T_{\odot\, eff}^4$ ergibt

$$\frac{L}{L_\odot} = \left(\frac{R}{R_\odot}\right)^2 \cdot \left(\frac{T}{T_{\odot\, eff}}\right)^4 \tag{3-14}$$

und hieraus

$$\frac{R}{R_\odot} = \sqrt{\frac{L}{L_\odot} \cdot \left(\frac{T_{\odot\, eff}}{T_{eff}}\right)^4} \,. \tag{3-15}$$

Mit den Zahlenwerten $\frac{L}{L_\odot} = 60\,000$, $T_{\odot\, eff} = 5800\,K$ und $T_{eff} = 3300\,K$ ergibt sich

$$\frac{R}{R_\odot} \approx 760 \,.$$

Da es sich bei α Sco um einen nahe stehenden Riesenstern handelt, läßt sich sein scheinbarer Durchmesser α'' interferometrisch bestimmen. Man hat $\alpha'' = 0\rlap{.}''04$ gemessen. Mit der Entfernung $r = 167\,\text{pc} = 167 \cdot 3{,}09\ 10^{13}$ km führt die Beziehung

$$R = \frac{1}{2} r \cdot \tan \alpha'' \tag{3-16}$$

zu

$$\frac{R}{R_\odot} \approx 719\ .$$

Ein paar Worte zur Bedeckung von α Sco durch den Mond in stark vereinfachter Darstellung: Der Mond bewegt sich in $27^d\ 7^h\ 43^{min}$, d.h. in einem siderischen Monat, um 360°. Daraus ergibt sich eine Bewegung von $0\rlap{.}''549\ s^{-1}$. Die Bedeckung von α Sco dauerte rund 0,073 s. Daraus folgt der scheinbare Durchmesser α'' von α Sco

$$\alpha'' = 0\rlap{.}''549\ s^{-1} \cdot 0{,}073\ s = 0\rlap{.}''04\ .$$

Störend wirken sich Beugungserscheinungen am Mondrand und Unebenheiten des Mondrandes aus.

3.7 HIPPARCOS

Der 4. Fundamentalkatalog FK4 enthält 1535 Sterne bis zur 7. Größenklasse. In dem General Catalog von *B. Boss* (GC) sind 33 342 Sterne bis zur 9. Größenklasse aufgeführt.

Nach vielen Vorüberlegungen beschloß die ESA (European Space Agency) im März 1980 ein ehrgeiziges Programm. Die bisher erdgebundene Astrometrie soll durch Messungen von einem Satelliten aus in außerordentlicher Weise ergänzt werden. Dabei sollen 100 000 Sterne erfaßt werden. Der Vorteil des neuen Kataloges soll aber keineswegs nur in der stark vergrößerten Zahl der erfaßten Sterne liegen. Die bisherigen Kataloge wurden in mühevoller und langwieriger Arbeit erstellt. Dabei mußten die Messungen verschiedener Beobachter unter verschiedenen Beobachtungsbedingungen benutzt werden. Dieses Mal soll es anders geschehen. Wenn keine besonderen (finanziellen?) Schwierigkeiten auftreten, soll 1986 ein Instrument auf einem geostationären Satelliten zum ersten Male in größerem Umfang extraterrestrische Astrometrie betreiben. Das geplante Unternehmen trägt den Namen HIPPARCOS (**HI**gh **P**recision **PAR**allaxe **CO**llecting **S**atellit). Die Bezeichnung und die dadurch mögliche Abkürzung ist bewußt zu Ehren von *Hipparch* gewählt. Der Satellit soll 2,5 bis 3 Jahre in Betrieb sein. Die Ziele der Beobachtungen sind sehr hoch gesteckt. Wie schon erwähnt, sollen 100 000 sorgfältig ausgewählte Sterne mit einer ungewöhnlichen Präzision bezüglich verschiedener wichtiger und interessanter Größen gemessen werden. Der mittlere Fehler in den Koordinaten Rektaszension α und Deklination δ soll z.B. nur $\pm\,0\rlap{.}''002$ betragen. Dadurch wird die Genauigkeit gegenüber den besten heute möglichen Werten um den Faktor 20 gesteigert.

Nach Abschluß der Messungen sollen aber nicht nur wesentlich genauere Positionsangaben für wesentlich mehr Sterne zur Verfügung stehen, als es selbst bei größeren Anstrengungen zur Zeit durch erdgebundene Beobachtungen möglich ist. Man wird dann auch ungewöhnlich präzise Angaben über die Eigenbewegung und die Entfernung sehr vieler Sterne besitzen. Da gleichzeitig auch die Helligkeit in einem einheitlichen System mit einer Genauigkeit von 0,03 Größenklassen gemessen werden soll, wird am Ende ein Zahlenmaterial zur Verfügung stehen, das die astronomische Forschung in vielen Bereichen erheblich weiter bringen wird.

So werden die Entfernungsbestimmungen eine größere Sicherheit gewinnen und damit auch die Angaben über die absolute Leuchtkraft von Sternen. Bessere Kenntnis der Entfernungen und Eigenbewegungen führt zu einem besseren Verständnis der systematischen Bewegung aller Sterne in der Sonnenumgebung infolge der Rotation der Milchstraße. Das führt dann zu einer Sicherung und Verfeinerung unserer Kenntnis über die kinematischen und dynamischen Verhältnisse des Milchstraßensystems. Wegen ihrer großen Bedeutung soll diese Frage ausführlicher behandelt werden.

3.8 Die Rotation unserer Milchstraße

3.8.1 Die Rotation

Unsere Milchstraße – das Sternsystem, dem unsere Sonne angehört – hat die Gestalt einer sehr flachen Scheibe mit einer Verdickung im zentralen Bereich. Bild 3-8 zeigt einen Schnitt durch das Zentrum senkrecht zur Scheibe.

Allein die Form legt die Vorstellung nahe, daß das ganze System um eine Achse senkrecht zur Scheibe rotiert. Eine erste Bestätigung, daß diese Vorstellung richtig ist, ergab die Feststellung, daß sich die Sonne in bezug auf die Kugelsternhaufen bewegt.

Die Kugelsternhaufen bilden ein nur wenig abgeplattetes System von ca. 50 000 pc Durchmesser, in das die Milchstraße eingebettet ist (Bild 3-8). Die geringe Abplattung läßt auf

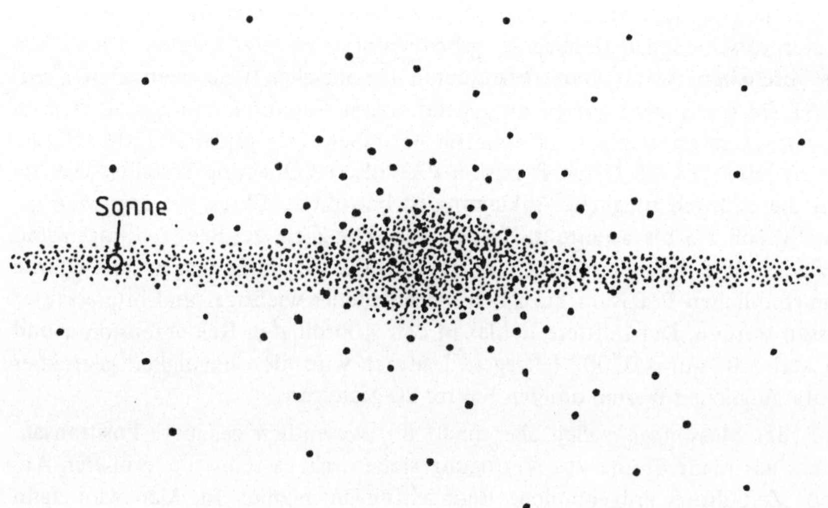

Bild 3-8 Schnitt durch die Milchstraße senkrecht zur Scheibe

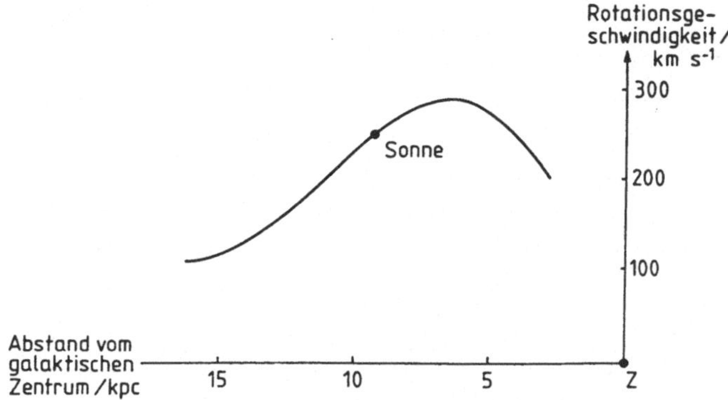

Bild 3-9 Rotationskurve der Milchstraße, stark schematisiert

eine geringe Eigenrotation schließen. Die Beobachtungen führen auf eine Bewegung der Sonne um das Zentrum des Milchstraßensystems, die mit einer Geschwindigkeit von 220 km s^{-1} erfolgt.

Für andere nahe gelegene und ähnlich gebaute Sternsysteme hat man mit Hilfe des Doppler-Effekts eine Rotation direkt nachweisen können.

Wie aber rotiert unser System? Sicher nicht starr wie ein Rad, aber sicher auch nicht in allen Bereichen entsprechend den Keplerschen Gesetzen. Dazu müßte fast die ganze Masse sehr stark im Zentrum konzentriert sein. In Wirklichkeit ergibt sich eine *„Rotationskurve"*, die in größerem Abstand vom Zentrum die Gestalt hat, wie sie Bild 3-9 zeigt.

Aus der genauen Kenntnis der gesamten Rotationskurve können das Gravitationspotential und die Massenverteilung hergeleitet werden. Hier soll nur gezeigt werden, wie man die Rotationsverhältnisse in der Umgebung der Sonne untersuchen kann.

In Bild 3-10 ist die Bewegung von acht Sterngruppen, die sich alle in der gleichen Entfernung von der Sonne befinden, dargestellt. Dabei ist angenommen, daß die Bewegung auf Kreisbahnen und in erster Annäherung nach den Keplerschen Gesetzen erfolgt, d.h. daß die näher zum Zentrum hin gelegenen Sterne sich mit größerer Bahngeschwindigkeit bewegen. Da jeder Stern eine Sonder- oder Pekuliarbewegung besitzt, betrachtet man ganze Gruppen von Sternen in der Erwartung, daß bei einer Mittelbildung die individuellen Bewegungen herausfallen und nur der gesuchte systematische Effekt übrig bleibt.

In Bild 3-11 sind die systematischen Bewegungen der acht Sterngruppen relativ zur Sonne dargestellt, dazu gestrichelt die Eigenbewegungen, d.h. die Bewegungen senkrecht zur Gesichtslinie, gemessen etwa in Bogensekunden pro Jahr ($''$/a). Dabei handelt es sich natürlich um die Komponente der Eigenbewegung μ_l in der galaktischen Ebene. Trägt man die Eigenbewegung μ_l gegen die galaktische Länge l auf, so erhält man eine sogenannte „Doppelwelle" (Bild 3-12).

Anders als die Radialgeschwindigkeiten besitzen die Eigenbewegungen in dieser stark vereinfachten Betrachtung alle das gleiche Vorzeichen. Die Vereinfachung besteht darin, daß zunächst ein geradliniges Strömungsfeld in der Sonnenumgebung betrachtet wird –

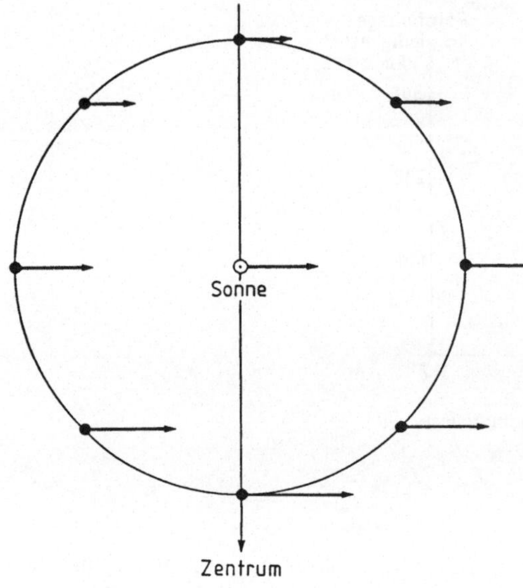

Bild 3-10
Bewegung von acht Sterngruppen um das Zentrum der Milchstraße. Die Sterngruppen haben alle den gleichen Abstand von der Sonne

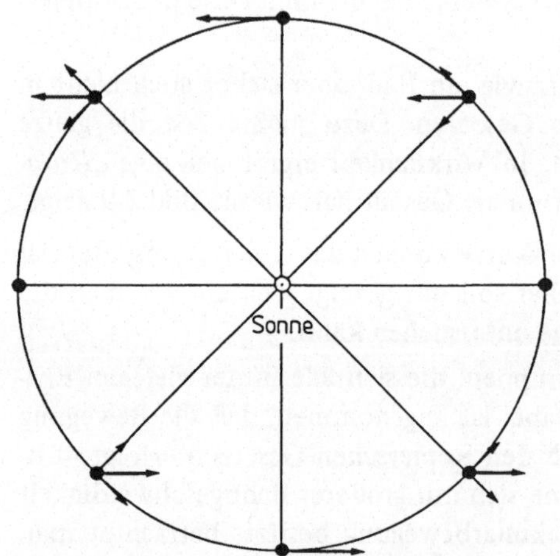

Bild 3-11
Bewegung der acht Sterngruppen relativ zur Sonne

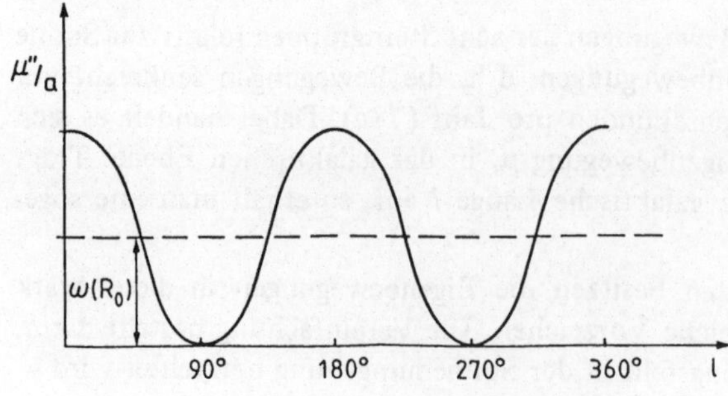

Bild 3-12
Die Doppelwelle in den Eigenbewegungen

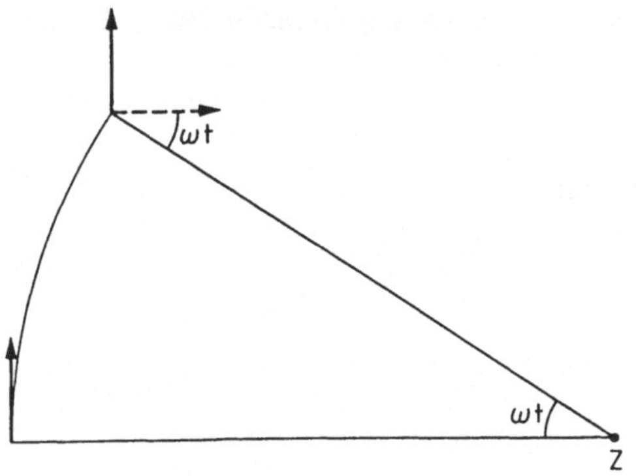

Bild 3-13
Rotationsbewegung der Sonne und das Koordinatensystem der Positionsastronomie

oder anders ausgedrückt, daß die Eigenbewegungen im rotierenden System der Milchstraße beschrieben werden. Gemessen werden die Eigenbewegungen aber in dem Koordinatensystem, das die Positionsastronomie benutzt. Dessen Achsen aber besitzen feste Richtungen oder sollen sie jedenfalls besitzen. Bild 3-13 zeigt, daß zu den Eigenbewegungen im geradlinigen Strömungsfeld ein konstanter Betrag $\omega(R_\odot)$ in entgegengesetzter Richtung hinzukommt. Dabei bedeutet $\omega(R_\odot)$ die Winkelgeschwindigkeit der Sonne bei ihrer Bewegung um das galaktische Zentrum. Das Koordinatensystem der Positionsastronomie ist gestrichelt dargestellt.

3.8.2 Theorie der Doppelwelle in den Eigenbewegungen

Nach Bild 3-14 ist die beobachtete Eigenbewegung (etwa in km s^{-1}) $v_t = A'B' - AB$. Mit den Bezeichnungen v_{St} und $v_\odot$ für die Geschwindigkeiten von Stern und Sonne, l für die galaktische Länge des Sterns von der Sonne aus gemessen, α für den Winkel Sonne-Zentrum-Stern, r für den Abstand Stern-Sonne und $R_\odot$ bzw. R_{St} für den Abstand der Sonne bzw. des Sterns vom galaktischen Zentrum Z erhält man

$$v_t = v_{St} \cdot \cos(l + \alpha) - v_\odot \cdot \cos l \,. \qquad (3\text{-}17)$$

Nun ist

$$v_{St} = R_{St} \cdot \omega \qquad (3\text{-}18)$$

und

$$v_\odot = R_\odot \cdot \omega_\odot \,, \qquad (3\text{-}18a)$$

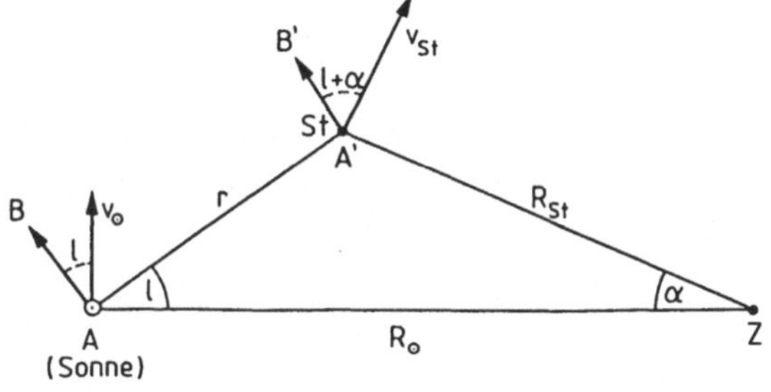

Bild 3-14
Die Eigenbewegung $\overline{A'B'} - \overline{AB}$

worin ω und $\omega_\odot$ die Winkelgeschwindigkeit des Sterns bzw. der Sonne bedeutet. Weiterhin gilt die trigonometrische Beziehung

$$\cos(l + \alpha) = \cos l \cdot \cos\alpha - \sin l \sin\alpha \,.$$

Aus dem Dreieck StCZ in Bild 3-15 entnimmt man

$$\cos\alpha = \frac{1}{R_{St}} (R_\odot - r \cdot \cos l) \tag{3-19}$$

und aus dem Dreieck StSoZ

$$\sin\alpha = \frac{r}{R_{St}} \cdot \sin l \,. \tag{3-20}$$

Setzt man Gln. (3-18), (3-19) und (3-20) in Gl. (3-17) ein, so erhält man die allgemeingültige Beziehung

$$v_t = (\omega - \omega_\odot) \cdot R_\odot \cdot \cos l - r \cdot \omega \tag{3-21}$$

$$v_t = R \cdot \omega \cdot \left[\cos l \cdot \frac{1}{R} \cdot (R_\odot - r \cdot \cos l) - \frac{r}{R} \cdot \sin^2 l\right] - R_\odot \cdot \omega_\odot \cos l$$

$$= \omega \cdot R_\odot \cdot \cos l - \omega \cdot r \cdot \cos^2 l - \omega \cdot r \cdot \sin^2 l - R_\odot\, \omega_\odot \cos l$$

$$= (\omega - \omega_\odot) \cdot R_\odot \cdot \cos l - \omega \cdot r \cdot (\cos^2 l + \sin^2 l) \,.$$

Beschränkt man sich auf Sterne, die optischen Beobachtungen gut zugänglich sind, so gilt $r \ll R$ und $r \ll R_\odot$. Man wird ω in eine Reihe entwickeln und nach dem linearen Glied abbrechen:

$$\omega - \omega_\odot = \left(\frac{d\omega}{dR}\right)_\odot \cdot \Delta R \,. \tag{3-22}$$

Für Sterne der Sonnenumgebung gilt

$$\Delta R \approx - r \cdot \cos l \tag{3-23}$$

(α sehr klein) und somit

$$v_t = - r \cdot R_\odot \cdot \left(\frac{d\omega}{dR}\right)_\odot \cos^2 l - r \left[\omega_\odot - \left(\frac{d\omega}{dR}\right)_\odot \cdot r \cdot \cos l\right] . \tag{3-24}$$

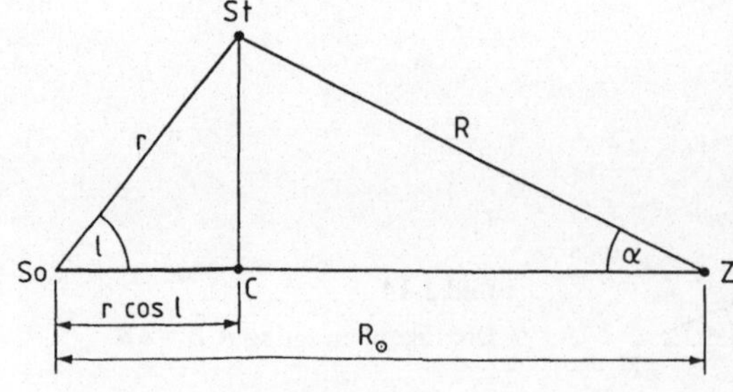

Bild 3-15
Zusammenhang zwischen α, r und l

Mit $\cos^2 l = \frac{1}{2}[\cos(2l) + 1]$ ergibt sich

$$v_t = -\frac{1}{2} r R_{\odot} \left(\frac{d\omega}{dR}\right)_{\odot} \cos(2l) - \frac{1}{2} r R_{\odot} \cdot \left(\frac{d\omega}{dR}\right)_{\odot} - r\,\omega_{\odot} + r^2 \left(\frac{d\omega}{dR}\right) \cos l \,. \qquad (3\text{-}25)$$

Setzt man

$$-\frac{1}{2} R_{\odot} \left(\frac{d\omega}{dR}\right)_{\odot} = A \qquad (3\text{-}26)$$

$$-\frac{1}{2} R_{\odot} \left(\frac{d\omega}{dR}\right)_{\odot} - \omega_{\odot} = B \qquad (3\text{-}27)$$

und vernachlässigt das Glied mit r^2, so erhält man schließlich die Beziehung

$$v_t = r \cdot A \cdot \cos(2l) + r \cdot B \,. \qquad (3\text{-}28)$$

Hierin sind A und B die berühmten *Oortschen Konstanten.* Dividiert man noch beiderseits durch r, so ergibt sich die Eigenbewegung in einem Winkelmaß pro gewählter Zeiteinheit, z.B. in rad · s^{-1}, wenn man v_t in km · s^{-1} und r in km rechnet. Das aber wäre für astronomische Messungen dieser Art eine völlig unvernünftige Einheit. Man gibt die Eigenbewegung meist in Bogensekunden pro Jahr an, ″/a. Mit den Werten

$$1\ \text{rad} = \frac{360 \cdot 3600''}{2\pi} = 206265'', \quad 1\ \text{a} = 3{,}156 \cdot 10^7\ \text{s} \quad \text{und} \quad 1\ \text{pc} = 3{,}086 \cdot 10^{13}\ \text{km}$$

erhält man für die Eigenbewegung in Bogensekunden pro Jahr

$$\mu_l = \frac{v_t\,(\text{km s}^{-1})}{4{,}74 \cdot r\,(\text{pc})} = \frac{A}{4{,}74} \cdot \cos(2l) + \frac{B}{4{,}74} \,. \qquad (3\text{-}29)$$

Die Amplitude der Doppelwelle ist also unabhängig von der Entfernung r, wenn die Eigenbewegung in ″/a gemessen wird. A und B sind in km s^{-1} pc^{-1} zu messen.
Stellt man ähnliche Überlegungen für die Radialgeschwindigkeit v_r an, so erhält man

$$v_r = A \cdot r \cdot \sin(2l) \,. \qquad (3\text{-}30)$$

In der Praxis geht man so vor, daß man aus zahlreichen Beobachtungen an ausgewählten Sternen in der galaktischen Ebene die Konstanten A und B (letzten Endes auch l) so bestimmt (Ausgleichsrechnung), daß Beobachtung und Theorie möglichst gut übereinstimmen. Zur Zeit anerkannte Werte sind

$$A = +\,0{,}015\ \text{km s}^{-1}\ \text{pc}^{-1}; \quad B = -\,0{,}010\ \text{km s}^{-1}\ \text{pc}^{-1} \,. \qquad (3\text{-}31)$$

Nun folgt aus den Gln. (3-26) und (3-27)

$$A - B = \omega_{\odot} \qquad (3\text{-}32)$$

und

$$A + B = -R_{\odot} \left(\frac{d\omega}{dR}\right)_{\odot} - \omega_{\odot} = -\left(\frac{dv}{dR}\right)_{\odot} \qquad (3\text{-}33)$$

$$\left(v = \omega \cdot R \quad \frac{dv}{dR} = R\,\frac{d\omega}{dR} + \omega\right)$$

Mit den oben angegebenen Werten erhält man

$$\omega_\odot = 0{,}025 \text{ km s}^{-1} \text{ pc}^{-1} . \qquad (3\text{-}34)$$

Setzt man die Entfernung der Sonne vom galaktischen Zentrum zu $R_\odot$ = 10 000 pc an, so ergibt sich für ihre Geschwindigkeit auf dieser Kreisbahn um das Zentrum

$$v_\odot = \omega_\odot R_\odot ; \qquad (3\text{-}35a)$$

$$v_\odot = 250 \text{ km s}^{-1} . \qquad (3\text{-}35b)$$

Umgekehrt kann man aus $A - B = \omega_\odot$ und einem auf anderem Wege gemessenen Wert für $v_\odot$ den Abstand der Sonne vom Zentrum bestimmen. So würde man mit dem oben angegebenen Wert $v_\odot$ = 220 km s^{-1} für $R_\odot$ den Wert 8,8 kpc finden.

Man wird sich bemühen, aus einer Vielzahl von Messungen ein widerspruchsfreies System von Zahlen zu bekommen.

Noch ist man weit entfernt von endgültigen und gesicherten Werten für A und B. In der Literatur findet man je nach dem benutzten Beobachtungsmaterial für A Werte zwischen 0,0085 km s^{-1} pc^{-1} und 0,026 km s^{-1} pc^{-1} und für B Werte zwischen −0,0043 km s^{-1} pc^{-1} und −0,023 km s^{-1} pc^{-1}.

Natürlich wird man selbst bei bester Kenntnis von A und B nur etwas über die Kinematik und Dynamik des Milchstraßensystems in der Umgebung der Sonne erfahren. Aber auch das lohnt eine größere Anstrengung. Bezüglich der Eigenbewegungen kann nur die Positionsastronomie weiter helfen. Kein Wunder, daß man jede Anstrengung macht, die Genauigkeit und Zahl der Beobachtungen zu steigern. Das soll nicht nur durch HIPPARCOS geschehen. Wenn alles nach Plan läuft, soll Ende 1985 ein Weltraumteleskop mit einem 2,4-m-Spiegel gestartet werden. Dieses soll, wenigstens am Rande, auch astrometrische Aufgaben übernehmen (Abschnitt 2).

Selbstverständlich wird auch mit erdgebundenen Instrumenten weiter gearbeitet. Hier ist zu denken an automatisch arbeitende Meridiankreise, an Aufnahmen mit Spezialemulsionen mit langbrennweitigen Instrumenten und schließlich an die Interferometrie, die im Radiobereich schon hoch entwickelt ist und im optischen Bereich vor neuen Fortschritten steht.

3.9 Koordinatensysteme

Eigenbewegungen werden ermittelt, indem man die Positionen der ausgewählten Sterne in zeitlichen Abständen bestimmt und daraus die Änderungen in den Koordinaten herleitet. Es ist völlig klar, daß die Wahl des Koordinatensystems, in dem diese Messungen erfolgen, starken Einschränkungen unterliegt.

Der Astronom hat zunächst ein „*Gebrauchssystem*", nämlich das bereits erwähnte Koordinatensystem mit den Koordinaten Rektaszension α und Deklination δ. Jeder, der schon einmal ein astronomisches Jahrbuch benutzt hat, wird wissen, daß α und δ immer nur für einen bestimmten Zeitpunkt, eine Epoche, angegeben sind. Warum? Die Richtung zum Frühlingspunkt, von dem aus α gezählt wird, ändert sich im Laufe der Zeit. Der Frühlingspunkt ist ja definiert als ein Schnittpunkt zwischen der Ekliptik und dem Himmelsäquator (Abschnitt 3.2). Beide Ebenen sind aber nicht raumfest. Bekanntlich

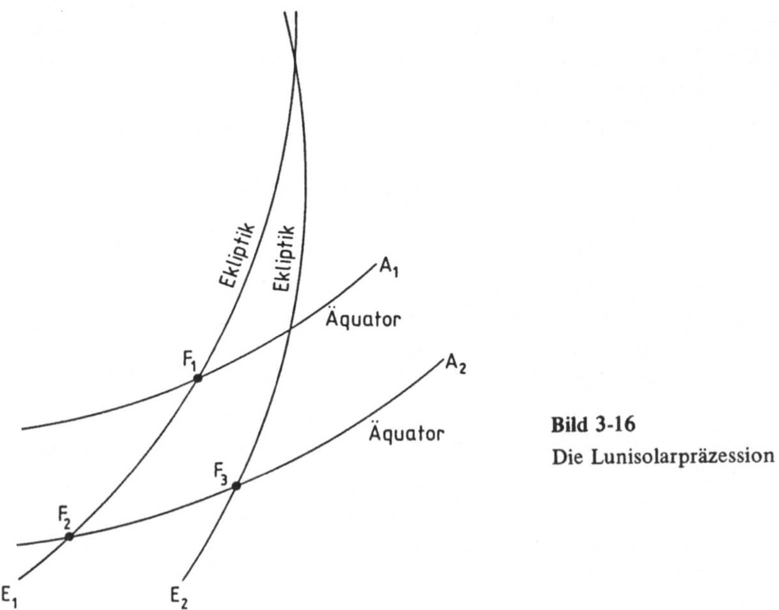

Bild 3-16
Die Lunisolarpräzession

wirken Mond und Sonne auf die abgeplattete Erde in der Weise, daß die Rotationsachse der Erde um die Senkrechte zur Erdbahnebene einen Kegelmantel mit dem halben Öffnungswinkel $\epsilon = 23\overset{\circ}{.}45$ in einer Zeit von knapp 26 000 Jahren beschreibt. Infolgedessen wandert der Frühlingspunkt auf der Ekliptik so, daß sich α vergrößert. *Da diese Bewegung auf die Wirkung von Mond und Sonne zurückzuführen ist, spricht man von der Lunisolarpräzession* ($F_1 F_2$ in Bild 3-16).

Durch den Einfluß der Planeten ändert aber auch die Ekliptik ihre Lage von E_1 nach E_2 (Bild 3-16). Durch diese Bewegung ergibt sich eine weitere Verlagerung des Frühlingspunktes. Den kleinen Bogen $F_2 F_3$ in Bild 3-16 nennt man *Präzession durch die Planeten.* Die gesamte Verlagerung des Frühlingspunktes von F_1 nach F_3 bewirkt nicht nur eine Veränderung der Rektaszension α. Auch die Deklination eines Sterns ändert sich. In erster Näherung gilt für die jährlichen Differenzen

$$\begin{aligned} \Delta\alpha &= 46'' + 20'' \cdot \tan\delta \cdot \sin\alpha\,, \\ \Delta\delta &= 20'' \cdot \cos\alpha\,. \end{aligned} \tag{3-36}$$

Man besitzt also weder in dem äquatorialen noch in dem ekliptikalen System ein Koordinatensystem mit raumfesten Achsen. Was aber soll man unter einem raumfesten Koordinatensystem verstehen? Hier hilft nur eine schrittweise Annäherung. Zunächst wird man sich darauf beschränken, die Bewegungen der Mitglieder unseres Sonnensystems zu beschreiben. Dabei verlangt man, daß die Gesetze der Newtonschen Mechanik gültig sind, d.h. eine Masse, auf die keine äußeren Kräfte einwirken, muß sich geradlinig und gleichförmig bewegen oder in Ruhe bleiben. Ein Koordinatensystem, in dem die Mechanik Newtons gültig ist, bezeichnet man bekanntlich als „Inertialsystem". Anfangs genügte es, die Fixsterne als wirkliche Fixpunkte am Himmel anzusehen. Die Kenntnis der Präzession war zumeist ausreichend, um das nicht „raumfeste" Gebrauchssystem der Astronomen auf ein genügend angenähertes Inertialsystem zu reduzieren.

Nun zeigen aber die Fixsterne bekanntlich Eigenbewegungen. Wenn man die Änderung ihrer Koordinaten infolge der Präzession nach Gl. (3-36) berücksichtigt – dazu auch die Nutation und Aberration, worauf hier nicht eingegangen werden soll –, dann bleibt eine weitere Bewegung senkrecht zur Blickrichtung, eben die Eigenbewegung, übrig. Eine Bewegung in Blickrichtung interessiert hier nicht.

Nun entstünde trotz dieser Eigenbewegung kein schwieriges Problem, wenn es sich um eine völlig regellose Bewegung handelte. Dann könnte man den Einfluß dieser Bewegung herausmitteln. Die Beobachtung der Doppelwelle zeigt aber, daß ein systematischer Effekt existiert, weil das System der Fixsterne rotiert. Die Reduktion auf ein Inertialsystem wäre nur möglich, wenn die Rotationsverhältnisse genau genug bekannt wären. Das aber ist, wie allein die Zahlenangaben zu den Oortschen Konstanten A und B zeigen, bei weitem nicht der Fall.

Kurz gefaßt liegt folgendes Problem vor: Zur Reduzierung der Beobachtungen auf ein Inertialsystem ist die genaue Kenntnis der Präzessionskonstanten erforderlich. Die Präzession durch die Planeten ist aus der Himmelsmechanik mit ausreichender Genauigkeit bekannt. Die Berechnung der Lunisolarpräzession mit gleicher Genauigkeit ist (zur Zeit) nicht möglich, da die Verteilung der Masse innerhalb der Erdkugel nicht gut genug bekannt ist. Man muß die Lunisolarpräzession aus der Beobachtung bestimmen, d.h. aus den Koordinatenänderungen der Sterne. Hier aber fehlt die genaue Kenntnis der systematischen Änderungen durch die Rotation der Milchstraße. Die Lösung des Problems, genauer die weitere Annäherung an ein Inertialsystem, wird nun darin bestehen, daß man den Schritt vom Fixsternsystem zu einem System tut, das in den Galaxien verankert ist. Der Gedanke hierzu ist schon Ende der dreißiger Jahre geäußert worden. Heute kann die Radioastronomie eine wesentliche Hilfe bieten. Ihre hochentwickelte Interferometrie erlaubt Genauigkeiten in der Positionsmessung, die zur Zeit die optischen Möglichkeiten weit übertreffen. Dazu kommt der glückliche Umstand, daß Anfang der sechziger Jahre die punktförmig erscheinenden quasistellaren Radioquellen – eine Gruppe der Quasare – entdeckt worden sind. Alle extragalaktischen Objekte können als frei von jeder Eigenbewegung angesehen werden, wenn sie nur genügend weit entfernt sind ($r \geqq 10^5$ pc). Schwierigkeiten bietet der Anschluß an das System der Fixsterne, wie es durch die Fundamentalkataloge FK4 oder seinen in Arbeit befindlichen Nachfolger FK5 gegeben ist. Hier bieten sich mehrere Möglichkeiten, die alle ausgenutzt werden müssen.

M. Zverev in Pulkowa hat vorgeschlagen, ein System wohl ausgewählter schwacher Sterne 8. bis 10. Größenklasse zwischen das radioastronomische Bezugssystem und das Fundamentalsystem zu schalten. An diesem Anschlußprogramm wird schon gearbeitet. Dann kann man sich bemühen, die Positionen von optischen Quellen, die mit außergalaktischen Radioquellen verbunden sind (optical counterparcs) im Fundamentalsystem so genau wie eben möglich zu bestimmen. Auch das geschieht schon seit Beginn der siebziger Jahre. Schließlich gibt es auch „echte Radiosterne", d.h. Sterne, die unserem Milchstraßensystem angehören und die Radiostrahlung aussenden. Auch hier bemüht man sich durch Beobachtungen am Meridiankreis und fotografische Messungen, die Örter und Eigenbewegungen geeigneter Radiosterne so genau wie möglich zu bestimmen.

Über all dies hinaus gibt es ein ehrgeiziges Projekt: Man möchte das durch radioastronomische Beobachtungen erstrebte System vollkommen selbständig machen. Dazu muß man den Nullpunkt für alle in diesem System gemessenen Rektaszensionen alleine aus radioastronomischer Beobachtung bestimmen. Man muß hierzu Radioobjekte des Planetensystems an extragalaktische Radioquellen anschließen, so wie man im optischen Bereich die Bewegung von Sonne, Mond, Planeten, Satelliten usw. an das System der Fixsterne anschließt. Nun gibt es keine geeigneten Radiostrahler im Planetensystem. Die natürlichen sind entweder zu schwach oder flächenhaft oder beides zugleich. Deshalb denkt man an künstliche Satelliten, die einen Planeten umkreisen und Radiostrahlung aussenden oder an künstliche Radioquellen, die auf dem Mond oder einem geeigneten Planeten stationiert sind.

4 Die Helligkeit der Sterne und anderer astronomischer Objekte

4.1 Die scheinbare Helligkeit

Die Positionsastronomie liefert für sich alleine schon eine Fülle von Informationen. Eine zweite sehr ergiebige Quelle für Informationen über Gestirne aller Art bietet die Untersuchung ihrer Helligkeiten.

Schon beim bloßen Auge fällt die recht unterschiedliche Helligkeit der Sterne am nächtlichen Himmel auf. Natürlich handelt es sich hier um scheinbare Helligkeiten. Für diese hat *Hipparch* ein erstes grobes Maß eingeführt, als er, veranlaßt durch das Erscheinen eines neuen Sterns im Jahre 134 v. Chr., den ersten Fixsternkatalog aufstellte. In diesem Katalog wurde den hellsten Sternen die 1. Größe, den schwächsten, mit bloßem Auge eben noch erfaßbaren Sternen die 6. Größe zugeschrieben (1^m bis 6^m; m = magnitudo).

Will man aus Helligkeiten und insbesondere aus Helligkeitsunterschieden und -änderungen Erkenntnisse gewinnen, dann muß man genaue Messungen durchführen und kommt mit einer ziemlich oberflächlichen Klassifizierung, wie *Hipparch* sie eingeführt hatte, natürlich nicht aus.

Als Maß für die scheinbare Helligkeit eines Sterns dient der Strahlungsstrom S, d.h. die pro Flächen- und Zeiteinheit aufgefangene Energie. Dieser Strahlungsstrom übt einen Reiz auf die Netzhaut oder einen anderen Empfänger wie z.B. Fotoplatte oder Fotokathode aus. Solche Reize wird man in den weitaus meisten Fällen nicht absolut messen. Man wird vielmehr zwei Reize, also Strahlungsströme, miteinander vergleichen. Es interessiert der Quotient S_1/S_2. Nach dem Weber-Fechnerschen Gesetz ist aber die Empfindung (scheinbare Helligkeit) proportional dem Logarithmus des Reizes:

$$m \sim \lg S\,.$$

Für den Vergleich zweier scheinbarer Helligkeiten ergibt sich also

$$m_1 - m_2 \sim \lg \frac{S_1}{S_2}\,.$$

Um eine möglichst gute Angleichung an historische Helligkeitsangaben zu gewährleisten und auch um für die notwendigen Rechnungen einen bequemen Zahlenfaktor zu haben, hat *Pogson* den Proportionalitätsfaktor gleich $-2{,}5$ gewählt. Es gilt also

$$m_1 - m_2 = -2{,}^m5 \cdot \lg \frac{S_1}{S_2}\,. \tag{4-1}$$

Das Minuszeichen ist notwendig, weil bei wachsendem Strahlungsstrom S der Zahlenwert für die Größenklasse m abnimmt.

So bietet ein Stern 6. Größe dem Empfänger einen viel geringeren Strahlungsstrom als ein Stern 1. Größe. Die Tabelle 4-1 gibt einen Überblick über den Zusammenhang zwischen $m_1 - m_2 = m$ und S_1/S_2.

Tabelle 4-1
Zusammenhang zwischen $m = m_1 - m_2$ und S_1/S_2

m	S_1/S_2
1	1:2,512
2	1:6,31
3	1:15,85
4	1:39,81
5	$1:10^2$
10	$1:10^4$
15	$1:10^6$
20	$1:10^8$

Natürlich hat auch die Sonne eine scheinbare Helligkeit. Sie beträgt $-26\overset{m}{,}78$ für den visuellen Strahlungsbereich mit einer mittleren Wellenlänge von 550 nm. Die scheinbare Helligkeit der schwächsten Objekte, die zur Zeit unter günstigen Bedingungen durch erdgebundene Instrumente wahrgenommen werden können, liegt zwischen 23^m und 24^m. Die gesamte Spannweite in den scheinbaren Helligkeiten ist also $m = 50^m$. Das entspricht einem Verhältnis der Strahlungsströme von $1:10^{20}$!

Bis zum Einsatz der Fotografie in die astronomische Forschung* gab es nur *eine scheinbare Helligkeit,* die man heute *visuelle Helligkeit* nennt und mit m_v oder m_{vis} bezeichnet. Da die nichtsensibilisierte fotografische Platte blauempfindlich ist, erscheinen die Sterne auf ihr in anderen Helligkeiten als bei visueller Beobachtung. Man macht das durch die Bezeichnung m_{ph} deutlich.

Beispiel

Rigel, der hellste Stern im Orion, erscheint dem Auge bläulich-weiß. Sein Licht enthält also einen großen Blauanteil, der eine starke Wirkung auf die fotografische Emulsion hat. Capella, der hellste Stern im Fuhrmann, erscheint dem Auge gelblich. Beide Sterne besitzen fast die gleiche visuelle Helligkeit:

$$\text{Rigel: } m_v = 0\overset{m}{,}11; \quad \text{Capella: } m_v = 0\overset{m}{,}09 \,.$$

Die Strahlungsströme, die das Auge wahrnimmt, verhalten sich also wie 0,98 : 1!

Das folgt aus Gl. (4-1):

$$\frac{S_1}{S_2} = 10^{-0,4\,(m_1 - m_2)} \,. \qquad (4\text{-}2)$$

* *Arago* veröffentlichte 1839 eine Aufnahme mit einem Stern. 1840 wurde die erste Mondaufnahme gewonnen.

Es gilt also

$$S_{Rigel} = 10^{-0,4\,(0,11 - 0,09)}\, S_{Capella}$$

$$S_{Rigel} = 0{,}98 \cdot S_{Capella} \, .$$

Die fotografischen scheinbaren Helligkeiten von Rigel und Capella sind

$$\text{Rigel: } m_{ph} = 0\overset{m}{,}06; \quad \text{Capella: } m_{ph} = 0\overset{m}{,}90 \, .$$

Für die Strahlungsströme, die im Bereich der fotografischen Emulsion registriert werden, ergibt sich also:

$$S_{Rigel} = 2{,}17 \cdot S_{Capella} \, .$$

4.2 Farbindizes

Heute kann man mit ausgewählten Empfängern Strahlungsströme in den verschiedensten Bereichen der elektromagnetischen Strahlung messen, von der Röntgen- oder gar γ-Strahlung bis zur Radiostrahlung. Entsprechend gibt es eine große Zahl von Helligkeiten. Bei den meisten Beobachtungen beschränkt man sich nicht auf die Messung *einer* scheinbaren Helligkeit. Oft mißt man drei und spricht dann von einer *Dreifarbenfotometrie.* Es gibt aber z.B. auch eine *Sechsfarbenfotometrie.* Die Bedeutung der Dreifarbenfotometrie soll ein wenig erläutert werden.

Die Fernrohroptik, eingeschaltete Filter und benutzte Empfänger bestimmen jeweils eine von der Wellenlänge λ abhängende Empfindlichkeitskurve $P(\lambda)$ der gesamten Empfangsapparatur (vom Einfluß der Atmosphäre soll hier abgesehen werden). Für drei Wellenlängenbereiche sind solche $P(\lambda)$-Kurven in Bild 4-1 dargestellt.

Diese Kurven sind von der Beobachtungstechnik her vorgegeben. Für die gemessene Wirkung spielt aber noch die Strahlung $S(\lambda)$ des Sterns eine wesentliche Rolle. Auch sie ist wie $P(\lambda)$ eine Funktion der Wellenlänge.

Für einen bestimmten Stern und eine bestimmte Kombination von Fernrohr, Filter und Empfänger könnte sich z.B. eine Zusammenstellung wie in Bild 4-2 ergeben.

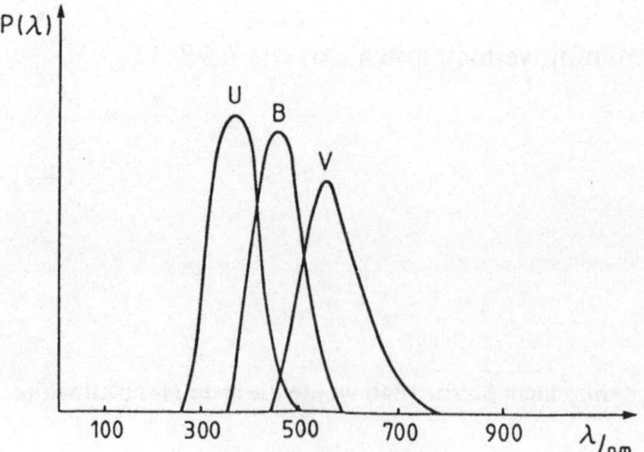

Bild 4-1
Drei Empfindlichkeitskurven $P(\lambda)$ für U, B und V

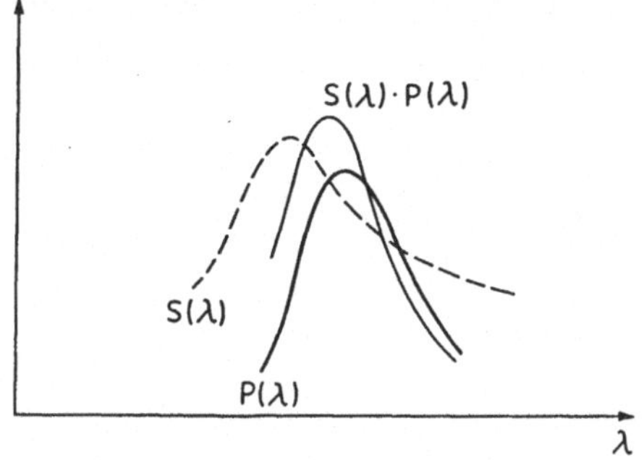

Bild 4-2
Die Strahlung eines Sterns S (λ), die Empfindlichkeitskurve P (λ) und das Produkt S (λ) · P (λ)

Daraus ergibt sich die scheinbare Helligkeit m zu

$$m = -2{,}^{m}5 \lg \int_0^\infty S(\lambda) \cdot P(\lambda) \cdot d\lambda + \text{const.} \tag{4-3}$$

Die Konstante dient zur Festlegung des Nullpunktes.

Die Kombination aus Optik, Filter und Empfänger ergibt eine Wellenlänge maximaler Empfindlichkeit (s. Bild 4-1, hier drei Punkte). Die Kennzeichnung des benutzten Systems erfolgt nach dieser isophoten Wellenlänge*. So bedeuten in Bild 4-1 U: Ultraviolett, $\lambda_i = 365$ nm, B: Blau, $\lambda_i = 440$ nm, V: Visuell, $\lambda_i = 550$ nm.

Statt der scheinbaren Helligkeiten m_U, m_B und m_V, die mit der zum UBV-System gehörenden Kombination von Optik, Filter und Empfänger erhalten werden, schreibt man meist kürzer und einfacher U, B und V. Im UBV-System erfolgt die Festsetzung der Konstanten in Gl. (4-3) so, daß für Sterne mit einer effektiven Oberflächentemperatur von rund 10 000 K – das sind Sterne vom Spektraltyp A0V – $m_U = m_B = m_V$ oder $U = B = V$ ist.

Oft interessanter als die verschiedenen Helligkeiten im Drei- oder Mehrfarbensystem sind Helligkeitsunterschiede wie z.B. U – B oder B – V. Man bildet immer die Differenzen zwischen der Helligkeit im kurzen und der im längerwelligen Bereich und spricht dann von *Farbindizes* FI. Allgemein gilt

$$FI = m_{\text{kurzwellig}} - m_{\text{langwellig}} \,. \tag{4-4}$$

---

* Die isophote Wellenlänge ist durch die Gleichung

$$\lambda_i = \frac{\int_0^\infty \lambda \cdot P(\lambda)\, d\lambda}{\int_0^\infty P(\lambda)\, d\lambda}$$

definiert.

Um die Bedeutung der FI verständlich zu machen, sollen wieder Rigel und Capella herangezogen werden.

Tabelle 4-2 Helligkeiten und Farbindizes für Rigel und Capella

	B	V	B − V
Rigel	$0\overset{m}{,}06$	$0\overset{m}{,}11$	$-0\overset{m}{,}05$
Capella	$0\overset{m}{,}92$	$0\overset{m}{,}09$	$+0\overset{m}{,}81$

Für A0V-Sterne* ist laut Definition $B - V = 0$. Ein negativer Wert für $B - V$ bedeutet einen stärkeren Blauanteil im Strahlungsstrom $S(\lambda)$ des Sterns, verglichen mit dem Strahlungsstrom eines A0V-Sterns. Nach dem Wienschen Verschiebungsgesetz $\lambda_{max} \cdot T = \text{const}$ folgt daraus eine höhere Oberflächentemperatur. Umgekehrt bedeutet natürlich ein positiver Wert von $B - V$ einen größeren Rotanteil in $S(\lambda)$ und damit eine geringere Oberflächentemperatur. Auf eine genaue Klärung des hier gebrauchten Temperaturbegriffs – der Farbtemperatur – und auf den Zusammenhang zwischen der Farbtemperatur und der physikalisch wichtigen effektiven Temperatur T_{eff}, wie sie im Wienschen Verschiebungsgesetz vorkommt, kann hier nicht eingegangen werden. Die Theorie der Sternatmosphären ermöglicht es, eine Korrelation zwischen $B - V$ und T_{eff} zu gewinnen. Die Tabelle 4-3 gibt nach *Allen* einige Beispiele für Hauptreihensterne; das sind Sterne, in deren Inneren Wasserstoff in Helium verwandelt wird.

Tabelle 4-3 Farbindex B − V und effektive Temperatur für verschiedene Spektraltypen

Spektraltyp	B − V	T_{eff}
O5	$-0\overset{m}{,}45$	35 000 K
B0	$-0\overset{m}{,}31$	21 000 K
A0	$0\overset{m}{,}00$	9 700 K
F0	$+0\overset{m}{,}30$	7 200 K
G0	$+0\overset{m}{,}57$	6 000 K
K0	$+0\overset{m}{,}84$	4 700 K
M0	$+1\overset{m}{,}39$	3 300 K

Für unsere Sonne gelten folgende Werte für die scheinbaren Helligkeiten

$$U = -26\overset{m}{,}06; \quad B = -26\overset{m}{,}16; \quad V = -26\overset{m}{,}78 .$$

Daraus folgt $(B - V)_{Sonne} = +0\overset{m}{,}62$.

* Der hellste Stern im Sternbild Leier, Wega = α Lyrae, ist ein A0V-Stern.

Die Tabelle 4-3 gestattet eine Interpolation. Diese ergibt für die Sonne die effektive Oberflächentemperatur $T_{eff} = 5760\,K$. Bei *Unsöld* „Der neue Kosmos" findet man z.B. $T_{eff} = 5770 \pm 15\,K$.

4.3 Die absolute Helligkeit

So interessant die scheinbaren Helligkeiten in den verschiedenen Farbbereichen und die aus ihnen folgenden Farbindizes auch sein mögen, keiner dieser gemessenen Werte ist eine Zustandsgröße eines Sterns. Zustandsgrößen sind u.a. Masse, Radius, mittlere Dichte, chemische Zusammensetzung, Schwerebeschleunigung an der Oberfläche, effektive Oberflächentemperatur und die Leuchtkraft, d.h. die in der Zeiteinheit abgegebene Gesamtenergie. Die scheinbare Helligkeit hängt von der Entfernung des Sterns ab und auch von der Absorption, die seine Strahlung auf dem Weg bis zum Beobachter erfährt.

Gedanklich kann man den Einfluß der Entfernung eliminieren, indem man sich alle Sterne in den gleichen Abstand vom Beobachter versetzt denkt. *Als Einheitsabstand hat man für diese Überlegungen 10 pc gewählt.* Die Helligkeit, in der ein Stern in diesem Abstand erscheinen würde, nennt man seine *„absolute Helligkeit"* und bezeichnet sie mit M. Natürlich gibt es für jeden Stern so viele verschiedene absolute wie scheinbare Helligkeiten: M_{vis}, M_{ph}, M_U, M_B, M_V, M_{IR} usw.

Der Zusammenhang zwischen der scheinbaren und der absoluten Helligkeit und der Entfernung r ist leicht zu finden, wenn man zunächst von einer Absorption absieht. Allgemein gilt

$$m_1 - m_2 = -2{,}5 \cdot \lg \frac{S_1}{S_2} \,. \tag{4-1}$$

Diese Beziehung kann man auf einen Stern anwenden, wenn man sich ihn in verschiedenen Entfernungen r_1 und r_2 denkt. Dann gilt

$$\frac{S_1}{S_2} = \frac{r_2^2}{r_1^2} \,. \tag{4-5}$$

Wählt man $r_2 = 10\,pc$, so wird $m_2 = M$, und es gilt, wenn man noch $m_1 = m$ und $r_1 = r$ setzt:

$$\begin{aligned} m - M &= -2{,}5 \cdot \lg \frac{10^2}{r^2} \,, \\ m - M &= 5 \cdot \lg r - 5 \,, \end{aligned} \tag{4-6}$$

wobei r in pc zu rechnen ist.

m − M *nennt man Entfernungsmodul.* Die Tabelle 4-4 zeigt einige Beziehungen zwischen m − M und der in pc gemessenen Entfernung r.

Tabelle 4-4
Zusammenhang zwischen m – M und r

m – M	r
-10^m	0,1 pc
-5^m	1 pc
-1^m	6,31 pc
0^m	10 pc
1^m	15,85 pc
2^m	25,12 pc
3^m	29,81 pc
4^m	63,1 pc
5^m	10^2 pc
10^m	10^3 pc
15^m	10^4 pc
20^m	10^5 pc

Eine Absorption bewirkt, daß die scheinbaren Helligkeiten geringer werden. Die Berücksichtigung der Absorption führt zu

$$m - M = 5 \cdot \lg r - 5 + A\,, \tag{4-7}$$

wobei A in Größenklassen zu messen ist.

Bei den Gln. (4-6) und (4-7) ist zu berücksichtigen, daß m, M und A von dem bei der Beobachtung benutzten Wellenlängenbereich abhängen. Man müßte also z.B. schreiben

$$m_{ph} - M_{ph} = 5 \cdot \lg r - 5 + A_{ph}\,. \tag{4-7a}$$

Die Beziehungen (4-6) und (4-7) machen deutlich, daß astronomische Fotometrie und Astrometrie zusammenwirken müssen, wenn man neue Erkenntnisse gewinnen will. Zunächst muß für möglichst viele Sterne auf trigonometrischem Wege die Entfernung r bestimmt werden. Damit erhält man die Möglichkeit, Aussagen über ihre absolute Helligkeit zu machen. Erst wenn man für genügend viele und verschiedenartige Sterne M kennt, kann man Kriterien finden, die es gestatten, die absolute Helligkeit anzugeben, ohne die Entfernung zu kennen. Dann aber ist es umgekehrt möglich, aus m und M (und eventuell A) r zu bestimmen. So ergibt sich aus dem Zusammenwirken zweier Arbeitsmethoden ein wesentlicher Fortschritt.

Oben wurde betont, daß man zwischen verschiedenen absoluten Helligkeiten unterscheiden muß. Hätte man einen nichtselektiven Empfänger, der den Strahlungsstrom in allen Bereichen des Spektrums registrierte, und würde man den Empfänger außerhalb der Erdatmosphäre einsetzen, so würde man besonders aussagekräftige Werte für die scheinbare und zum Teil auch für die absolute Helligkeit erhalten. Diese Helligkeiten nennt man *bolometrische Helligkeiten* m_{bol} und M_{bol}. Für die bolometrische Helligkeit m_{bol} ist die Empfindlichkeitsfunktion der Empfangsapparatur konstant; $P(\lambda) = \text{const.}$ Es gilt also

$$m_{bol} = -2{,}5 \cdot \lg \int_0^\infty S(\lambda)\, d\lambda + \text{const.} \tag{4-8}$$

Die Normierung erfolgt in diesem Fall durch die Forderung, daß für Sterne vom Typ der Sonne $m_{bol} = m_{vis}$ gelten soll. Allgemein bezeichnet man die Differenz $m_{vis} - m_{bol}$ als *bolometrische Korrektur* B.C.:

$$m_{vis} - m_{bol} = \text{B.C.} \quad . \tag{4-9}$$

Bolometrische Helligkeiten lassen sich nur für sehr wenige besonders helle Sterne einigermaßen zuverlässig messen. Für die weitaus größte Zahl muß die bolometrische Korrektur berechnet werden. Das aber ist schwierig und exakt überhaupt nicht möglich. Für eine genaue Berechnung müßte man die spektrale Intensitätsverteilung über alle Wellenlängenbereiche kennen und natürlich auch den Einfluß aller Absorptionslinien berücksichtigen. Und das ist wenigstens zur Zeit nicht möglich. Trotzdem kann man auch heute schon mit einer guten Annäherung für B.C. rechnen.

Tabelle 4-5 gibt einige bolometrische Korrekturen B.C., die an der absoluten visuellen Helligkeit M_{vis} angebracht werden müssen, um die absolute bolometrische Helligkeit M_{bol} zu erhalten.

Tabelle 4-5 Die bolometrische Korrektur

M_{vis}	B.C.	M_{bol}
-5^m	$+4{,}^m18$	$-9{,}^m18$
-3^m	$+2{,}^m55$	$-5{,}^m55$
-1^m	$+1{,}^m25$	$-2{,}^m25$
$+1^m$	$+0{,}^m45$	$+0{,}^m55$
$+3^m$	$+0{,}^m00$	$+3{,}^m00$
$+5^m$	$+0{,}^m05$	$+4{,}^m95$
$+7^m$	$+0{,}^m45$	$+6{,}^m55$
$+10^m$	$+1{,}^m42$	$+8{,}^m58$

An drei Beispielen soll die Bedeutung der bolometrischen Korrektur deutlich gemacht werden (Tabelle 4-6).

Tabelle 4-6 Bolometrische Korrektur, bolometrische Helligkeit und Entfernung von drei Sternen

Stern	m_{vis}	M_{vis}	B.C.	M_{bol}	r
Spica = α Virginis B1V	$0{,}^m97$	$-3{,}^m1$	$2{,}^m6$	$-5{,}^m7$	65 pc
Regulus = α Leonis B7V	$1{,}^m34$	$-0{,}^m8$	$0{,}^m87$	$-1{,}^m67$	27 pc
Proxima Centauri M5e	$10{,}^m7$	$+15{,}^m1$	$3{,}^m1$	$+12^m$	1,3 pc

4.4 Leuchtkraft

Die letzte Spalte der Tabelle 4-6 zeigt, daß man die Wirkung der interstellaren Absorption bei diesen drei Sternen vernachlässigen kann. Bis zu Entfernungen von 100 pc ist der Raum um die Sonne herum nach allen Richtungen hin „klar".

Die allgemeine Beziehung

$$m_1 - m_2 = -2{,}5 \cdot \lg \frac{S_1}{S_2}$$

führt unter Benutzung der absoluten Helligkeiten zu

$$M_1 - M_2 = -2{,}5 \cdot \lg \frac{L_1}{L_2}\,. \tag{4-10}$$

Hier bedeuten L_1 und L_2 die Leuchtkräfte der verglichenen Sterne, d.h. die in der Zeiteinheit abgestrahlten Energien. Natürlich muß man in jedem Fall den Wellenlängenbereich angeben, in dem man die Leistung des Sterns mißt. Man hat also zwischen einer visuellen und bolometrischen Leuchtkraft zu unterscheiden. *Von grundlegender Bedeutung ist selbstverständlich nur die bolometrische Leuchtkraft, denn sie alleine läßt echte Vergleiche zwischen den verschiedensten Sternen zu.*

Wenn im folgenden von Leuchtkraft die Rede ist, soll die bolometrische Leuchtkraft gemeint sein. In jedem anderen Fall ist eine besondere Kennzeichnung erforderlich. Zur Angabe der Leuchtkräfte benutzt man gerne die Leuchtkraft der Sonne als Einheit. Es gilt

$$L_{\odot} = 3{,}86 \cdot 10^{26}\,\mathrm{W}\,. \tag{4-11}$$

Die absolute bolometrische Helligkeit der Sonne wird meistens mit $M_{bol\odot} = +4{,}^{m}72$ angegeben. Folglich gilt für irgendeinen Stern

$$M_{bol\,*} = +4{,}^{m}72 - 2{,}^{m}5 \cdot \lg \frac{L_*}{L_{\odot}}\,. \tag{4-12}$$

Für die visuelle absolute Helligkeit der Sonne findet man oft $M_{bol\odot} = +4{,}^{m}79$. Damit ergibt sich die Beziehung

$$M_{vis\,*} = +4{,}^{m}79 - 2{,}^{m}5 \cdot \lg \frac{L_{vis\,*}}{L_{vis\,\odot}}\,. \tag{4-13}$$

Unsöld bemerkt, daß diese Werte für $M_{bol\odot}$ und $M_{vis\odot}$ bis auf einige Stellen in der zweiten Dezimale unsicher sind. Trotz dieser Unsicherheit ist ein Vergleich zwischen visueller und bolometrischer Leuchtkraft der in Tabelle 4-6 aufgeführten Sterne sehr lehrreich. Die Beziehungen (4-12) und (4-13) führen zu den in Tabelle 4-7 enthaltenen bolometrischen und visuellen Leuchtkräften der drei untersuchten Sterne.

Tabelle 4-7 Absolute und visuelle Leuchtkräfte von Spica, Regulus und Proxima in Einheiten der Sonnenleuchtkräfte

Stern	$\frac{L_*}{L_\odot}$	$\frac{L_{vis\,*}}{L_{vis\,\odot}}$
Spica	14 700	1 430
Regulus	360	172
Proxima	0,0012	0,000075

Im übrigen weicht die Leuchtkraft der Sonne im visuellen Bereich nur wenig von ihrer bolometrischen Leuchtkraft ab Aus

$$M_{vis\,\odot} - M_{bol\,\odot} = -2{,}^m5 \cdot \lg \frac{L_{vis\,\odot}}{L_\odot} \qquad (4\text{-}14)$$

folgt

$$L_{vis\,\odot} = 0{,}94\ L_\odot$$

oder

$$L_{vis\,\odot} = 3{,}63 \cdot 10^{26}\ \mathrm{W}\ . \qquad (4\text{-}15)$$

Das ist ein Unterschied von knapp 6%. Das heißt aber, daß der weitaus größte Teil der Energieausstrahlung unserer Sonne im sichtbaren Bereich des Spektrums liegt.

4.5 Das Hertzsprung-Russel-Diagramm

Mit der absoluten bolometrischen Helligkeit oder der Leuchtkraft eines Sterns besitzt man eine Größe, die eine Aussage über den Zustand dieses Sterns gestattet.

Die Leuchtkraft hängt natürlich mit den anderen Zustandsgrößen wie z.B. der effektiven Oberflächentemperatur T_{eff} und dem Radius R zusammen:

$$L = 4\,\pi\,R^2\ \sigma\,T_{eff}^4, \qquad (4\text{-}16)$$

wobei σ = Stefan-Boltzmann-Konstante = $5{,}67 \cdot 10^{-8}\ \frac{\mathrm{W}}{\mathrm{m^2\,K^4}}$.

Trägt man die Leuchtkraft (oder die absolute Helligkeit) gegen die Temperatur auf, so erhält man das berühmte *Hertzsprung-Russel-Diagramm (HRD)* (Bild 4-3). Näheres zu diesem Diagramm siehe in jeder Fachliteratur, z.B. auch bei *H. Schäfer.* Hier soll nur ein Gesichtspunkt herausgegriffen und eingehender betrachtet werden.

Über 90% aller Punkte im Diagramm, die sich aus Messungen an Sternen ergeben, liegen auf einer Linie von links oben nach rechts unten. Man nennt sie die *Hauptreihe.* Die Streuung um eine ideale Linie rührt teils von Meßfehlern her, teils hat sie natürliche Ursachen. Bezüglich der Meßfehler spielt die Schwierigkeit der Entfernungsbestimmung eine entscheidende Rolle. Um M zu erhalten, müssen die scheinbare Helligkeit und die Entfernung gemessen werden. Dazu muß auch noch die Absorption A bekannt sein. Auch die Temperaturbestimmung ist nicht ohne Fehler. Ein aussagekräftiges L(T)-Diagramm erfordert die Beobachtung möglichst vieler Sterne. Es ist also nur unter großem

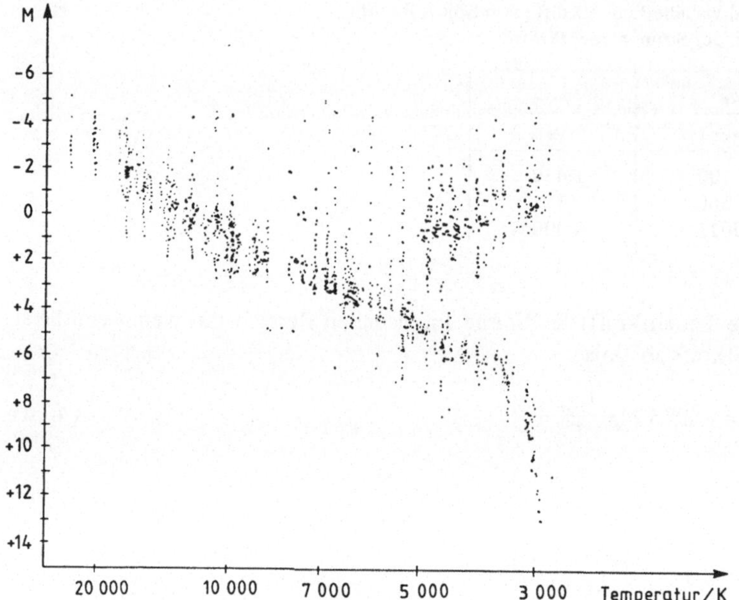

Bild 4-3 Ein Hertzsprung-Russel-Diagramm

Aufwand zu gewinnen, und das auch nur für relativ wenige Sterne. Um hier weiter zu kommen, haben die Astronomen eine Reihe brauchbarer Methoden entwickelt.

Beschränkt man sich auf die Sterne eines Sternhaufens, dann kann man für alle Sterne praktisch mit der gleichen Entfernung r und der gleichen Absorption A rechnen. Es gilt dann

$$m - M = \text{const.}$$

oder

$$M = m - \text{const.} \quad . \tag{4-17}$$

Statt M (oder L) kann man in dem Hertzsprung-Russel-Diagramm die scheinbare Helligkeit m benutzen. m ist viel leichter und in den meisten Fällen auch genauer zu messen als M. Benutzt man lichtelektrische Methoden, dann ist es nicht schwierig und besonders aufwendig, eine Genauigkeit von $0\overset{m}{,}01$ zu erreichen.

Zum Verständnis des Folgenden sei zunächst einmal angenommen, man könnte die Temperatur aller beobachteten Sterne weitgehend genau bestimmen. Dann könnte man ein m(T)-Diagramm zeichnen. Die Punkte im m(T)-Diagramm wären alle um den gleichen Betrag m – M = const. gegen die M(T)-Kurven in Richtung der Ordinatenachse verschoben (Bild 4-4). Gelänge es nun, auch nur für einen einzigen Stern des Sternhaufens M zu ermitteln, dann hätte man auch für alle Sterne des Haufens die absolute Helligkeit bzw. Leuchtkraft.

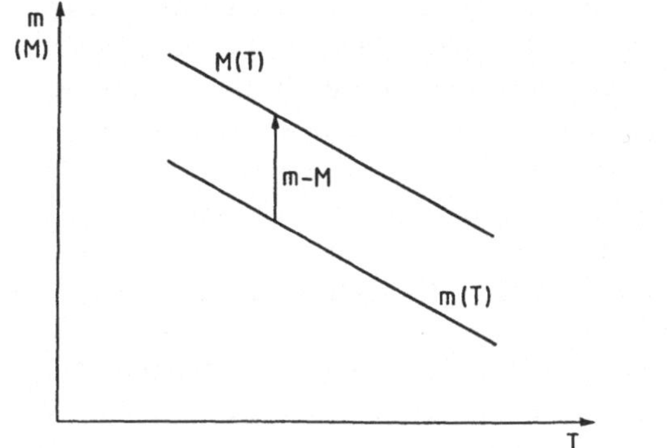

Bild 4-4
Übergang von der m (T)-Kurve zur M (T)-Kurve

Man kann auch eine andere Überlegung anstellen. Wenn man an genügend vielen Hauptreihensternen genügend genaue Messungen vornehmen kann, dann kann man eine gute Hauptreihe im M(T)-Diagramm konstruieren. Aus der Lage der m(T)-Reihe zur M(T)-Reihe könnte man ohne weiteres $m - M$ entnehmen und hätte damit bei fehlender Absorption die Entfernung des Sternhaufens.

Es ist sofort einzusehen, daß man auf so leichtem Wege nicht zur Kenntnis von so wichtigen Größen wie M bzw. L, T und r kommen kann. Erstens läßt sich nicht, wie oben angenommen, die Temperatur eines Sterns mit der erforderlichen Genauigkeit bestimmen. Zweitens kann man die interstellare Absorption meistens nicht vernachlässigen. Diese Schwierigkeiten sind nicht ohne Mühe und Opfer an Genauigkeit zu überwinden.

4.6 Farbexzesse

Nach Tabelle 4-3 kann man die Temperatur durch einen geeigneten Farbindex wie beispielsweise $B - V$ ersetzen. Solche Farbindizes sind schnell und für viele Zwecke mit ausreichender Genauigkeit zu messen, fotografisch etwa mit einem mittleren Fehler von $0\overset{m}{,}05$, fotoelektrisch mit $0\overset{m}{,}01$. Die gemessenen Farbindizes sind nun nicht die unverfälschten, dem jeweiligen Stern eigenen Farbindizes. Man muß zwischen den Eigenfarben*, z.B. $(B - V)_0$ und den gemessenen Farben $B - V$ unterscheiden. Die Differenz $(B - V) - (B - V)_0$ bezeichnet man als Farbexzess:

$$E_{B-V} = (B - V) - (B - V)_0 \ . \tag{4-18}$$

Natürlich gibt es eine Fülle von Farbexzessen. Allgemein gilt

$$E_{\mu\nu} = (m_\mu - m_\nu) - (m_\mu - m_\nu)_0 \ .$$

Hier weisen die Indizes μ, ν auf die verschiedenen Helligkeitssysteme hin.

* Das Wort „Farbe" wird in verschiedenem Sinn, aus dem Zusammenhang heraus allerdings immer eindeutig gebraucht. Man bezeichnet sowohl den benutzten Spektralbereich als Farbe, z.B. U = Ultraviolett, B = Blau, als auch die Farbindizes $U - B$, $B - V$ u.a. als Eigenfarbe bzw. gemessene Farbe.

Man kann nun für Sterne eines Sternhaufens, die sich alle in der gleichen Entfernung befinden und deren Licht der gleichen Absorption unterliegt, die scheinbare Helligkeit in zwei Spektralbereichen, etwa B und V, messen, die Farbindizes B − V bilden (Temperatursatz) und dann die scheinbare Helligkeit m_V bzw. V gegen B − V auftragen. Im Grunde genommen erhält man auch so ein *Hertzsprung-Russel-Diagramm.* Man spricht allerdings bei Benutzung von m_v und B − V von einem *Farben-Helligkeits-Diagramm (FHD).* Allerdings ist jetzt die Verschiebung der gemessenen „Hauptreihe" auf die ideale Hauptreihe im M(T)- bzw. L(T)-Diagramm entlang einer Achse nicht mehr möglich, vielmehr ist jetzt eine Verschiebung in zwei Schritten nötig: Der erste führt von der gemessenen Farbe B − V in Richtung der Abszissenachse zur Eigenfarbe $(B - V)_0$. Dazu müßte man die Eigenfarbe kennen oder den durch die interstellare Absorption hervorgerufenen Farbexzess E_{B-V}. Beides ist nicht der Fall. Nun aber angenommen, man hat diese Verschiebung durchführen können – Überlegungen, wie so etwas zu machen ist, folgen etwas später – dann kann man als zweiten Schritt die Verschiebung parallel zur Ordinatenachse vornehmen und damit den Entfernungsmodul m − M bestimmen. Bild 4-5 zeigt schematisch diese beiden Schritte.

Bei Unkenntnis von E und m − M ist hier eine beliebige Anzahl von Kombinationen der beiden notwendigen Schritte möglich. Das wäre nicht der Fall, wenn die Hauptreihe im HRD oder FHD besondere leicht auffindbare Charakteristika aufwiese. *Die Hauptreihe in diesen Diagrammen ist aber fast geradlinig* und zeigt keine auffallenden Merkmale, die zu eindeutigen Werten von E und m − M führen würden.

In dieser Situation hilft eine *Dreifarbenphotometrie,* Farbe ist hier im Sinne von Spektralbereich gemeint. Man mißt die scheinbaren Helligkeiten der Sterne nicht nur in B und V, sondern nimmt die scheinbare Helligkeit in U hinzu. Dann bildet man die Farbindizes U − B und B − V und trägt U − B gegen B − V auf. So erhält man ein Zweifarbendiagramm (ZFD). In diesem liegen erfreulicherweise die Punkte, die die Sterne repräsentieren, nicht auf einer Geraden (Bild 4-6). Das liegt daran, daß Sterne nicht zu schwarzen Strahlern gehören. Das ZFD für einen „Schwarzen Strahler" ist unter SK im Bild 4-6 eingezeichnet.

Der Verlauf der Standardlinie im ZFD, den man erhält, wenn man zunächst die Eigenfarben $(U - B)_0$ und $(B - V)_0$ benutzt, ist leicht zu verstehen. $(B - V)_0$ wächst gleich-

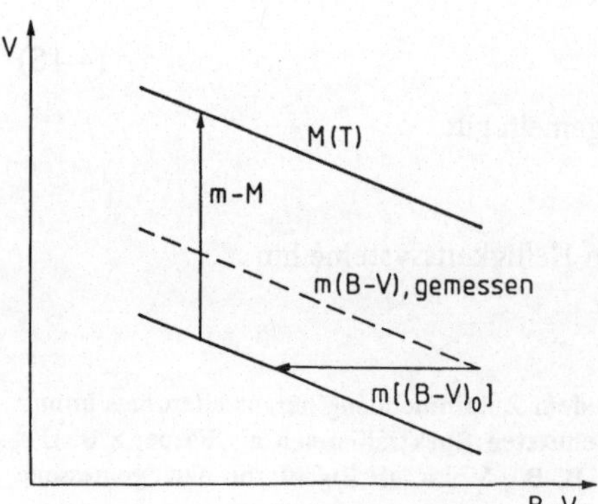

Bild 4-5

Übergang von der gemessenen Kurve m gegen B − V zur M (T)-Kurve. Der Übergang erfolgt über die Kurve m gegen $(B - V)_0$

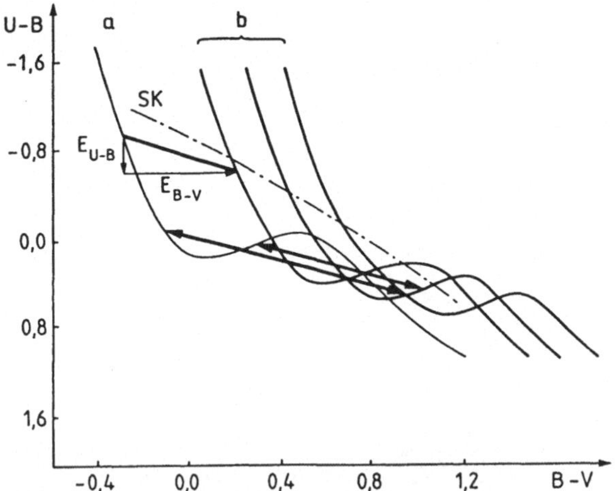

Bild 4-6 Zweifarbendiagramm. Eingezeichnet sind:
Kurve a: $(U - B)_0$ gegen $(B - V)_0$,
Kurvenschar b: drei verschiedene Kurven (U – B) gegen (B – V).
Die Hypothenuse des Dreiecks mit den Katheten E_{B-V} und E_{U-B} ist gleich dem Verfärbungsweg, hier eingezeichnet für die linke der drei Kurven b. Für die beiden anderen Kurven dieser Kurvenschar sind weiter unten stärkere Verfärbungen eingezeichnet.

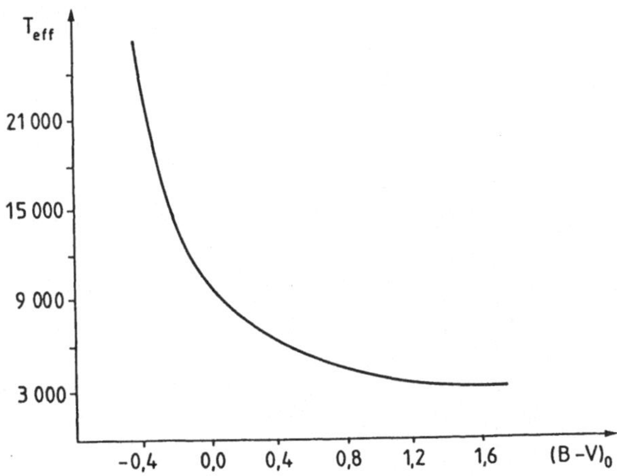

Bild 4-7 Die Temperatur T_{eff} aufgetragen gegen $(B - V)_0$

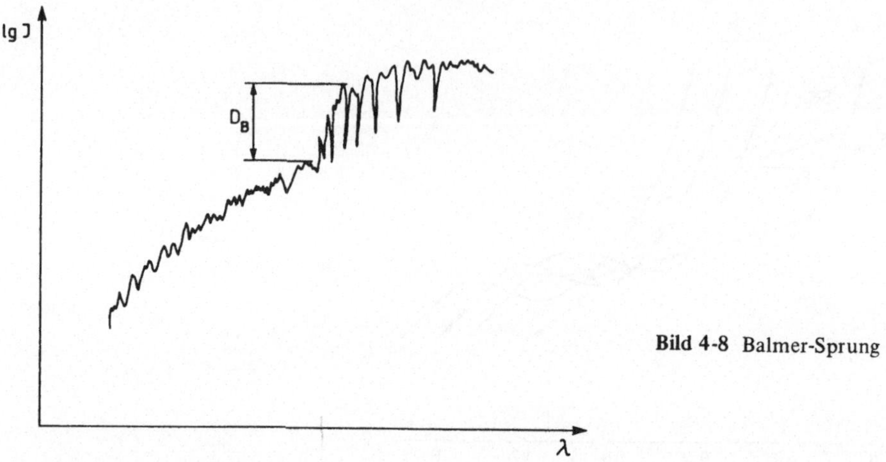

Bild 4-8 Balmer-Sprung

mäßig mit der Temperatur, vgl. Tabelle 4-3, deren Werte graphisch dargestellt zu Bild 4-7 führen.

Die Beziehung zwischen T_{eff} und $(U-B)_0$ ist komplizierter, weil man mit dem Spektralbereich U besonders viele Absorptionslinien, vor allem aber den *Balmer-Sprung* erfaßt. An der Grenze der Balmer-Serie bei etwa 370 nm erfolgt ein Sprung in der Intensitätskurve. Das Kontinuum liegt im kurzwelligen Bereich des Spektrums merklich unter der (einfachen) Verlängerung des langwelligen Bereiches (Bild 4-8). Hervorgerufen wird der Balmer-Sprung infolge gebunden-freier-Übergänge vom zweiten Energieniveau des Wasserstoffatoms aus. Gemessen wird der Balmer-Sprung D_B durch den Logarithmus des Intensitätsverhältnisses zwischen dem verlängerten langwelligen und dem kurzwelligen Kontinuum.

$$D_B = \lg \frac{I_{langwellig}}{I_{kurzwellig}} . \qquad (4\text{-}19)$$

Tabelle 4-8 zeigt nach zwei Verfassern die Größe des Balmer-Sprungs in Abhängigkeit von der Temperatur.

Tabelle 4-8 Der Balmer-Sprung (Werte nach *Scheffler/Elsässer* bzw. *Allen*)

T_{eff}	D_B	
K	*Scheffler/Elsässer*	*Allen*
21 000	0,08	0,04
13 500	0,29	0,22
9 700	0,51	0,45
8 100	0,46	0,40
7 200	0,33	0,23
6 500	0,18	0,12
6 000	–	0,04
5 400	–	0,00

Von Sternen mit einer Oberflächentemperatur von knapp 10000 K an, das sind sogenannte A0V-Sterne mit ausgeprägten Wasserstofflinien, nimmt der Einfluß des Balmer-Sprungs auf die U-Helligkeit ab und wirkt damit dem Einfluß der abnehmenden Temperatur entgegen. Bei kühleren Sternen setzt sich der Einfluß der Temperatur wieder eindeutig durch. Auf diese Weise sind „Mulde" und „Knie" im Zweifarbendiagramm zu verstehen.

Nun muß man beim ZFD zwischen der Standardreihe für Hauptreihensterne und der aus den Beobachtungen gewonnenen Reihe unterscheiden. Für die Standardreihe müssen die unverfälschten Eigenfarben der Sterne $(U-B)_0$ und $(B-V)_0$ verwendet werden. Verfälscht werden aber die Eigenfarben durch den Einfluß des interstellaren Mediums. Es tritt in beiden Farben eine Rötung, ein Farbexzeß E, auf:

$$\begin{aligned} E_k &= E_{\text{kurzwellig}} = (U-B)-(U-B)_0 \ , \\ E_l &= E_{\text{langwellig}} = (B-V)-(B-V)_0 \ . \end{aligned} \tag{4-20}$$

Um von der Standardreihe zur beobachteten Reihe zu kommen, muß man, von Feinheiten abgesehen, eine Verschiebung von links oben nach rechts unten längs eines „*Verfärbungsweges*" durchführen. Das wird in Bild 4-6 durch den Pfeil angedeutet. Für die Richtung des Pfeils gilt etwa

$$\frac{E_{U-B}}{E_{b-v}} = 0{,}72 + 0{,}05\, E_{B-V} \ . \tag{4-21}$$

Sie hängt ein wenig von der Farbe des Sterns E_{B-V} ab. Das zweite Glied der rechten Seite wird im folgenden vernachlässigt. Hat man einmal die Standardreihe im ZFD gewonnen, so kann man jede durch Messung erhaltene und mit genügend vielen Sternen besetzte Reihe eindeutig auf die Standardreihe verschieben. Für einzelne Sterne ist eine Eindeutigkeit durchaus nicht immer gegeben, da der Verfärbungsweg die Standardkurve bis zu dreimal schneiden kann, vgl. die drei gestrichelten Pfeile in Bild 4-6. Kann man aber die Verschiebung eindeutig durchführen, so gewinnt man E_k und E_l.

Die *Farbexzesse* E_k und E_l beruhen auf selektiver Absorption im interstellaren Raum. Wichtiger als diese ist die allgemeine Absorption A in einem bestimmten Spektralbereich. Diese allgemeine Absorption steckt in der gemessenen scheinbaren Helligkeit, z.B. $m_v = m_{v0} + A_v$, und spielt damit bei der Bestimmung des Entfernungsmoduls bzw. der Entfernung eine entscheidende Rolle. Sie wird hervorgerufen durch die Anwesenheit von Staub in den weiten Räumen zwischen den Sternen und hängt von der Menge des Staubes zwischen Objekt und Beobachter, der Größe und Form der Staubteilchen und ihrer chemischen Beschaffenheit ab. Allein die Aufzählung dieser Faktoren läßt darauf schließen, daß hier ein sehr schwieriges und nur schritt- und näherungsweise lösbares Problem vorliegt.

Es hat sich ergeben, daß die Absorption in erster Annäherung einem λ^{-1}-Gesetz folgt. Daraus aber läßt sich schließen, daß die Größe der Staubteilchen mit der Wellenlänge (im visuellen) vergleichbar ist, d.h. die mittlere Größe der Staubteilchen liegt zwischen 10^{-4} mm und 10^{-3} mm. Wesentlich größere Teilchen würden das Licht nur abschatten und nicht zu einer wellenlängenabhängigen Absorption führen. Wesentlich kleinere Teilchen würden zur bekannten Rayleigh-Streuung führen ($A \sim \lambda^{-4}$), die beispielsweise für die Bläue des Himmels verantwortlich ist.

Nun ergibt die Theorie – unter vereinfachenden Annahmen – für eine Absorption, die dem λ^{-1}-Gesetz folgt, einen Zusammenhang zwischen der selektiven Absorption E_{B-V} und der allgemeinen Absorption A_v

$$A_v = 3{,}6 \cdot E_{B-V} \,. \tag{4-22}$$

Beobachtet wurde für weite Teile des Milchstraßensystems

$$A_v = (3{,}2 \pm 0{,}2) \cdot E_{B-V} \,. \tag{4-22a}$$

An einigen Stellen weicht das Verhältnis $R = A_v/E_{B-V}$ von dem angegebenen Wert 3,2 erheblich ab. Man hat Werte bis zu 7 gefunden. Aus den bisherigen Überlegungen gehen nun die notwendigen und auch möglichen Schritte hervor, die für die Mitglieder eines Sternhaufens zur Bestimmung von sehr wichtigen Größen führen: *Entfernung, absolute Helligkeit oder Leuchtkraft, interstellare Absorption.*

(1) Aus der eindeutigen Verschiebung der empirischen Reihe auf die Standardreihe im ZFD folgt der Farbexzeß E_{B-V}.

(2) Die Erfahrung aus zahlreichen Beobachtungen über den Zusammenhang zwischen der allgemeinen Absorption A_v und der selektiven Absorption E_{B-V} durch die Beziehung $A_v = R\, E_{B-V}$ gestattet eine recht gut gesicherte Bestimmung von A_v.

(3) Aus m_v und A_v gewinnt man die von der interstellaren Absorption befreite scheinbare Helligkeit $m_{v0} = m_v - A_v$.

(4) Nun braucht man nur noch die m_{v0} $((B-V)_0)$-Reihe im ZFD auf die Standardreihe $M((B-V)_0)$ zu verschieben, um den Entfernungsmodul $m_{v0} - M_v$ zu erhalten.

Dieses ganze Verfahren ist in Bild 4-9 (sehr schematisch) dargestellt.

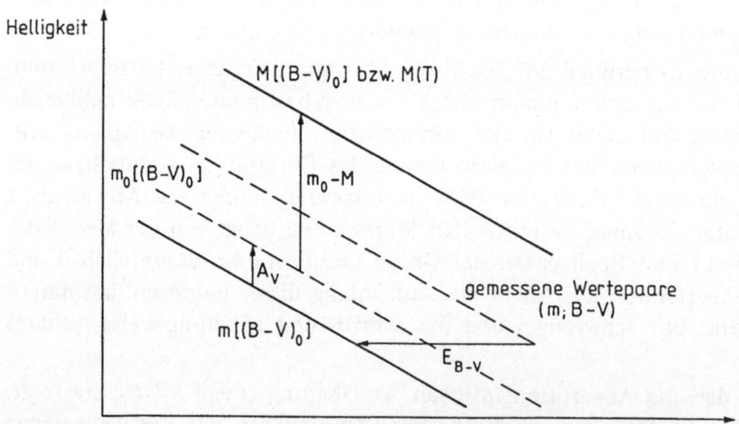

Bild 4-9 Übergang von den gemessenen Wertepaaren (m; B – V) über (m; B – V_0) zur Auffindung von E_{B-V}, über (m_0; $(B-V)_0$) zur Auffindung von A_v und zur Kurve $M(B-V)_0)$ bzw. M (T)

Es ist klar, daß auf den vorhergehenden Seiten nur ein winziger Bruchteil der Informationen geboten werden konnte, die durch Messung von Helligkeiten in verschiedenen Spektralbereichen gewonnen werden können. Dabei wurde meist auf das UBV-System von *Johnson-Morgan* Bezug genommen. Dieses System ist aber nicht das einzige, wenn es auch wohl am häufigsten realisiert ist. Physikalisch sinnvoller ist das *RGU-System* von *W. Becker* (Rot-Grün-Ultraviolett). Die Spektralbereiche sind in diesem System so gewählt, daß die Messungen in ihnen eher eine physikalisch sinnvolle Aussage über den Intensitätsverlauf des Sternspektrums gestatten als beim UBV-System.

Neben diesen beiden besonders wichtigen Farbsystemen gibt es im Rahmen der fotografischen Farbsysteme allein drei weitere Dreifarbensysteme *(Trifft; Matyagin; Salukwadse).* Dazu kommt das internationale Farbsystem mit zwei Farben, in dem mit blau- bzw. gelbempfindlichen Platten gearbeitet wird. Es ist das älteste System mit dem internationalen Farbindex (Color index) $CI = m_{ph} - m_{pv}$ (photografisch – photovisuell).

Verständlicherweise machte man mit der Entwicklung der Fotozelle auch in der Astronomie von diesem Gerät als Empfänger bald Gebrauch. Zwar ist man hier auf die Untersuchung von Einzelsternen oder anderen einzelnen Objekten angewiesen, erreicht aber im Vergleich mit der Fotoplatte eine wesentlich größere Genauigkeit. Es gibt heute eine ganze Reihe von „lichtelektrischen Zwei- und Dreifarbensystemen". In *Landolt-Börnstein* (1965) sind allein acht aufgeführt, darunter auch das UBV-System von *Johnson-Morgan,* das sowohl fotografisch wie auch lichtelektrisch realisiert ist. Damit nicht genug. Um die Spektren besser abtasten zu können, hat man Vielfarbensysteme entwickelt. Am bekanntesten ist wohl die Sechsfarbenfotometrie von *Stebbins und Whitford,* die mit den effektiven Wellenlängen U = 355 nm; V = 420 nm; B = 490 nm; G = 570 nm; R = 720 nm; I = 1030 nm arbeitet. Außer diesem System findet man z.B. im *Landolt-Börnstein* weitere acht, und zwar Vier- bis Achtfarbensysteme, angegeben.

Wenn man den Bogen spannt von *Hipparch*s primitiven Helligkeitsschätzungen bis zu den Helligkeitsmessungen unserer Zeit, dann kann man die Fülle der Informationen und Erkenntnismöglichkeiten ermessen, die uns heute zur Verfügung stehen. Und wenn man einmal erkannt hat, welche Möglichkeiten zu tieferen Einsichten noch offen stehen, dann wird auch der Wunsch nach weiteren Fortschritten zumindest in drei Richtungen verständlich:

(1) Man möchte die Zahl der Messungen und die Zahl der erfaßten Objekte vergrößern.

(2) Man möchte die Genauigkeit vieler Messungen erhöhen.

(3) Man möchte weitere Spektralbereiche erfassen, vor allem auch solche, die von erdgebundenen Stationen aus nicht zugänglich sind.

5 Spektroskopie und Spektralanalyse

5.1 Geschichtliches

Im Juni des Jahres 1860 wurde das Heidelberger Schloß beim Besuch des Großherzogs von Baden bengalisch beleuchtet. *Bunsen* sah vom Dach seines Laboratoriums mit Hilfe eines Prismensatzes, daß im roten Teil des Spektrums die Linie des Strontiums, im grünen Teil die Linie des Bariums zu erkennen waren. Er wandte sich zu *Kirchhoff* und fragte: „Wenn wir auf diese Entfernung erkennen können, welche Stoffe in diesen Flammen glühen, warum könnten wir nicht auch erkennen, aus welchen Stoffen die Himmelskörper bestehen." [Zitat nach *Prof. Dr. Wolf* in: Elektrochemie **12** (1912)] In dieser Aussage könnte man den Anfang der astronomischen Spektralanalyse erkennen. Der eigentliche Beginn spektroskopischer Arbeiten lag im Jahre 1666, als *Newton* das Sonnenlicht in ein farbiges Band zerlegte. Der erste, der die dunklen Linien im Sonnenspektrum sah, war *Wollaston* im Jahre 1802. Er glaubte, daß die Linien A, B, C, D, E (Bild 5-1) die Grenzen von vier Farben im Sonnenspektrum sind. Diese Linien haben nichts zu tun mit den Linien, die *Fraunhofer* 1812 und später in seinen Untersuchungen des Sonnenspektrums gekennzeichnet hat. *Fraunhofer* fand, daß alleine zwischen seinen Linien B und H ungefähr 574 weitere Linien gezählt werden können. B ist eine Linie – wie auch A – die durch den Sauerstoff der irdischen Atmosphäre erzeugt wird (700 nm), während H eine Linie des CaII (396,8 nm) ist. Für *Fraunhofer* war die meßbare Lage der Linien wichtig. Es ergab sich dadurch die Möglichkeit, die Refraktion des benutzten Glases genau zu ermitteln. Es gelang ihm auf diese Weise, die chromatischen Fehler seiner astronomischen Geräte auf ein Mindestmaß zu reduzieren.

Die Spektralanalyse begann im wesentlichen mit einer Arbeit von *Bunsen* und *Kirchhoff* im Jahre 1860: „Chemische Analyse durch Spektralbeobachtungen." Es lohnt sich, diese Arbeit zu lesen. Hier sind einige Zitate aufgeführt:

„*Fraunhofer* hat beobachtet, daß die beiden dunklen Linien des Sonnenspektrums, die er mit D bezeichnet hat, mit den beiden hellen Linien zusammenfallen, die jetzt als die Linien des Natriums erkannt sind."

„Die Beobachtungen am Sonnenspektrum scheinen mir die Gegenwart von Eisendämpfen in der Sonnenatmosphäre mit einer so großen Sicherheit zu beweisen, wie sie in den Naturwissenschaften überhaupt erreichbar ist."

„Es ist namentlich wahrscheinlich, daß Stoffe, die an der Erdoberfläche in großen Mengen vorhanden sind und zugleich durch besonders helle Linien in ihren Spektren sich auszeichnen, auf ähnliche Weise wie das Eisen sich in der Sonnenatmosphäre bemerklich machen werden. Es ist das in der Tat der Fall bei Calcium, Magnesium und Natrium."

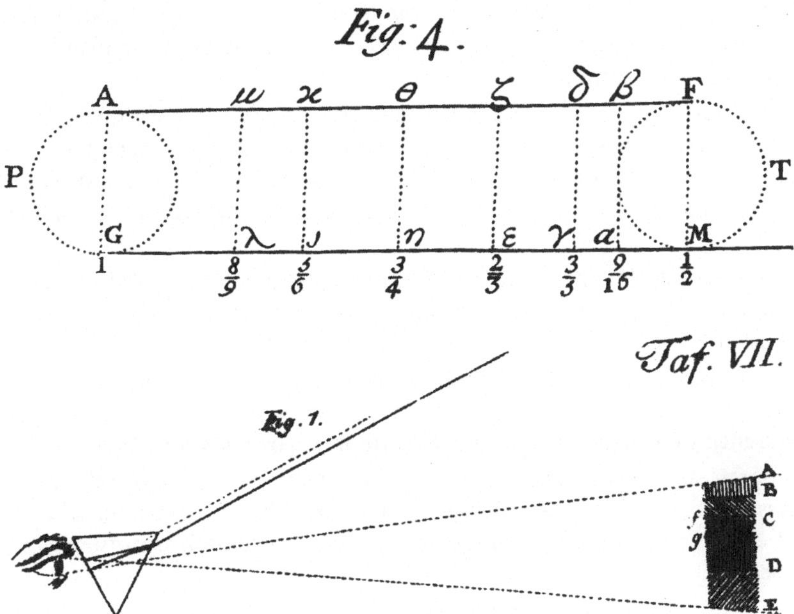

Bild 5-1 oben: *Newtons* Darstellung des Sonnenspektrums in seinem Werk über Optik. Die eingezeichneten Linien stellen die damals vermuteten (aber nicht existenten) Grenzen zwischen den verschiedenen Farben dar.
unten: *Wollastons* Darstellung des Sonnenspektrums aus dem Jahre 1802. Die Linien markieren hier, noch unerkannt, die ersten Sonnenabsorptionslinien, die 10 Jahre später von Fraunhofer entdeckt wurden.

„Ich glaube aus meinen Beobachtungen schließen zu dürfen, daß Nickel in der Sonnenatmosphäre sichtbar ist; ob dies auch von Kobalt gilt, darüber halte ich mein Urteil zurück.

Barium, Kupfer und Zink scheinen in der Sonnenatmosphäre vorhanden zu sein, aber nur in geringer Menge. Die übrigen Metalle, die ich untersucht habe, nämlich Gold, Silber, Quecksilber, Aluminium, Cadmium, Zinn, Blei, Antimon, Arsen, Strontium, Lithium, sind nach meinen Beobachtungen in der Sonnenatmosphäre nicht sichtbar.

Um die Linien des Sonnenspektrums zu erklären, muß man annehmen, daß die Sonnenatmosphäre einen leuchtenden Körper umhüllt, der für sich allein ein Spektrum ohne dunkle Linien geben würde. Danach würde die Sonne aus einem festen oder tropfbar flüssigen, in der höchsten Glühhitze befindlichen Kern bestehen, der umgeben ist von einer Atmosphäre von etwas niedrigerer Temperatur.“ [Zitate aus: *F. Dannemann*, Aus der Werkstatt großer Forscher, Verlag von Wilhelm Engelmann, Leipzig 1922]

Beim Lesen dieser Zeilen darf man die zahlreichen Bemühungen in den Jahrzehnten vor 1860 nicht vergessen. Auf die chemische Spektralanalyse hatten schon *Fraunhofer, Brewster, John Herschel, Talbot, Anström, Swan* u.a. hingewiesen. 1842 gelang es *A. E.*

Becquerel und *J. W. Draper*, das Spektrum des Sonnenlichtes zu fotografieren. Diese beiden waren Väter berühmter Söhne: *A. H. Becquerel* (u.a. Entdecker der radioaktiven Strahlung) und *H. Draper* (u.a. Himmelsfotografie).

Schon im Jahre 1863 hatte *Secchi* auf die Möglichkeiten der Spektroskopie hingewiesen: „Das Studium der prismatischen Spektren der Himmelskörper hat zwei wichtige Aspekte, 1. den, die Existenz und die Natur ihrer Atmosphäre festzustellen, 2. den, bestimmte Fragen nach ihrer kosmischen Ordnung, vor allem bezüglich der Bewegung der Sterne zu beantworten."

Eine Bemerkung zum zweiten Punkt von *Secchi: Doppler* hatte den Effekt der Frequenzverschiebung für bewegte Tonquellen 1842 erkannt. Für den optischen Bereich meinte *Doppler*, daß die Farben der Sterne von ihrer Bewegung herrühren.

Huggins maß 1868, wenn auch fehlerhaft, die Bewegung des Sirius in der Gesichtslinie. Sie beträgt im Mittel $-8\ \mathrm{km\,s^{-1}}$, d.h. Sirius bewegt sich auf uns zu. *Huggins* hatte bei den schwierigen visuellen Beobachtungen die umgekehrte Bewegungsrichtung gemessen.

Huggins hat auch durch spektroskopische Untersuchungen festgestellt (1864), daß planetarische Nebel Emissionslinien aussenden. Damit war klar, daß diese Objekte aus Gas bestehen. 1868 fand er im Spektrum der Nova Coronae, daß gleichzeitig Absorptions- und Emissionslinien erscheinen können.

Vogel veröffentlichte 1883 einen Katalog von 4051 Sternen, die nach ihren Spektren klassifiziert waren. Er verbesserte auch in starkem Maße die Messung der Doppler-Verschiebung. 1889 legte er eine Arbeit über 55 Sterne vor, deren Radialgeschwindigkeiten zum Teil bis zu „± 1 Meile pro Sekunde" gemessen waren.

Ende des 19. und Anfang unseres Jahrhunderts wurden große Anstrengungen unternommen, eine gute Klassifizierung vieler Sterne durchzuführen. Nach Vorarbeiten von *Secchi, Vogel* und *Lockyer* begann *Pickering* ein großes Programm. Mit Miss *A. J. Cannon* schuf er den *Henry-Draper-Katalog* mit über 225 000 Sternen. Die Vollendung und allgemeine Anerkennung des Katalogs hat er nicht mehr erlebt, er starb im Jahre 1919. *Die Internationale Astronomische Union (IAU)* nahm das Henry-Draper-System in ihrer ersten Versammlung 1922 in Rom an.

5.2 Die Gewinnung von Spektren

5.2.1 Das Prisma

Das älteste Gerät zur Zerlegung des Lichtes in ein Spektrum ist das Prisma. Der Strahlengang wird so geführt, daß ein Minimum der Ablenkung entsteht. Nennt man die Ablenkung φ, so erhält man

$$\varphi = 2 \cdot \arcsin\left(n(\lambda) \cdot \sin \epsilon/2\right) - \epsilon\,. \tag{5-1}$$

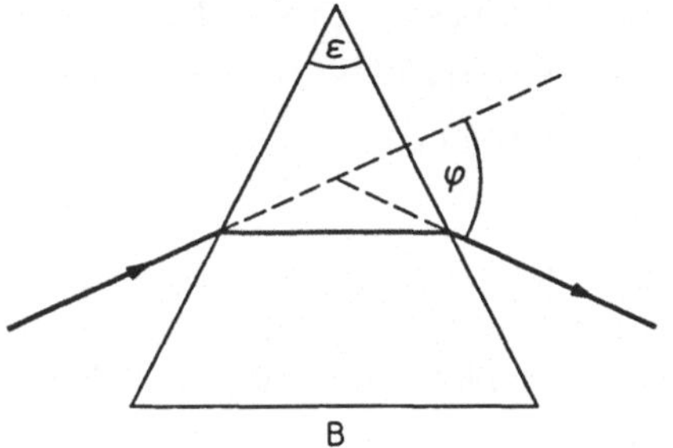

Bild 5-2
Symmetrischer Durchgang des Lichtes durch ein Prisma

ϵ ist der brechende Winkel des Prismas (Bild 5-2). Die Winkeldispersion $\frac{d\varphi}{d\lambda}$ folgt aus (5-1) zu

$$\frac{d\varphi}{d\lambda} = \frac{2 \cdot \sin \epsilon/2}{\sqrt{1-(n \cdot \sin \epsilon/2)^2}} \cdot \frac{dn}{d\lambda}\,. \tag{5-2}$$

Nun ist in erster Näherung $n(\lambda) \sim \frac{1}{\lambda^2}$ und $\frac{dn}{d\lambda} \sim \frac{1}{\lambda^3}$.

Die Winkeldispersion nimmt also mit abnehmender Wellenlänge zu (Bild 5-3).

Das Auflösungsvermögen des Prismas ist

$$\frac{\lambda}{\delta\lambda} = B \cdot \frac{dn}{d\lambda} = A\,. \tag{5-3}$$

B ist die Breite des Prismas (Bild 5-1), $\delta\lambda$ der spektrale Abstand der Maxima zweier benachbarter Linien mit den Wellenlängen λ und $\lambda + \delta\lambda$. Wegen ihrer Halbwertsbreite überlappen sich die Linien. Als getrennte Linien lassen sie sich erfassen, wenn $\delta\lambda$ größer ist als die Halbwertsbreiten.

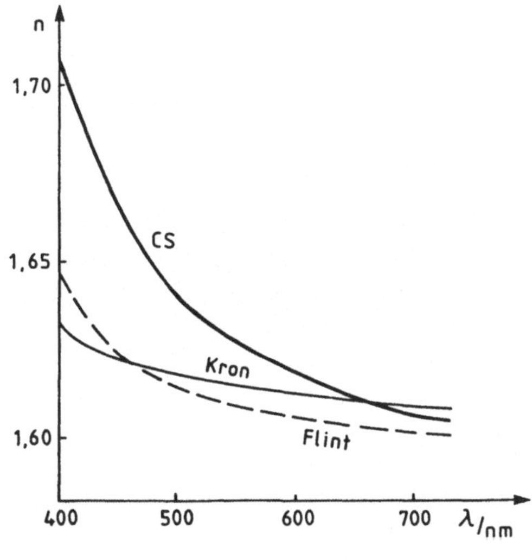

Bild 5-3
$n(\lambda)$ zum Ablesen von $\frac{dn}{d\lambda}$

Die Auflösung ist um so besser, je breiter die Basis des Prismas ist. Große Werte von B erhöhen das Auflösungsvermögen. Doch sind hier durch die Apparatur Grenzen gesetzt. Das Auflösungsvermögen ist für kleine Wellenlängen besser als für große: $\frac{dn}{d\lambda} \sim \frac{1}{\lambda^3}$.

Für ein Prisma der Breite B = 0,1 m aus Schwer-Kron SK1 und Flint F3 soll das Auflösungsvermögen und die zu trennenden Wellenlängen berechnet werden. Tabelle 5-1 gibt folgende Brechungszahlen für die beiden Glassorten und die dazu gehörigen Werte der Wellenlängen zweier Fraunhofer-Linien.

Tabelle 5-1 Brechungszahlen für zwei Wellenlängen

Glassorte	Linie E, Eisen	Linie F, H_β
	n (λ) für 527 nm	n (λ) für 486,1 nm
Schwer-Kron SK1	1,61418	1,61778
Flint F3	1,61898	1,62464

Daraus folgt für λ = 507 nm (Mittelwert):

Schwer-Kron-SK1: $\frac{\lambda}{\delta\lambda} = B \cdot \frac{dn}{d\lambda} \approx 8800$,

Flint F3: $\frac{\lambda}{\delta\lambda} = B \cdot \frac{dn}{d\lambda} \approx 14\,000$.

Für δλ, den eben noch meßbaren Abstand zweier Wellenlängen im Bereich 507 nm, ergibt sich:

Schwer-Kron-SK1: $\delta\lambda = \frac{\lambda}{A} = \frac{507}{8800}\,\text{nm} = 0{,}058\,\text{nm}$

Flint F3: $\delta\lambda = \frac{\lambda}{A} = \frac{507}{14\,000}\,\text{nm} = 0{,}036\,\text{nm}$

Beim Prisma wirken unendlich viele Strahlen miteinander zur Erzeugung eines Spektrums.

5.2.2 Das Beugungsgitter

Beim Gitter kommen so viele Strahlen zur Interferenz, wie es Öffnungen bzw. Furchen gibt. Das Gitter kann als *Durchlaß-* oder *Reflexionsgitter* benutzt werden. Es sei g die Gitterkonstante, k die Ordnung des Spektrums, φ_e der Eintrittswinkel und φ_a der Austrittswinkel (Bild 5-4). Dann gilt für die k-te Ordnung des Spektrums

$$g \cdot (\sin \varphi_e + \sin \varphi_a) = k \cdot \lambda\,. \tag{5-4}$$

Daraus folgt für die Winkeldispersion (bei festem φ_e)

$$\frac{d\varphi}{d\lambda} = \frac{k}{g \cdot \cos \varphi_a}\,. \tag{5-5}$$

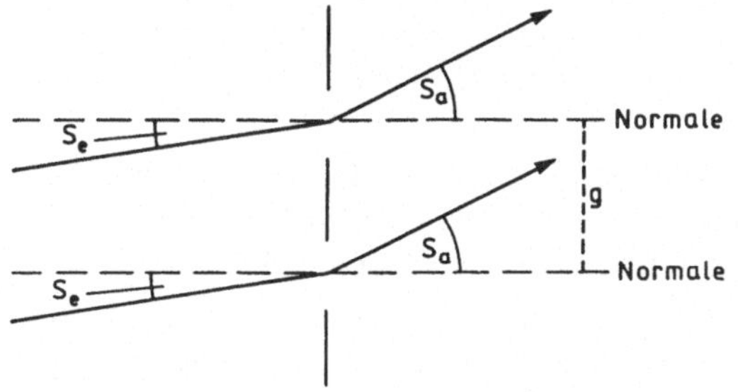

Bild 5-4
Erzeugung eines Spektrums beim Beugungsgitter

Sie ist um so größer, je größer k und je kleiner g ist. Eine (relativ) schwache Abhängigkeit von der Wellenlänge ergibt sich durch den Faktor $\frac{1}{\cos \varphi_a}$. Er beträgt für sichtbares Licht von $\lambda_{violett} = 400$ nm bis $\lambda_{rot} = 750$ nm und $g = 2{,}5 \cdot 10^{-6}$ m etwa 4 % im ersten Spektrum und 20 % im zweiten Spektrum.

Die maximale Ordnungszahl ist

$$k_{max} = \frac{2 \cdot g}{\lambda} . \tag{5-6}$$

Für 500 nm und $g = 2{,}5 \cdot 10^{-6}$ m erhält man

$$k_{max} = 10 .$$

Diese Zahl darf nicht verwirren. In der praktischen Arbeit benutzt man meistens die Spektren 1. oder 2. Ordnung. Schon im zweiten Spektrum ergibt sich eine erste Überlagerung vom Rot des 2. Spektrums mit dem Violett des 3. Spektrums. Bei $g = 2{,}5 \cdot 10^{-6}$ m und $\varphi_e = 0$ gilt:

$$\sin \varphi_{rot} = \frac{2 \cdot 750 \cdot 10^{-9}\,\text{m}}{2{,}5 \cdot 10^{-6}\,\text{m}} = 0{,}6 , \qquad \varphi_{rot} = 36{,}9^\circ ,$$

$$\sin \varphi_{viol.} = \frac{3 \cdot 400 \cdot 10^{-9}\,\text{m}}{2{,}5 \cdot 10^{-6}\,\text{m}} = 0{,}48 , \qquad \varphi_{viol.} = 28{,}7^\circ .$$

Das Auflösungsvermögen des Gitters ist

$$A = \frac{\lambda}{\delta\lambda} = k \cdot N . \tag{5-7}$$

N ist die Gesamtzahl der Öffnungen. Mit einem 5 cm breiten, voll ausgenutzten Gitter und 5 000 Öffnungen je cm ist das Auflösungsvermögen in 2. Ordnung

$$A = 2 \cdot 25\,000 = 50\,000 .$$

Man erreicht heute in der 2. Ordnung ein Auflösungsvermögen von 200 000 und etwas mehr. Für 500 nm ergibt sich für A = 50 000 und A = 200 000 der eben noch trennbare Wellenlängenbereich

$$\delta\lambda = \frac{500\ \text{nm}}{50\,000} = 0{,}01\ \text{nm}$$

bzw.

$$\delta\lambda = \frac{500 \text{ nm}}{200\,000} = 0{,}0025 \text{ nm} .$$

Die Güte eines Gitters hängt nicht alleine von der Strichzahl je cm und der Gesamtzahl der Striche ab. Wesentlich ist die gleichmäßige Durchführung der Striche und ihr regelmäßiger Abstand. Fehler in diesen Richtungen führen zu unerwünschten Interferenzen.

Die bisherigen Überlegungen gelten für den Fall, daß die Gitterkonstante g aus zwei Teilen besteht, dem durchsichtigen oder reflektierenden Teil b und dem undurchlässigen Teil $g - b$. Die Gestalt von b spielte für die bisherige Theorie keine Rolle. Nun hat *R. W. Wood* schon vor dem ersten Weltkrieg den Einfluß der eingeritzten Furchenform untersucht. Heute ist man technisch so weit, daß man durch saubere Gestaltung der ausgewählten Furchen die Energie fast ganz in eine Richtung lenken kann. Man kann z.B. in ein Metall Furchen von Dreiecksform einbringen (Bild 5-5). Die Gitternormale sei N_G, die Normale zur spiegelnden Fläche sei N_F. Der Winkel zwischen beiden Normalen sei ϑ. Geben alle spiegelnden Flächen eine regelmäßige Reflexion, so daß Einfalls- und Reflexionswinkel für N_F übereinstimmen, dann spricht man von einem *Blaze-Gitter* (Blaze = Glanz). Dient die kürzere Fläche des Gitters als reflektierende Schicht, ist also $\vartheta > 45°$, so liegt ein *Echelle-Gitter* vor. Liegt das einfallende Licht in der Richtung von N_F, spricht man von einer *Littrow-Aufstellung*.

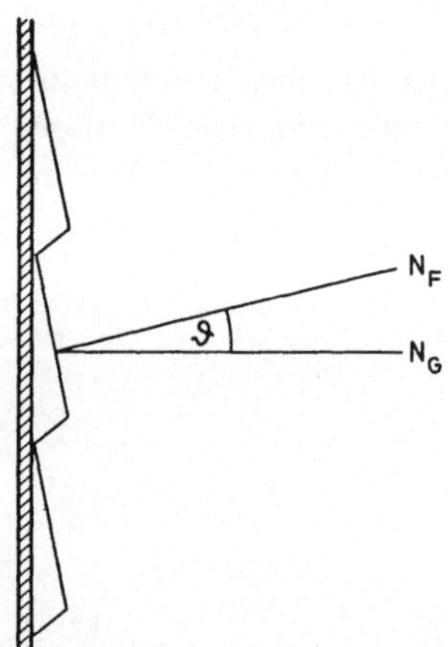

Bild 5-5
Ein Furchengitter

5.2.3 Fourier-Spektroskopie

Bei dem *Michelson-Interferometer* wirken zwei Strahlen aufeinander. Einer wird an einem festen Spiegel, der andere an einem beweglichen Spiegel reflektiert, der zum ersten senkrecht steht. Die Bildung der beiden Strahlen erfolgt durch einen Strahlenteiler (Bild 5-6).

Die Bewegung des Spiegels wird mechanisch betrieben. Sie muß auf Bruchteile einer Wellenlänge genau durchgeführt werden. Gelegentlich wird die Genauigkeit mit Hilfe

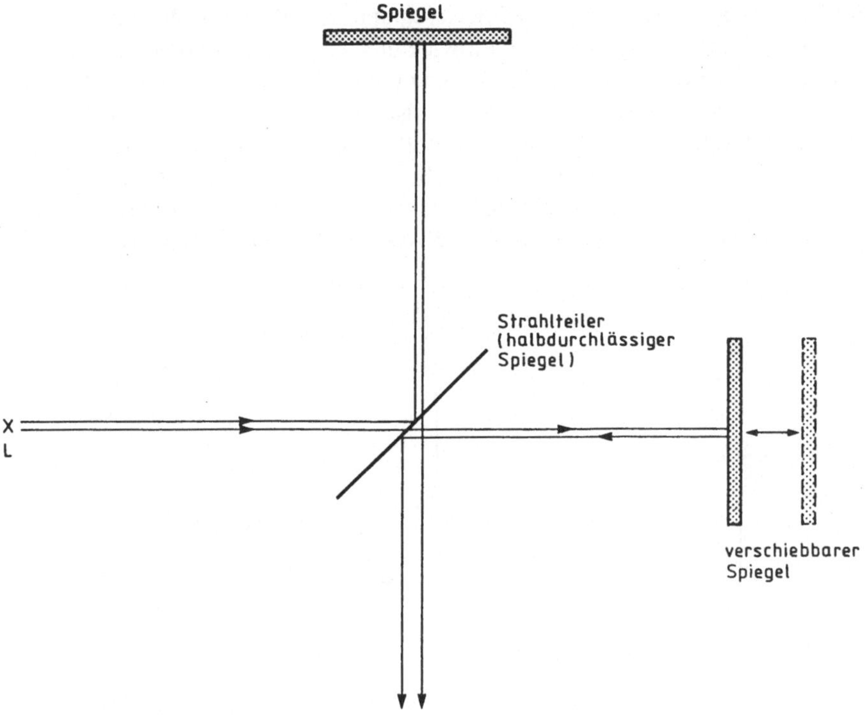

Bild 5-6 Ein Michelson-Interferometer

eines Lasers überprüft. Die Bewegung des Spiegels und das jeweils beobachtete Interferogramm werden einem Rechner zugeführt. In einem Schreiber werden die auftretenden Frequenzen, d.h. das Spektrum, aufgezeichnet. Die spektrale Auflösung ist

$$\frac{\lambda}{\delta\lambda} = A = \frac{2 \cdot l}{\lambda}, \tag{5-8}$$

wenn l die maximale Verschiebung des beweglichen Spiegels ist. Das Interferogramm wird in vielen einzelnen Schritten bei der jeweiligen Stellung des beweglichen Spiegels aufgenommen.

Dann folgt die *Fourier-Rücktransformation* des beobachteten Interferogramms in das in der angebotenen Strahlung enthaltene Spektrum. Bei einer monochromatischen Strahlung mit der festen Wellenlänge λ_0 besteht das Interferogramm in Abhängigkeit von der Verschiebung x aus einer Folge von $\cos^2$-Funktionen (Bild 5-7).

Bei der Messung eines ausgedehnteren Spektrums in den notwendigen vielen Schritten mit dem Abstand Δl des beweglichen Spiegels erhält man durch die Rücktransformation des Interferogramms eine Reihe von Spektren. Das mit der untersuchten Strahlung vorliegende Spektrum muß der richtigen Wellenlänge entsprechend ausgewählt werden (Bild 5-8).

Rubens und *Wood* haben 1911 ein erstes Interferogramm bei der Untersuchung einer infraroten Quelle aufgenommen. Die gute Entwicklung der Spektroskopie mit Gittern und das Fehlen von Rechnern hat die Entwicklung der Michelson-Interferometrie verzögert. 1951 hat *P. Fellgett* das Problem wieder aufgegriffen und auf wesentliche Vorteile der Michelson-Interferometrie verwiesen. *J. und P. Connes* haben mit dieser Methode helle astronomische Objekte untersucht und z.B. 1966 ein Venusspektrum zwischen 1,535 nm und 1,540 nm mit einer Auflösung von etwa 10^5 gewonnen. In diesem schmalen Bereich sind zahlreiche Linien aus den CO_2-Banden mit vielen Einzelheiten zu sehen (Bild 5-9).

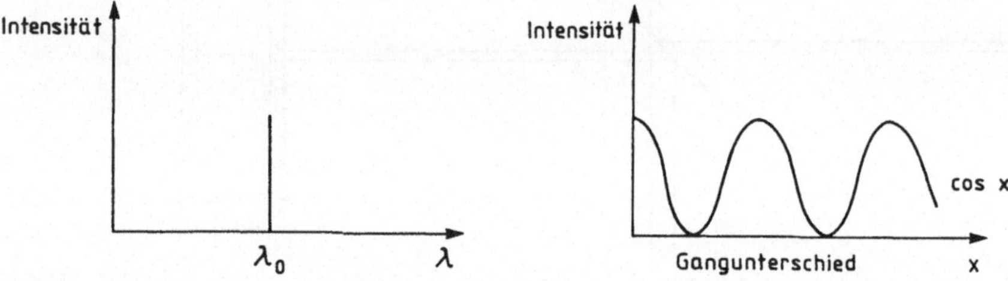

Bild 5-7 Monochromatische Strahlung (links) und das zugehörige durch das Michelson-Interferometer erzeugte Interferogramm (rechts)

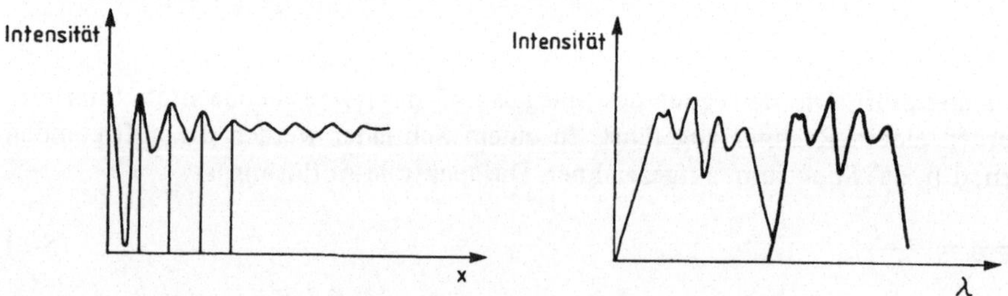

Bild 5-8 Darstellung eines Spektrums durch das Michelson-Interferometer

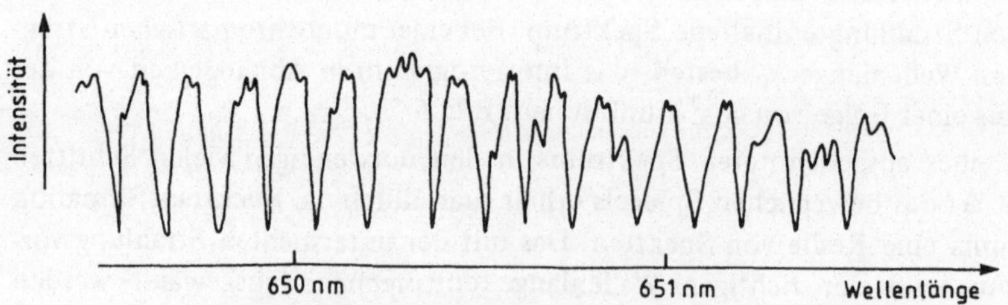

Bild 5-9 Ausschnitt aus dem CO_2-Spektrum zwischen 1,535 nm und 1,540 nm

5.2.4 Das Fabry-Perot-Interferometer

Das *Fabry-Perot-Interferometer* besteht aus zwei Quarz- (oder Glas-) Platten, deren Innenflächen stark reflektieren und zueinander parallel liegen (Bild 5-10). An den Innenflächen findet eine vielfache Reflexion statt. Die durchgelassenen Strahlen werden durch ein Linsensystem in der Fokalebene vereinigt. Treffen die Strahlen von einer ausgedehnten Lichtquelle so auf das Interferometer, daß Rotationssymmetrie besteht, so ergibt sich als Interferenzmuster ein System von Kreisen. Die Kreise nähern sich mit wachsendem Abstand vom Zentrum einander an (Bild 5-11).

Der Gangunterschied zwischen zwei aufeinander folgenden Wellenzügen ist

$$\delta = \frac{4 \cdot \pi}{\lambda} \cdot n \cdot d \cdot \cos \beta \,. \tag{5-9}$$

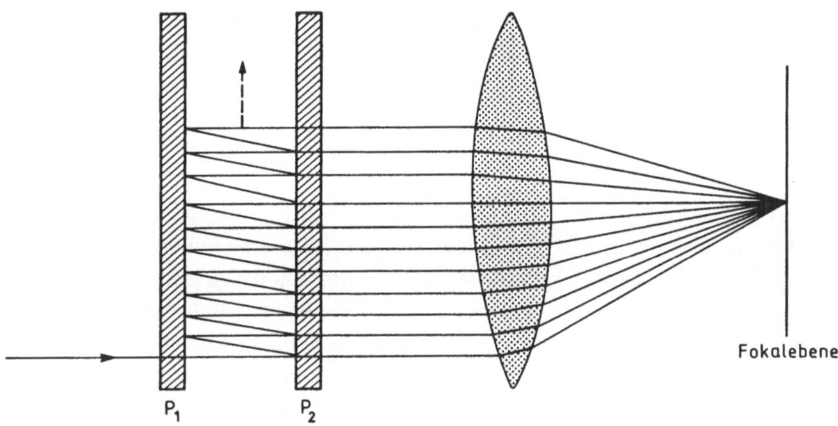

Bild 5-10 Strahlengang im Fabry-Perot-Interferometer

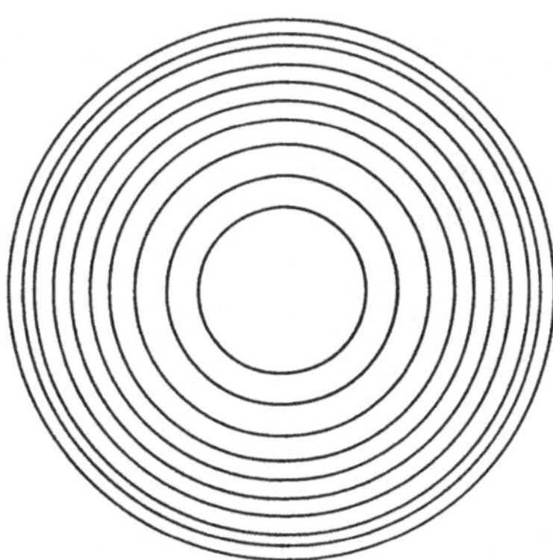

Bild 5-11
Interferenzmuster beim Fabry-Perot-Interferometer

Er ist gleich 2π oder ein ganzzahliges Vielfaches von 2π, wenn

$$\cos\beta = k \cdot \frac{\lambda}{2 \cdot n \cdot d}, \tag{5-10}$$

wobei k eine ganze Zahl ist. So findet man beispielsweise für $\lambda = 656{,}3$ nm (H_α-Linie), $d \approx 0{,}5 \cdot 10^{-3}$ m und $n \approx 1$ für den innersten Ring $k = \frac{2 \cdot n \cdot d}{\lambda} = \frac{2 \cdot 0{,}5 \cdot 10^{-3}}{656{,}3 \cdot 10^{-9}} \approx 1523$. Der Winkel β beträgt etwa 1,73°. Der 10. Ring hat die Ordnung 1514. Der zugehörige Winkel ist 6,47°.

Bei wachsendem Abstand d entstehen in der Mitte immer neue Kreise, deren Radien sich vergrößern.

Ein Fabry-Perot-Interferogramm ist geeignet zur Untersuchung ausgedehnter Quellen, die Licht emittieren. Emissionsgebiete von H_α sind ein bevorzugtes Gebiet.

Wenn $k \cdot \lambda_1 = (k+1) \cdot \lambda_2$ ist, so gilt $k(\lambda_1 - \lambda_2) = \lambda_2$ oder

$$\delta\lambda = \frac{\lambda_2}{k}. \tag{5-11}$$

Ist β sehr klein, so hat man die Beziehung

$$\delta\lambda = \frac{\lambda^2}{2 \cdot n \cdot d}. \tag{5-12}$$

Man kann mit dieser Beziehung Wellenlängendifferenzen mit großer Genauigkeit ausmessen. Man zählt die Ordnungen ab, bei denen es zum Zusammenfallen zweier Interferenzringe kommt. Wenn man das Licht so zerlegt und nur einen Teil dem Fabry-Perot-Interferometer zuführt, so daß man innerhalb von $\delta\lambda$ bleibt, hat man Spektren ohne Störungen. Die Vorzerlegung kann mit einem Prisma, einem Gitter oder sehr zweckmäßig mit einem zweiten Fabry-Perot-Filter vorgenommen werden. Dieses muß einen kleineren Plattenabstand haben.

Das Auflösungsvermögen des Fabry-Perot-Interferometers ist

$$\frac{\lambda}{\delta\lambda} = \frac{4\pi n \cdot d}{(1-r) \cdot \lambda}. \tag{5-13}$$

Für das Reflexionsvermögen $r = 0{,}95$, $d = 1$ mm, $n = 1$ und $\lambda = 500$ nm ergibt sich

$$A = \frac{\lambda}{\delta\lambda} \approx 500\,000.$$

Das sind Werte, die mit einem Prismen- oder Gitterspektrographen nicht erreicht werden können. Mit wachsendem d wird das Auflösungsvermögen größer.

5.3 Anordnungen zur Aufnahme von Spektren

5.3.1 Das Objektivprisma

Setzt man vor das Objektiv eines Fernrohres ein Prisma, das das Objektiv abdeckt und einen meist kleinen brechenden Winkel besitzt, so hat man eine recht einfache Einrichtung für die Aufnahme von Spektren aller Objekte, die vom Fernrohr erfaßt werden. In der Fokalebene entstehen die Spektren, deren Dispersion d von der Wirkung des Prismas nach Gl. (5-2) und von der Brennweite f des Fernrohrs abhängen:

$$d = f \cdot \frac{d\varphi}{dn} . \tag{5-14}$$

Die Länge eines Spektrums, l_{Sp}, liegt in der Größenordnung von einigen Zentimetern. Die Theorie ergibt

$$l_{Sp} = \frac{2 \cdot f \cdot \sin \epsilon/2}{\sqrt{1 - \bar{n}^2 \sin^2 \epsilon/2}} \cdot \Delta n . \tag{5-15}$$

Hierbei ist Δn die Differenz der Brechungszahlen von den Wellenlängen, die noch aufgenommen werden sollen. $\bar{n}$ ist der mittlere Brechungsindex. Für ein Fernrohr der Brennweite $f = 2{,}5$ m erhält man mit einem Prisma, das aus Flintglas besteht und den brechenden Winkel $\epsilon = 20°$ besitzt und das ein Spektrum von der H_β-Linie bis zu den Calciumlinien erzeugen soll

$$l_{Sp} = \frac{2 \cdot 2{,}50 \cdot \sin 10°}{\sqrt{1 - (1{,}63491 \cdot \sin 10°)^2}} \cdot 0{,}02054 \text{ m} = 0{,}0186 \text{ m} = 1{,}86 \text{ cm} .$$

($n_{Ca} = 1{,}64518$; $n_{H_\beta} = 1{,}62464$)

Die Spektren müssen verbreitert werden. Man legt z.B. die brechende Kante des Prismas parallel zum Äquator, schaltet die Nachführung aus und läßt im Sucher einen Stern zwischen zwei Marken laufen. Hat er die zweite Marke erreicht, führt man ihn auf die erste zurück und wiederholt das Verfahren. Mit einem Frequenzwandler kann man das Spektrum langsam in Rektaszension wandern lassen, wenn man die Frequenz für die richtige Nachführung ein wenig ändert (Bild 5-12).

Objektivprismen-Aufnahmen können zur schnellen Klassifizierung nach Spektralklassen dienen. Für statistische Zwecke kann man mit Aufnahmen durch ein Objektivprisma auch Radialgeschwindigkeiten messen. Bei späten Spektraltypen liegt die Meßgenauigkeit in der Nähe von 4 km s^{-1}. Für frühe Spektraltypen ist sie wesentlich schlechter.

5.3.2 Spektralapparate mit Spalt

Spektralapparate mit Spalt erfassen immer nur ein Objekt oder Teile eines Objektes. Durch ein Objektiv wird eine Abbildung auf einen Spalt erzeugt. Ein Kollimator macht das Licht vom Spalt parallel. Dieses Licht wird durch ein Prisma, einen Satz von Prismen oder ein Gitter spektral zerlegt. Schließlich wird das Spektrum durch eine Kamera aufgenommen (Bild 5-13) oder auf andere Weise untersucht.

Die Belichtungszeit hängt natürlich von der Helligkeit des Objektes, der benutzten Optik, der Spaltbreite und dem Filmmaterial ab.

Die Zahl der Untersuchungen mit Spaltspektrographen und Spaltspektroskopen ist außerordentlich groß. Der Leser muß sich im folgenden mit wenigen Beispielen begnügen.

Bild 5-12 Objektivprimenaufnahme eines Himmelsareals im Sternbild Schwan. Die meisten Sterne zeigen Absorptionslinien. In der unteren Mitte des Bildes sind jedoch auch zwei Sterne mit hellen Emissionslinien erkennbar.

Die Spektren sind so orientiert, daß das kurzwellige Ende links, das langwellige rechts liegt. Norden ist rechts.

(Aufnahme mit dem 30 mm-Schmidt-Teleskop des Observatoriums Hoher List der Universitätssternwarte Bonn)

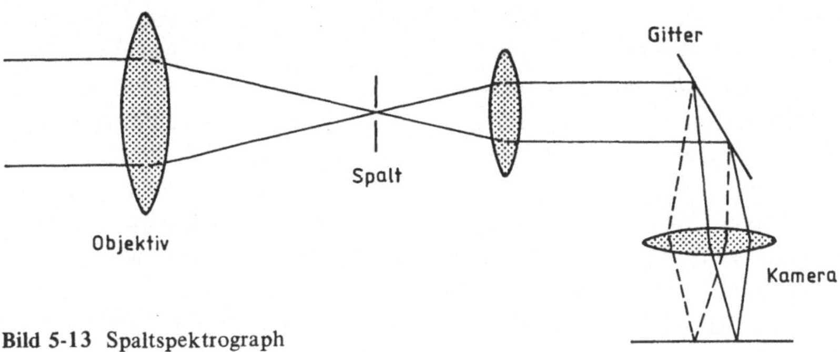

Bild 5-13 Spaltspektrograph

5.4 Verschiedene Aufgaben der Spektralanalyse

5.4.1 Chemische Zusammensetzung der Himmelskörper

Bunsens Überlegungen, daß man die chemische Zusammensetzung der Himmelskörper untersuchen könnte, ist bestätigt worden.

Man hat gut 30 % der 92 Elemente im Periodensystem von *Meyer* und *Mendelejeff* auf Objekten im Weltall nachgewiesen. Auf der Sonne sind es rund 70 %. Man muß einen qualitativen von einem quantitativen Nachweis unterscheiden. Allein die Frage nach der Existenz eines Atoms oder Moleküls ist manchmal recht schwierig zu beantworten. Man braucht aus Versuchen im irdischen Laboratorium die Linienspektren aller Atome und Ionen und die Linien- und Bandenspektren vieler Moleküle. Dazu kommt in der astronomischen Spektroskopie ein Vergleichsspektrum, etwa das des Eisens, das zur Bestimmung der Wellenlängen der beobachteten Linien erforderlich ist.

Natürlich ist es bei einigen Atomen und Molekülen leicht, ihre Existenz in Sternatmosphären, Emissionsnebeln, Galaxien, Kometenköpfen und Kometenschweifen usw. festzustellen. Mittlerweile kennt man die Linien und Linienkombinationen einiger Atome so gut, daß oft ein Blick genügt, um festzustellen, daß Wasserstoff, Calcium, Eisen und einige andere Elemente vorhanden sind. Dann aber beginnen Schwierigkeiten. Sternspektren, die Linien eines Emissionsnebels, das Spektrum einer Galaxie u.a. zeigen bestenfalls einige 100 Linien. Dadurch beschränkt sich der Nachweis von Atomen, Ionen oder Molekülen auf wenige Beispiele aus der Fülle der in der Natur vorkommenden Stoffe. Bei Objektivprismenaufnahmen, die oft zur Klassifizierung von Sternen herangezogen werden, ist man auf wenige Linien angewiesen. Diese müssen zur eindeutigen Einordnung genügen. Zur Klassifizierung und Einordnung in das *Hertzsprung-Russel-Diagramm* werden die folgenden Atome und auch Ionen benutzt: H, He, C, N, O, Si, Na, Mg, Ca, Ba, Fe, Ti. Dazu kommen die Moleküle CH, CN, CO, TiO, ZrO, YO, LaO. Insgesamt spielen etwa 16 % der Elemente bei der Einordnung – auch von besonderen Typen – eine Rolle.

Für eine quantitative Analyse braucht man gute Spaltspektrographen und weit mehr Informationen, als sie ein Objektivprisma liefert. Dazu kommt ein Wechselspiel zwischen Beobachtung und Theorie. Man muß aus einer Grobanalyse eines Spektrums (Energieverteilung im Spektrum, etwa durch Farbindizes – Abschnitt 4.2 –, Feststellung einiger Linien und ihre Intensitätsverteilung) auf die chemische Häufigkeit der Elemente, die effektive Temperatur in der Sternatmosphäre und die Schwerebeschleunigung an der Sternoberfläche schließen. Man berechnet dann für eine Modellatmosphäre mit angenommener chemischer Zusammensetzung, effektiver Oberflächentemperatur T_{eff} und der Schwerebeschleunigung g die Stärke und das Linienprofil vieler Linien. Ein Vergleich mit der Beobachtung zeigt Übereinstimmung und Unterschiede mit der Theorie. Veränderungen in den drei Parametern führen dann zu besseren Werten beim Vergleich.

Das liest sich leicht. In Wirklichkeit ist eine sehr umfangreiche und langwierige Arbeit mit der quantitativen Analyse eines Sternspektrums verbunden. Man kann z.B. nicht einen festen Wert für die Temperatur der Atmosphäre annehmen. Die Temperatur ändert sich in der Photosphäre eines Sterns. Bei der Sonne muß man z.B. mit Temperaturen zwischen etwa 7200 K und 4600 K rechnen. Die Photosphäre wird in Schichten gleicher Temperatur eingeteilt. Man arbeitet mit dem lokalen thermodynamischen Gleichgewicht (LTE) und berechnet die Äquivalentbreiten und Linienprofils vieler Linien (Bild 5-14). Dazu kommen Werte für den Gasdruck, den Elektronendruck, die Dichte, den kontinuierlichen Absorptionskoeffizienten, den Linienabsorptionskoeffizienten, die Ionisationsstufen. Dabei sind Rotationen des Sterns, Turbulenzen in der Atmosphäre, elektrische und magnetische Felder noch gar nicht berücksichtigt. Bei diesem vielschichtigen Problem ist es kein Wunder, wenn trotz schneller Rechner nur wenige Sterne gut untersucht sind. Tabelle 5-2 gibt einen kurzen Überblick über die Häufigkeit der Elemente. Angegeben ist der Logarithmus der Anzahl n von Atomen eines bestimmten Elements in einem bestimmten Volumen, lg n (Element). Gewählt wurde dazu das Volumen, in welchem lg n (H) = 12 ist.

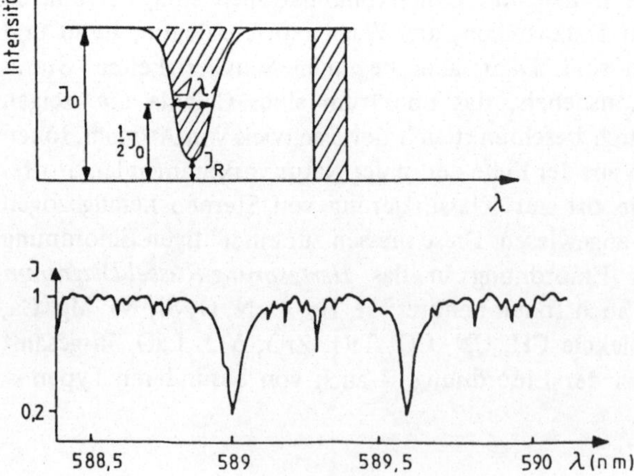

Bild 5-14
Äquivalentbreite und ein Linienprofil

Tabelle 5-2 Häufigkeit n einiger Elemente. Gegeben sind die Logarithmen der Atomzahlen mit lg n (H) = 12

Element	Hauptreihensterne			Supergigant	Schnelläufer
	Sonne G2V	Lyrae A0V	Sco B0V	Cyg A2Ia	HD 161 817
H	12,0	12,0	12,0	12,0	12,0
He	11,0	11,4	11,0	11,6	–
C	8,6	–	8,1	8,2	7,5
N	7,9	8,7	8,3	9,3	–
O	8,9	9,2	8,7	9,2	7,9
Na	6,3	6,9	–	–	5,0
Mg	7,5	7,4	7,5	7,9	6,6
Si	7,6	7,6	7,6	8,0	6,3
S	7,2	–	7,2	–	–
Ca	6,4	6,1	–	6,7	5,1
Ti	4,6	4,3	–	5,0	3,8
Fe	7,6	7,3	7,3	7,6	6,0
Co	4,6	–	–	4,8	3,4
Ni	6,4	–	–	–	4,7

Für einige wichtige Elemente auf der Sonne sind in Tabelle 5-3 Zahlen gegeben, die sich auf ein Volumen mit 10^6 H-Atomen beziehen.

Tabelle 5-3 Absolute Zahlen für einige Elemente auf der Sonne

Element	H	He	C	N	O	Na	Mg	Ca	Fe
Zahlen für $n(H) = 10^6$	10^6	63 000	400	79	790	2	32	2,5	4

Auf der Sonne sind von den ersten 92 Elementen des Periodischen Systems 63 nachgewiesen worden. Einige sehr seltene Elemente wie Bi und U und andere mit hohen Anregungsenergien wie Ar, Hg, Ne fehlen in der Liste. Da ein Sonnenspektrum viele Meter lang sein kann, bietet es die besten Möglichkeiten zur Untersuchung. Wichtig sind hier die *Rowland-Tafeln*. In ihnen sind für den Bereich von 293,5 nm bis 877,0 nm 22 000 Linien mit einer Genauigkeit von 0,0001 nm angegeben.

Sehr wichtig für die Erforschung des Weltalls sind die Spektren im Ultravioletten und Röntgengebiet und die Aufnahme von Linien im Infraroten und Radiobereich. Auf einige Fragen aus diesem Gebiet wird in Kapitel 6 eingegangen.

5.4.2 Spektroskopische Bestimmung der absoluten Helligkeiten und der Entfernungen

Die Entfernung r eines Sterns läßt sich bestimmen, wenn man seine scheinbare und absolute Helligkeit gemessen hat. Nach der Beziehung (4-6) ergibt sich

$$\lg r = 0{,}2\,(m - M) + 1 \; . \tag{5-16}$$

Hierbei ist von einer interstellaren Absorption abgesehen. r ist in pc zu messen. Da die scheinbare Helligkeit m leicht zu bestimmen ist, fehlt nur die absolute Helligkeit M. 1914 stellten *Adams* und *Kohlschütter* Kriterien auf, um die absolute Helligkeit von

Sternen zu ermitteln. Für mittlere und späte Spektralklassen stellten sie fest, daß die absolut hellen Sterne im Vergleich zu den absolut schwächeren Sternen ein schwächeres Kontinuum besitzen. Für frühe Spektraltypen schien es umgekehrt zu sein. Doch hat sich diese Feststellung für die Bestimmung einzelner absoluter Helligkeiten nicht bewährt.

Viel besser für die Bestimmung individueller absoluter Helligkeiten haben sich die *Kriterien für das Linienspektrum* erwiesen. In Sternen der Hauptreihe herrscht in der Atmosphäre ein wesentlich größerer Druck als bei Riesensternen des gleichen Spektraltyps. Gern werden hier die Sonne und Capella angeführt, die beide der Spektralklasse G angehören (Sonne: G2V, der Hauptstern von Capella: G5III). Das Verhältnis der Massen ist $m_\odot : m_{Cap} = 1:4$. Das Verhältnis der Radien ist $R_\odot : R_{Cap} = 1:16$. Daraus folgt für das Verhältnis der Gravitationsbeschleunigungen $g = G \cdot m/R^2$ an den Oberflächen

$$\frac{g_\odot}{g_{Cap}} = \frac{m_\odot / m_{Cap}}{(R_\odot / R_{Cap})^2} = 64 . \tag{5-17}$$

Der geringfügige Temperaturunterschied spielt keine große Rolle. Der Faktor $T_\odot / T_{Cap}$ ist etwa $5800/4700 = 1{,}2$.

Es folgt also, daß auf der Sonne in einer Säule, die das Licht aus der Photosphäre durchsetzt, die neutralen Atome und auch freie Elektronen dichter gepackt sind als bei Capella. Die Absorptionslinien der meisten neutralen Atome sind auf der Sonne stärker als die Linien ionisierter Atome. Im Spektrum von Capella ist es oft umgekehrt. Man wählt nun Linien aus, die nach Laboratoriumsversuchen besonders empfindlich sind gegen Druck und Temperatur. Erfahrungen und Versuche haben zum Vergleich einiger Linien geführt, deren Intensitätsverhältnis bei einem bestimmten Spektraltyp mit guter Sicherheit zur Bestimmung der absoluten Helligkeit führt. Die Genauigkeit liegt etwa bei $\pm 0\overset{m}{,}50$. Bild 5-15 zeigt für verschiedene Werte der Intensitätsverhältnisse der Linien von Sr II mit 421,5 nm und Fe I mit 426,0 nm die zugehörigen Werte der absoluten Helligkeit.

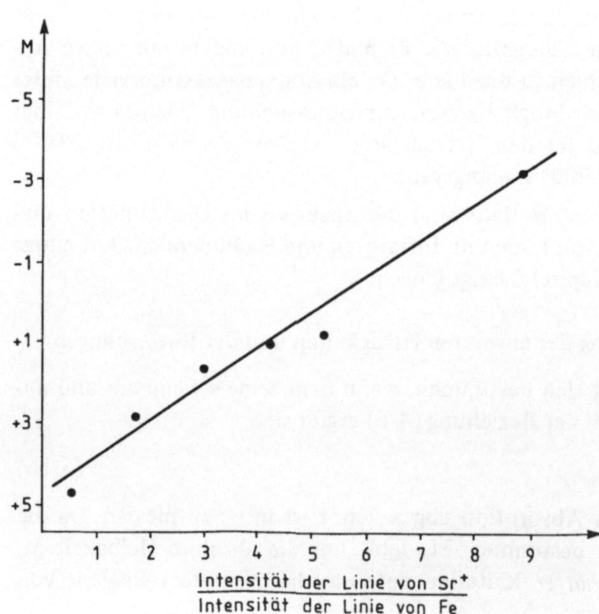

Bild 5-15
Zusammenhang zwischen dem Intensitätsverhältnis der Linien von Sr^+: $\lambda = 421{,}5$ nm und Eisen: $\lambda = 460{,}0$ nm und der absoluten Helligkeit

Die Entfernungen, die man aus absoluten Helligkeiten ermittelt, nennt man *spektroskopische Parallaxen.* Ihre Werte lassen sich im Vergleich mit den *trigonometrischen Parallaxen* sehr schnell bestimmen. Die Genauigkeit liegt bei 15 %. Die ermittelten Entfernungen liegen weit über den Werten, die durch trigonometrische Parallaxenbestimmung gemessen werden können. Die Grenze der trigonometrischen Parallaxe liegt etwa bei 0,"03. Das entspricht einem Abstand von 33 pc. Alle übrigen trigonometrisch bestimmten Werte mit $\pi'' < 0{,}''03$ sind recht ungenau.

5.4.3 Doppler-Effekt

Verschiebungen von Absorptions- und Emissionslinien in einem Spektrum lassen in den weitaus meisten Fällen auf eine Bewegung in radialer Richtung schließen. Von einer Gravitationsrotverschiebung soll hier abgesehen werden (Abschnitt 1.8, Beispiel 2).

Für kleine Radialgeschwindigkeiten gilt

$$z = \frac{\lambda - \lambda_0}{\lambda_0} = \frac{\Delta\lambda}{\lambda_0} = \frac{v_r}{c}\,. \tag{5-18}$$

v_r ist positiv für eine wachsende Entfernung, negativ für eine Annäherung. Die Beziehung (5-18) führt zu einem Fehler von 5,5 % für $v_r = 0{,}1$ c. Ist v_r größer als 0,1 c, muß man die relativistische Beziehung

$$z = \frac{\Delta\lambda}{\lambda_0} = \sqrt{\frac{1 + v_{r/c}}{1 - v_{r/c}}} - 1 \tag{5-19}$$

benutzen.

1963 konnte *M. Schmidt* bei drei Emissionslinien von 3 C 273 mit den Wellenlängen 563 nm, 503 nm und 475 nm feststellen, daß sie die verschobenen Linien H_β mit 486,1 nm, H_γ mit 434 nm und H_δ mit 410,1 nm sind. Für die Rotverschiebung z erhält man

$$z \approx \frac{563 - 486{,}1}{486{,}1} \approx \frac{503 - 434}{434} \approx \frac{475 - 410{,}2}{410{,}2} \approx 0{,}158\,.$$

Aus (5-19) folgt

$$v_r \approx 0{,}148\ c \approx 43\,800\ \text{km s}^{-1}\,.$$

Im gleichen Jahr wurde für 3 C 48 ein z-Wert von 0,367 bestimmt. Dieser führ zu

$$v_r \approx 0{,}303\ c \approx 90\,800\ \text{km s}^{-1}\,.$$

1982 konnte das Spektrum eines Sterns der 19. Größe aufgenommen werden, nachdem Positionsmessungen im Radiobereich, die sich über 6 Jahre erstreckten, eine Identifizierung zwischen der Radioquelle und dem Stern ermöglichten. Als Doppler-Verschiebung ergab sich z = 3,78, ein Wert, der zur Zeit noch nicht überschritten ist. Für die Fluchtgeschwindigkeit findet man

$$v_r \approx 0{,}916 \cdot c \approx 275\,000\ \text{km s}^{-1}\,.$$

Unter bestimmten Voraussetzungen über die Hubble-Konstante H_0 und den Beschleunigungsparameter q_0 kommt man zu einer Entfernung von

$$r \approx 4{,}3 \cdot 10^9 \text{ pc} = 4300 \text{ Mpc} .$$

($H_0 = 50$ km s^{-1} Mpc^{-1}; $q_0 = 0{,}1$)

Die größte Rotverschiebung unter den Sternen unseres Milchstraßensystems liegt etwas unter 0,002 mit $v_r = 543$ km s^{-1}. Unter den nächsten Sternen mit $r \leqslant 6{,}6$ pc beträgt die größte Radialgeschwindigkeit +242 km s^{-1} (vielleicht auch 260 km s^{-1}) und die kleinste etwa −1 km s^{-1}. Unter den hellsten Sternen ($m_V \leqslant 2^m\!\!,55$ für δ Leo) findet man den größten Wert für die Radialgeschwindigkeit mit $v_r = +75$ km s^{-1} (α Phe) und den kleinsten mit $v_r = 0$ km s^{-1} (λ Sco).

Objektivprismenspektren gestatten für Sterne vom mittleren und späten Spektraltyp eine Genauigkeit von ±4 km s^{-1}. Höhere Genauigkeiten werden nur mit Aufnahmen durch Spaltspektrographen erreicht. Bei Sternen mit scharfen Linien liegt der Fehler bei 0,5 km s^{-1}. Aus $\Delta\lambda/\lambda_0 = v_r/c$ folgt, daß $\Delta\lambda = 0{,}5/3 \cdot 10^5\, \lambda_0 \approx 0{,}000\,75$ nm für $\lambda_0 = 450$ nm beträgt. Das ist für die Messung in Sternspektren eine erstaunliche Genauigkeit.

Man hat etwa 15 000 Radialgeschwindigkeiten bestimmt. Rund 32 % liegen unter 10 km s^{-1}, 27 % zwischen 10 km s^{-1} und 20 km s^{-1}. Nur 6 % der Sterne haben Radialgeschwindigkeiten über 60 km s^{-1}. Alle Geschwindigkeiten beziehen sich auf die Sonne.

Doppler-Verschiebungen erlauben weit mehr Aussagen als die über Bewegungen von Sternen, Rotation der Milchstraße und anderer Galaxien (Abschnitt 3.8.1), Entfernung von Galaxien und Quasaren. Sie führen zur Auffindung und Untersuchung von spektroskopischen Doppelsternen, zur Feststellung der Rotation schnell rotierender Sterne, zur Druck- und Doppler-Verbreiterung von Spektrallinien, zur Beobachtung interstellarer Linien, der Bewegung einzelner Wolken und einigem mehr.

5.4.4 Spektren und Photometrie

Eine Verbindung zwischen einem Spektrum und der Photometrie bestimmter Teile dieses Spektrums soll den Leser auf die vielfältigen Verflechtungen zwischen den experimentellen Möglichkeiten hinweisen.

Im Spektrum der Sonne und dem vieler Sterne sind die Linien des ionisierten Calciums zu finden. Sie sind in der Spektralklasse K besonders deutlich, treten aber schon bei der Klasse A auf. Die Mitte der Linien von CaII entsteht in den höheren Schichten der Chromosphäre. Je mehr man sich dem Rand der Linie nähert, desto tiefer sieht man in die Atmosphäre hinein (Bild 5-16). Die Emissionen in der Mitte stammen aus den höheren Schichten, die Absorption im innersten Teil aus den höchsten Schichten. CaII-Wolken entwickeln sich vor allem über magnetischen Gebieten, zeigen also die Aktivität der Sonne an.

Man hat seit Mitte der 60er Jahre ein Gerät entwickelt, das die Intensität der beiden Calciumlinien H und K in dem Bereich von 0,1 nm vergleicht mit den 20fach breiteren Gebieten von 2 nm im benachbarten Kontinuum (Bild 5-17). Eine Blende mit vier Schlitzen läßt immer nur das Licht aus einem der vier Gebiete in ein Photometer fallen. Man zählt die Photonen aus den Bereichen der CaII-Linien für sich und aus den beiden

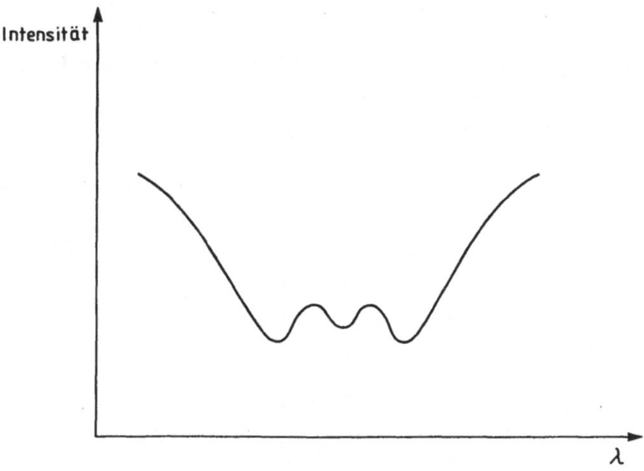

Bild 5-16 Struktur der Linie des CaII im Sonnenspektrum

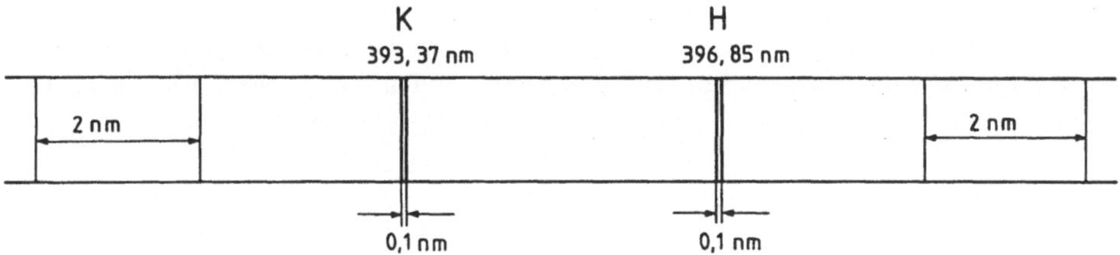

Bild 5-17 Messungen zum H- und K-Fluß im Spektrum eines Sterns

Bereichen des Kontinuums und dividiert beide Werte. So erhält man den *H-K-Fluß*. Für das Sonnenfleckenmaximum zwischen Februar 1968 und Oktober 1970 betrug der Wert 0,178. Im Sonnenfleckenminimum von Januar 1976 bis April 1977 erhielt man 0,164.

In der kurzen Zeit der Beobachtung sind 15 Sterne in der Sonnenumgebung gefunden worden, die einen Aktivitätszyklus zwischen 7 und 14 Jahren aufweisen. Man nimmt an, daß wahrscheinlich mehr als 50 % aller Sterne mit einer Masse kleiner als 1,5 Sonnenmassen eine Aktivität besitzen, die sich periodisch ändert. Weitere Untersuchungen müssen abgewartet werden. Einmal muß man längere Perioden erfassen, zum anderen muß man noch kleinere Schwankungen des Photonenflusses zwischen den H- und K-Linien auf der einen und dem Kontinuum auf der anderen Seite mit Sicherheit bestimmen.

5.4.5 Spektrum und Magnetfeld

1896 entdeckte *Zeeman* den Einfluß magnetischer Felder auf die Struktur von Linien im Spektrum. Beim normalen Zeeman-Effekt treten neben der – bei transversaler Beobachtung – unverschobenen Linie mit der Frequenz ν_0 zwei Linien auf, die um

$$\Delta\nu = \pm \frac{1}{4\pi} \cdot \frac{e}{m_e} \cdot B \tag{5-20}$$

verschoben sind. Für die Beobachtung senkrecht zum Magnetfeld erhält man drei Linien, für die Beobachtung parallel zum Magnetfeld zwei Linien. Diese Linien sind polarisiert, wie Bild 5-18 es zeigt. Für ein Magnetfeld B von 0,4 T (= 4000 G) erhält man mit den Werten für die Elementarladung e und der Masse m_e eines Elektrons

$$\Delta\nu = \pm \frac{1}{4\pi} \frac{1{,}6 \cdot 10^{-19}}{9{,}1 \cdot 10^{-31}} \cdot 0{,}4\ \mathrm{s}^{-1}, \qquad \Delta\nu = \pm\, 5{,}6 \cdot 10^{9}\ \mathrm{s}^{-1}.$$

Umgerechnet in die Verschiebung in der Wellenlänge $\Delta\lambda$, die zu messende Größe, ergibt sich zunächst $\Delta\lambda/\lambda = 8 \cdot 10^{-6}$, und für die Eisen-Linie mit $\lambda = 617{,}3$ nm

$$\Delta\lambda = 0{,}00494\ \mathrm{nm} \approx 0{,}005\ \mathrm{nm}.$$

Das Auflösungsvermögen des Spektralapparates $\lambda/\Delta\lambda$ müßte recht groß sein, in unserem Falle 125 000, wenn man die zwei oder drei Linien trennen wollte.

Hale hat 1908 mit Erfolg die Aufspaltung von Linien im Sonnenspektrum mit einer Polarisationsoptik untersucht. Nach seinem Vorgehen ist Bild 5-19 gewonnen worden. Heute ist es üblich, die Magnetfelder auf der Sonne und ihren Wechsel ständig zu be-

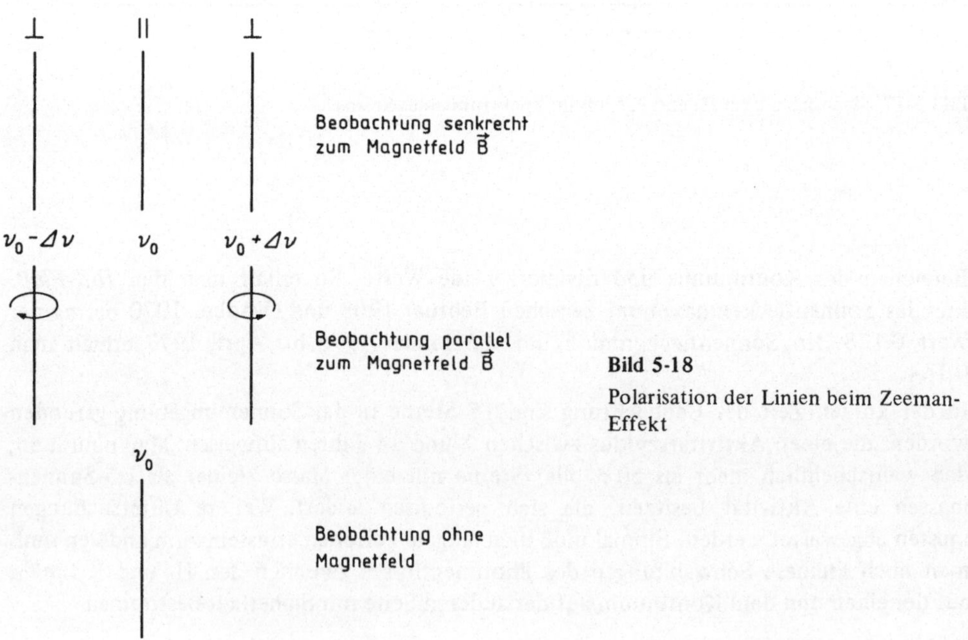

Bild 5-18

Polarisation der Linien beim Zeeman-Effekt

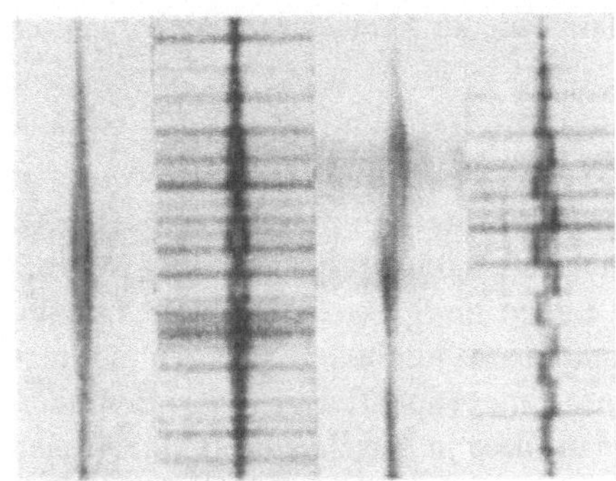

Bild 5-19

Zeeman-Effekt im Spektrum eines Sonnenflecks. (Nach Aufnahmen der Mt.-Wilson-Sternwarte, in: *W. Grotrian* und *A. Kopff*, Hrsg., Zur Erforschung des Weltraums, Springer, Berlin 1934)

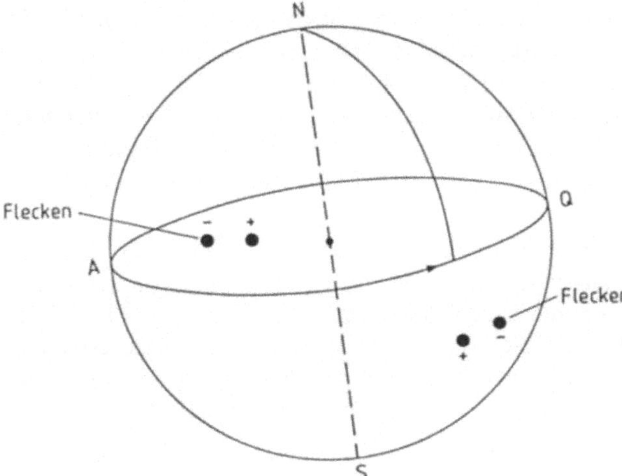

Bild 5-20

Sonne mit Sonnenflecken. Es bedeuten:

$\overline{AQ}$ = Äquator, N = Nordpol, S = Südpol. + und – zeigen die Polarität benachbarter, d. h. zusammengehöriger Flecken.

obachten. Man braucht einen starken Spektrographen, ein Instrument, um die Polarisation zu messen und einen empfindlichen Photodetektor. In Bild 5-19 zeigen a und c die Spaltbilder über einem Sonnenflecken. Bei b und d ist vor den Spalt ein Nikol mit einer Glimmerplatte vorgesetzt worden. Bei b ist abhängig von der verschiedenen Dicke des Glimmerstreifens einmal die unverschobene Linie, dann die beiden äußeren Linien zu sehen, bei d dagegen abwechselnd die beiden äußeren Linien. Heute weiß man durch tägliche Messungen, daß die Sonne auch ein permanentes Magnetfeld von einigen 10^{-4} T besitzt. Die Felder in Flecken sind wesentlich stärker. In kleineren Flecken betragen sie etwa 0,01 T, in größeren 0,4 T. Durch Messungen der Polarität der Flecken hat sich herausgestellt, daß auf der Sonne ein 22jähriger Zyklus besteht.

Zu jedem Fleck gehört eine benachbarte Stelle mit entgegengesetzter Polarität. Das mag ein Fleck sein, kann aber auch ein fleckenloser Bereich sein (Bild 5-20). Wenn auf der Nordhalbkugel der Sonne die in der Rotation vorauseilende Stelle ein Nordpol ist, die nachfolgende Stelle ein Südpol, dann liegen die Verhältnisse auf der Südhalbkugel umgekehrt. Mit der bekannten 11jährigen Periode der Sonnenflecken kehren sich die Polaritäten um. Erst nach 22 Jahren ist der alte Zustand wieder hergestellt (die Zahlen 11 und 22 sind Mittelwerte).

Magnetische Sterne. Die wichtigsten Voraussetzungen für die Beobachtung von Magnetfeldern auf der Sonne haben *H. D. und H. W. Babcock* geschaffen. *H. W. Babcock* hat nun neben der Beobachtung der Sonne auch etwa 150 Sterne mit genügend scharfen Linien untersucht und dabei Magnetfelder von mehr als 0,05 T festgestellt. Für weitere in einem Katalog enthaltene 188 Sterne sind die Linien im Spektrum zu breit, um eindeutige Schlüsse ziehen zu können. Die Sterne mit starken Magnetfeldern gehören meistens zu einer besonderen Klasse. Sie werden mit A_p bezeichnet (Spektraltyp A mit Besonderheiten; p = peculiar). Wie auf der Sonne, wenn man diese in verschiedenen Höhenlagen ihrer Atmosphäre untersucht, zeigen auch auf Sternen verschiedene Elemente ein verschieden starkes Magnetfeld. Das läßt auf eine Variation des Magnetfeldes in verschiedenen Höhenlagen schließen.

Interstellares Magnetfeld. Bei vielen Sternen, die in der galaktischen Ebene liegen, stellt man eine Polarisation ihres Lichtes fest. Diese ist im Mittel proportional zu ihrer Verfärbung. Man nimmt an, daß ein interstellares Magnetfeld von ca. 10^{-9} T längliche para- oder diamagnetische Teilchen ein wenig ausrichtet. Trotz aller Bewegungen und Verwirbelungen findet das Licht eine Vorzugsrichtung in den interstellaren Staubteilchen, die sich mit ihren Längsachsen parallel zu den magnetischen Kraftlinien zu stellen versuchen.

Neben den großräumigen Magnetfeldern gibt es eine große Zahl lokaler Felder. In diesen (z.B. im Crabnebel) erzeugen relativistische Elektronen eine Synchrotronstrahlung (Abschnitt 1.6). Im Crabnebel rechnet man mit Feldern zwischen $3 \cdot 10^{-8}$ T bis $3 \cdot 10^{-7}$ T. Elektronen mit Energien zwischen 20 MeV und 20 GeV können die Radiostrahlung des Crabnebels erzeugen. Nach *Shklovsky* stehen genügend Elektronen zur Verfügung (über 10^{50}) und werden immer wieder vom eingebetteten Pulsar nachgeliefert.

Synchrotronstrahlung kommt wahrscheinlich auch aus dem Halo unserer Milchstraße. Dort müssen also relativistische Elektronen und ein Magnetfeld vorhanden sein. Das Magnetfeld kann auf die Dauer nur erhalten bleiben, wenn es von einem heißen Plasma von 10^5 bis 10^6 K oder einem Plasma getragen wird, das sich mit einigen 100 km $\cdot$ s^{-1} bewegt. Ein heißes Gas in Sternensystemen und in galaktischen Systemhaufen hat man durch Röntgenstrahlung gefunden (Abschnitt 6.4.2).

Das Spektrum der Synchrotronstrahlung gehört zu den Spektren, die der Astronom immer wieder zu untersuchen hat. Es unterscheidet sich von Spektren einer thermischen Strahlung. Seine Intensität nimmt mit abnehmender Wellenlänge ab. Ist die Energieverteilung der Elektronen $n(E)\,dE \sim E^{-\gamma}\,dE$, so gilt für die Intensitätsverteilung der Strahlung $I_\nu \sim \nu^{-1/2\,(\gamma-1)}$.

So findet man z.B. für die Radiofrequenzstrahlung der Milchstraße $I_\nu \sim \nu^{-0,7}$, d.h. $\gamma = 2,4$.

Weiße Zwerge und Neutronensterne. Wenn ein Stern mit einem schwachen Magnetfeld von einigen 10^{-4} T auf die Größe eines weißen Zwerges zusammenschrumpft, sein Radius also etwa auf 10^{-2} des ursprünglichen Wertes sinkt, dann muß die Stärke des Magnetfeldes enorm ansteigen. Der magnetische Fluß ($B \cdot O$, wobei O = Oberfläche) bleibt erhalten. Das Magnetfeld B muß also auf den 10^4-fachen Wert steigen, wenn die Oberfläche auf den 10^{-4}ten Teil abnimmt. Man hat bei wenigen weißen Zwergen eine Aufspaltung durch den Zeeman-Effekt gemessen und Werte für B von 10^3 T gefunden. Das sind natürlich schon besonders hohe Werte. Kleinere Werte dürften bei der Breite der Linien im Spektrum eines weißen Zwerges auch kaum zu finden sein.

Schrumpft ein massereicherer Stern in seinem Endzustand auf die Größe eines Neutronensterns mit einem Halbmesser von 10 km, so muß die Stärke des Magnetfeldes auf etwa das 10^{10}fache steigen. Es sind also theoretisch 10^7 T bis 10^8 T zu erwarten. Solch ein Wert ist von *J. Trümper* 1976 bei Hercules X – 1 gefunden worden (Abschnitt 1.6).

Ein Neutronenstern besitzt kein Spektrum mit Linien. Das Magnetfeld ist so stark, daß alle noch nicht zerstörten Atome an seiner Oberfläche eine völlig andere Gestalt haben als die unserer Umgebung. Sie sind wesentlich kleiner und länglich (Bild 5-21). Nach der Theorie reihen sie sich mit ihren Längsachsen aneinander. Auf einem Neutronenstern könnte ein wenige Meter dicker, fadenförmiger Teppich entstehen, in dem die Dichte $10^7\ \mathrm{kg\,m^{-3}} - 10^8\ \mathrm{kg\,m^{-3}}$ beträgt. Die Verhältnisse sind also völlig anders als die in den Außenschichten eines weißen Zwerges oder gar in den Außenschichten eines normalen Sterns. Und doch kann man auch beim Neutronenstern von einem „Spektrum" sprechen. In dem Plasma in der unmittelbaren Umgebung des Neutronensterns findet der Landau-Effekt statt (Abschnitt 1.6.2). Elektronen springen auf ihren Bahnen um die magnetischen Linien und ändern dabei ihre Energie $\left(\Delta E = \hbar \frac{e \cdot B}{m_e}\right)$. Aus der Energie der empfangenen Linie kann man auf die Stärke des Magnetfeldes schließen.

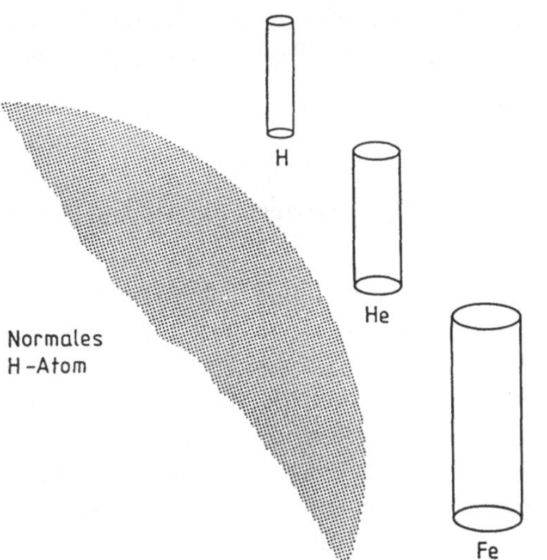

Bild 5-21

Die Gestalt von Atomen im starken Magnetfeld eines Neutronensterns. Zum Vergleich ist die Größe eines „normalen" Wasserstoffatoms angedeutet.

6 Beobachtungen außerhalb des optischen Bereiches

6.1 Infrarotastronomie

6.1.1 Die Entdeckung der infraroten Strahlung

Wilhelm Herschel beobachtete im Jahre 1800 mit bloßem Auge die Sonne durch verschiedene Filter. Dabei spürte er einmal eine merkliche Wärme, wenn eine Filterkombination sehr wenig Licht durchließ, ein anderes Mal nur eine geringe Wärmewirkung, wenn die benutzten Filter die Sonne hell erscheinen ließen. Durch diese Beobachtungen angeregt führte er sein berühmtes Experiment durch, das, wenn man so will, als Beginn der Infrarotastronomie angesehen werden kann. Er entwarf ein Spektrum des Sonnenlichtes und bewegte durch dieses ein geschwärztes Quecksilberthermometer. Dabei stellte er fest, daß die Temperatur beim Übergang vom violetten zum roten Teil des Spektrums anstieg und auch nach Überschreiten der Grenze des sichtbaren Bereiches höher blieb als die Raumtemperatur. Der erste „fotografische Nachweis" der infraroten Strahlung gelang *John Herschel,* dem Sohn *Wilhelm Herschels,* im Jahre 1840. Er benutzte Papier, das mit Alkohol getränkt war. Dem Alkohol waren feinste Rußteilchen zugesetzt. Die infrarote Strahlung ließ den Alkohol verdampfen. Was auf dem Papier blieb, konnte man als Bild bezeichnen.

6.1.2 Empfänger für die infrarote Strahlung

Heute stehen dem Astronomen drei verschiedene Empfängertypen für den infraroten Bereich der elektromagnetischen Strahlung zur Verfügung:

(1) *Sensibilisierte Fotoplatten oder Filme.* Mit ihnen erfaßt man die Strahlung bis etwa 1,2 μm = 1200 nm. (Die sichtbare Strahlung reicht etwa von 0,38 μm = 380 nm bis 0,75 μm = 750 nm.)

(2) *Photonen-Detektoren.* Bei ihnen nutzt man im wesentlichen den inneren Photoeffekt aus. Durch diesen wird entweder die Leitfähigkeit verändert – man spricht dann von einem *Photowiderstand* –, oder es wird eine Spannung erzeugt. In diesem Fall liegt ein *Photoelement* vor. Als Halbleiterdetektoren verwendet man beispielsweise mit Au, Cu oder Hg dotiertes Germanium, oder auch InSb, PbS, PbSe und PbTe.

Zum Empfang der Infrarotstrahlung benutzt man auch den äußeren lichtelektrischen Effekt. Hier ist z.B. eine Ag-O-CS-Schicht von Bedeutung.

Die Zusammensetzung der Schicht ist kompliziert. Die verwendeten Elemente sind Silber, Sauerstoff und Caesium. Die maximale Empfindlichkeit liegt etwa bei 850 nm. Die Reichweite geht bis 1,2 μm oder auch 1,3 μm.

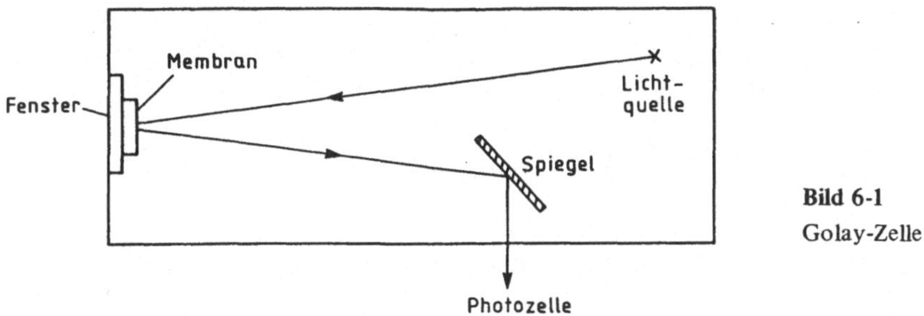

Bild 6-1
Golay-Zelle

(3) *Thermische Detektoren.* Hier wird die durch die auffallende Strahlung erzeugte Wärme zum Nachweis benutzt. Bekannt sind die *Bolometer*, bei denen sich der Widerstand durch Erwärmung ändert, und die *Thermoelemente bzw. Thermosäulen,* bei denen eine Spannung durch unterschiedliche Temperatur zweier Lötstellen erzeugt wird.

Nicht so bekannt ist die *Golay-Zelle,* die 1942 von *Marcel Golay* entwickelt wurde. Die einfallende Strahlung wird weitgehend von der geschwärzten Wand einer kleinen, abgeschlossenen Kammer absorbiert. Dadurch erwärmt sich ein Gas in der Kammer und dehnt sich aus. Der geschwärzten Seite gegenüber befindet sich eine dünne Membran, deren Außenseite verspiegelt ist. Jede Deformation dieser Membran kann über ein optisches System gemessen werden. Die Golay-Zelle übertrifft in ihrer Empfindlichkeit die besten Thermoelemente (Bild 6-1).

Für jeden Empfänger gibt es eine kleinste, eben noch nachweisbare Strahlungsleistung. Diese ist definitionsgemäß gleich der Rauschleistung. Man spricht von einer *Rauschäquivalentleistung*. (Ohne ein äußeres Signal entsteht in jedem Empfänger durch die statistische Bewegung der Elektronen eine Leistung, die man als Rauschen bezeichnet.)

Als Beispiel sei die Rauschäquivalentleistung einer Golay-Zelle bei Zimmertemperatur und einer Zeitkonstanten von 10^{-2} s genannt. Sie beträgt etwa 10^{-10} Watt. Um das Verhältnis der Signal- zu Rauschleistung zu verbessern, müssen die Infrarotastronomen ihre Empfänger kühlen.

Aber selbst bei Kühlung mit flüssigem Helium ($\leqslant 4{,}2$ K) sind sie bei erdgebundenen Beobachtungen in keiner beneidenswerten Lage. Zunächst stehen nur einige Spektralbereiche zur Verfügung, da Wasserdampf, Kohlendioxid und – wenn auch in schwächerem Maße – Ozon in der Atmosphäre zahlreiche Absorptionsbanden aufweisen. Einige Beispiele für solche Absorptionsbanden sind in Tabelle 6-1 aufgeführt.

Tabelle 6-1 Absorptionsbanden von Wasserdampf, Kohlendioxid und Ozon

H_2O	CO_2	O_3
1,1 μm	2,7 μm	4,8 μm
1,38 μm	4,3 μm	9,8 μm
1,9 μm	14,5 μm	
2,7 μm		
6,0 μm		

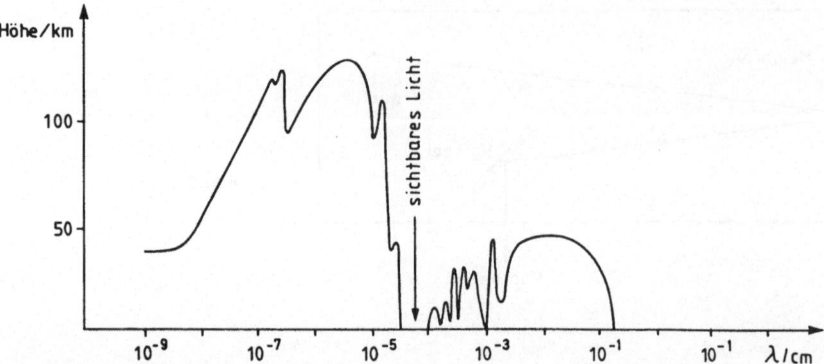

Bild 6-2 Durchlässigkeit der irdischen Atmosphäre. Im Diagramm ist als Funktion der Wellenlänge diejenige Höhe aufgetragen, bei der die Intensität der Strahlung auf den 1/e-ten Teil abgenommen hat.

Die Durchlässigkeit der irdischen Atmosphäre ist – unter Weglassung einiger Feinheiten – in Bild 6-2 dargestellt.

Von 22 μm bis 1000 μm = 1 mm ist die Atmosphäre fast undurchlässig. Oberhalb von 1 mm treffen sich Infrarot- und Radioastronomie. Entsprechend dieser Durchlässigkeit hat man Spektralbereiche herausgesucht, deren Empfang durch Interferenzfilter ermöglicht wird. So ist es zu einer wesentlichen Erweiterung des in Kapitel 4 mehrfach erwähnten UBV-Systems gekommen. Tabelle 6-2 gibt einen Überblick über das internationale Größensystem.

Tabelle 6-2 Das internationale Größensystem

	U	B	V	R	I	J
Wellenlänge in μm für die maximale Empfindlichkeit der aufnehmenden Apparatur	0,36	0,44	0,55	0,70	0,90	1,25
	H	**K**	**L**	**M**	**N**	**Q**
Wellenlänge in μm für die maximale Empfindlichkeit der aufnehmenden Apparatur	1,60	2,2	3,4	5,0	10,2	22,0

Selbstverständlich kann man durch Messung der scheinbaren Helligkeit eines Objektes in all diesen Bereichen und die Bildung möglicher Infrarotindizes sehr viel mehr erfahren als alleine durch Messungen im optischen UBV-System. In Tabelle 6-3 sind für drei Hauptreihensterne verschiedenen Spektraltyps, d.h. also auch verschiedener Oberflächentemperatur, einige Infrarotindizes angegeben.

Tabelle 6-3 Einige Infrarotindizes für verschiedene Spektraltypen
(Nach *W. Wenzel,* Die Sterne, 1977, Heft 2)

	T_{eff}	V – I	V – K	V – Q
A0	9700 K	0^m	0^m per definitionem	0^m
G0	6000 K	$+1^m$	$+1{,}5^m$	$+2^m$
M5	2600 K	$+4^m$	$+6^m$	$+7^m$

Die Werte lassen deutlich erkennen, daß sich mit sinkender Temperatur die hauptsächliche Ausstrahlung des Sterns immer mehr zu größeren Wellenlängen verschiebt. Nach der Beziehung

$$m_V - m_Q = -2{,}5 \cdot \lg \frac{S_V}{S_Q} \tag{6-1}$$

findet man, daß die Leistung im Q-Band bei einem M5-Stern immerhin 631 mal so groß ist wie im V-Band (im Vergleich mit einem A0-Stern).

6.1.3 Schwierigkeiten beim Empfang der infraroten Strahlung

Welche Schwierigkeiten bei einer Messung im Infraroten auftreten, geht aus zwei Zahlenbeispielen hervor, die einem Bericht von *W. Wenzel* in „Die Sterne", 1977, Heft 2, entnommen sind. *Wenzel* hat die Strahlungsleistung eines Sterns der scheinbaren Helligkeit $0^m_{,}0$ für zwei Spektralbereiche berechnet, die von einem Teleskop aufgenommen werden, das einen Durchmesser von 100 cm besitzt. Diese Strahlung muß verglichen werden mit der Störstrahlung, die vom Himmelshintergrund und auch vom Instrument kommt. Für den Himmelshintergrund wurde eine Meßblendenöffnung von 20″ gewählt. Die Temperatur des Instruments wurde mit 300 K angesetzt. Natürlich mußten auch gängige Werte für das Emissionsvermögen der Instrumententeile, den Gesichtsfeldwinkel des Empfängers und die Empfangsfläche gewählt werden. Tabelle 6-4 zeigt mit unübersehbarer Deutlichkeit die enormen Schwierigkeiten, die die Infrarotastronomie zu überwinden hat.

Tabelle 6-4 Leistung eines Sterns, des Himmelshintergrundes und des Instruments in zwei Spektralbereichen

	Spektralbereich B (0,44 μm)	N (10,2 μm)
Aufgefangene Leistung des Sterns mit $0^m_{,}0$	$4 \cdot 10^{-9}$ Watt	$3 \cdot 10^{-12}$ Watt
Aufgefangene Leistung des Himmelshintergrundes	$2 \cdot 10^{-15}$ Watt	$8 \cdot 10^{-8}$ Watt
Aufgefangene Leistung des Instruments	0 Watt	10^{-6} Watt

Es erscheint zunächst völlig unmöglich, die Strahlung eines Sterns z.B. im N-Band nachzuweisen. Allerdings ist anzumerken, daß ein Körper mit 300 K nach dem Wienschen Verschiebungsgesetz gerade bei etwa 10 μm das Maximum seiner Ausstrahlung besitzt. Sehr viel einfacher ist die Beobachtung in anderen Spektralbereichen auch nicht. In einem anschaulichen Beispiel wird manchmal die Situation eines Infrarotastronomen mit der eines Astronomen verglichen, der im üblichen optischen Bereich beobachtet. Wenn die Bedingungen für beide Astronomen die gleichen sein sollten, so müßte der Beobachter im optischen Bereich die Sterne bei Tageslicht aufsuchen und dazu noch mit einem beleuchteten Fernrohr arbeiten.

Die Tatsache, daß die erdgebundene Infrarotastronomie schon beachtliche Erfolge erzielt hat, zeigt nun aber, daß zumindest ein Teil der Schwierigkeiten überwunden werden konnte. Man zerhackt die zu untersuchende Sternstrahlung mit einer bestimmten Frequenz und verstärkt diesen Strahlungsanteil mit einem abgestimmten Verstärker. Die vom fast konstanten Licht des Himmelshintergrundes und des Instruments herrührende Gleichspannung wird so weitgehend unterdrückt. Das kann z.B. so geschehen, daß man dem Detektor in schneller Folge einmal die Strahlung des untersuchten Objektes einschließlich der störenden Strahlung des Hintergrundes und der Umgebung und dann allein die Störstrahlung zuführt. Bild 6-3 zeigt schematisch die Möglichkeit einer technischen Realisierung.

Weiter versucht man, den Bereich des Himmelshintergrundes und die Teile des Instruments, die Strahlung auf den Empfänger senden, so klein wie möglich zu halten. Darüber hinaus wird nicht nur der Empfänger wegen des besseren Signal- zu Rauschverhältnisses, sondern auch ein großer Teil der Apparatur gekühlt. Dieses Verfahren ist so wirksam, daß im Spektralbereich zwischen 2 μm und 2,4 μm selbst bei Tageslicht Infrarotobjekte entdeckt werden können. Im sichtbaren Bereich um 0,5 μm ist die Rayleighstreuung, die ja dem λ^{-4}-Gesetz folgt, so stark, daß eine Beobachtung der Sterne bei Tageslicht sinnlos ist.

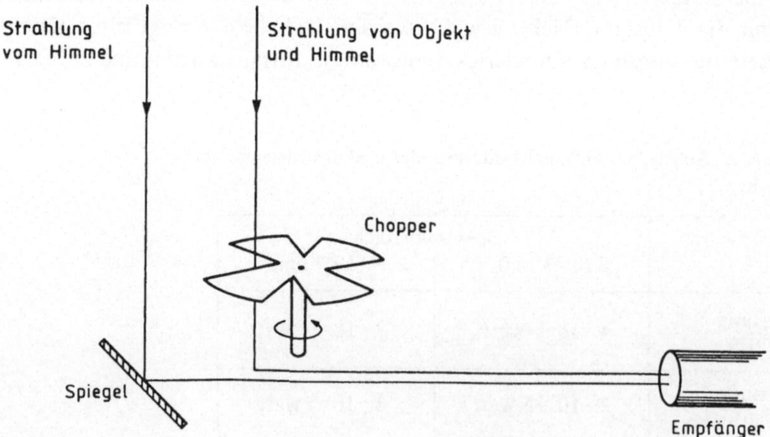

Bild 6-3 Empfang der störenden Strahlung des Himmels sowie der Strahlung des Objektes und des Himmels, die durch einen Chopper „zerhackt" und dadurch kurzzeitig ausgeblendet wird

Wie wichtig und informativ Beobachtungen im Infraroten sind, geht aus folgendem Vergleich hervor. Infrarotstrahlung mit einer Wellenlänge von 2 μm aus dem galaktischen Zentrum (8 bis 10 kpc) wird etwa um den Faktor 10 geschwächt, sichtbare Strahlung aus demselben Bereich aber um den Faktor 10 bis 100 Milliarden! Man kann diese Tatsache auch anders und sehr anschaulich ausdrücken. Von 10 Infrarotphotonen kommt immerhin noch eins aus dem galaktischen Zentrum bis in die äußeren Bezirke unseres Sternsystems, dort, wo die Sonne steht. Bei sichtbarer Strahlung müssen aber 10 bis 100 Milliarden Photonen ausgesandt werden, damit wenigstens eins empfangen werden kann.

6.1.4 Ein erster Katalog von Infrarotobjekten

Die außerordentliche Erweiterung unserer Kenntnisse durch die Erschließung der infraroten Strahlung für die astronomische Forschung kann auch nicht annähernd in einem so kurzen Überblick dargestellt werden. Einige wenige Beispiele müssen genügen.

1965 wurde erstmalig der Himmel systematisch nach Infrarotquellen durchmustert. Benutzt wurde ein 62″-Teleskop (157 cm) auf dem Mt. Wilson. Als Empfänger dienten 8 PbS-Zellen, die mit flüssigem Stickstoff gekühlt wurden. Sie wurden für den Empfang der 2,2-μm-Strahlung eingesetzt. Zur Bestimmung von Farbindizes wurde noch mit einer Si-Zelle bei 0,84 μm gemessen. Von etwa 20 000 Infrarotquellen wurden gut 5500 für einen Katalog ausgesucht. Bei knapp 30 % dieser Infrarotquellen handelt es sich um Sterne, die mit bloßem Auge zu sehen sind. Der im Spektralbereich von 2,2 μm hellste Stern ist *Beteigeuze,* ein roter Stern im Orion. Es folgen die Riesensterne α *Herculis* (Rasalgetti) und *Arctur* im Bootes. Auch recht heiße und helle Sterne wie Sirius im Großen Hund, Wega in der Leier und Capella im Fuhrmann sind in dem Katalog zu finden, obwohl sie nur einen geringen Prozentsatz ihrer Strahlung im Infraroten aussenden. Sie gehören deshalb nicht zu den interessanten Objekten dieser Durchmusterung.

Interessant und einer weiteren individuellen Untersuchung würdig sind nur Objekte mit einem großen positiven Infrarotindex. Doch gibt es auch hier Gebilde, die weniger und andere, die eine besonders große Aufmerksamkeit erfordern. Die Ursachen für eine starke Rötung im Infraroten können recht verschieden sein. So findet man in dem Katalog unter der Nummer 11 einen Überriesen, dessen Strahlungsmaximum im grünen Spektralbereich liegt, dessen sichtbares Licht aber um 12 bis 13 Größenklassen durch interstellaren Staub geschwächt wird, so daß eine außerordentlich starke Rötung eintritt.

Verständlicherweise ist auch das kein Objekt, das eine besonders hohe Aufmerksamkeit unter den Infrarotastronomen hervorruft. In neue Bereiche dringt man vor, wenn man kühle Objekte mit Oberflächentemperaturen unter 2000 K findet, oder wenn die Rötung nicht so sehr durch interstellare, sondern im wesentlichen durch eine zirkumstellare Extinktion ausgelöst wird.

6.1.5 Ein besonders interessanter Komplex: Der Orionnebel

Mehrere Komplexe sind für die weitere Forschung besonders interessant. Besonders wichtig ist ein Gebiet geworden, in das der bekannte Orionnebel eingebettet ist. Eine Bogenminute nordwestlich der vier Trapezsterne, die durch ihre intensive Ultraviolettstrahlung den Wasserstoff in ihrer Umgebung ionisieren und dadurch den Orionnebel zum Leuchten bringen, liegt der *Kleinmann-Low-Nebel* (KL-Nebel), ein 1967 entdecktes Infrarotobjekt. Etwas früher war dort im gleichen Jahr eine nicht aufzulösende Infrarotquelle gefunden worden (das BN-Objekt, nach *Becklin und Neugebauer*), dem man eine Temperatur von 500 bis 600 K zuschreiben mußte. Heute weiß man, daß der KL-Nebel eine Reihe von kompakten Infrarotquellen enthält, zu denen man auch das BN-Objekt rechnet. Man weiß aber auch, daß diese Infrarotquellen einer riesigen Molekülwolke angehören, die vom irdischen Beobachter aus gesehen hinter dem Orionnebel liegt. Die Ausdehnung dieser Wolke an der Sphäre ist wesentlich größer als die des Orionnebels (Bild 6-4). Sie konnte von Radioastronomen mit Hilfe der 2,6-mm-Strahlung des Kohlenmonoxids CO ermittelt werden. Die Wolke besteht im wesentlichen aus molekularem Wasserstoff, der bei Temperaturen zwischen etwa 20 und 100 K weder Radio- noch Infrarotstrahlung aussendet. Deshalb ist man zu einem Nachweis solcher Molekülwolken auf die geringfügigen Beimengungen von CO angewiesen. Die Molekülwolke besitzt zwei starke Verdichtungen. Die südliche ist fast in der gleichen Blickrich-

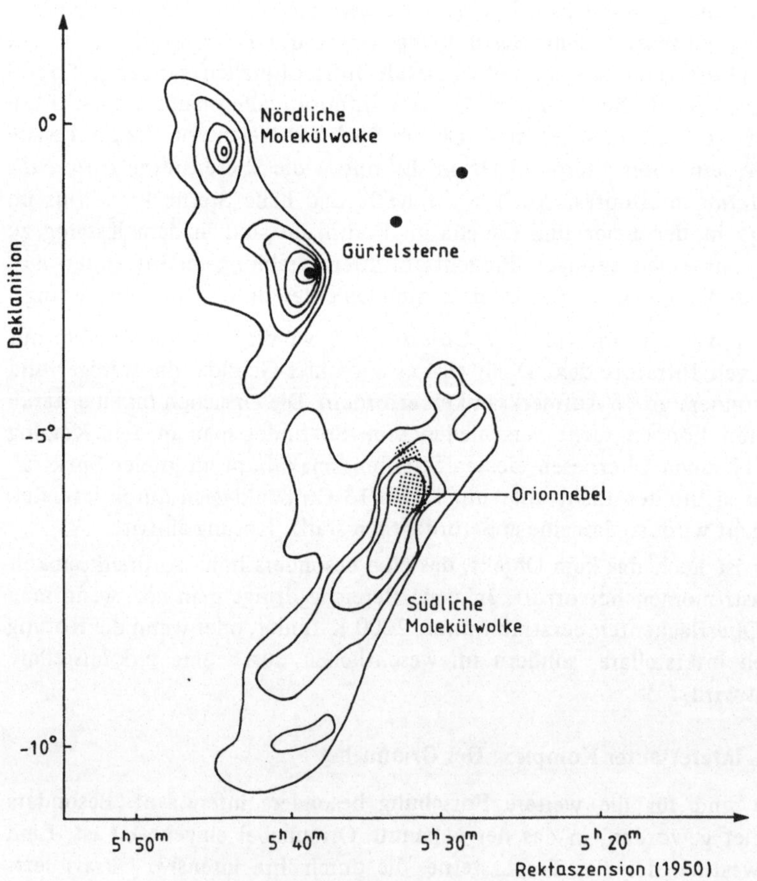

Bild 6-4 Der Orionnebel und die große Molekülwolke

tung zu finden wie die Trapezsterne. Sie wird mit *OMC1* bezeichnet (Orion-Molecular-Cloud 1). Die nördliche Verdichtung trägt die Bezeichnung *OMC2*. In den 70er Jahren ist die OMC1, in der der oben erwähnte KL-Nebel liegt, mit verbesserten Instrumenten gründlich untersucht worden, vor allem mit dem 3-m-IR-Teleskop auf dem 4150 m hohen Mauna Kea (Universität Hawaii).

In dieser Höhe hat man nur noch knapp 60 % der störenden irdischen Atmosphäre über sich. Die ersten Beobachtungen wurden bei 400 μm gemacht. Für diese Wellenlänge weist die Atmosphäre eine ausreichende Durchlässigkeit auf. Um den Bereich zwischen 20 μm und 300 μm zu erfassen, für den die Atmosphäre fast ganz undurchlässig ist, wurden Flugzeuge eingesetzt, die die Instrumente 12 km hoch trugen. In dieser Höhe liegen fast 80 % der Lufthülle unter dem Beobachter. Später hat man vom Mauna Kea aus eine Kartierung der OMC1 bei 20 μm vorgenommen. Die Auflösung hierbei war mit 2″ natürlich wesentlich besser als bei der Untersuchung mit der 20-fach größeren Wellenlänge von 400 μm. „Bilder“ in der IR-Astronomie entstehen, indem man einen Teil des Himmels in Streifen abtastet. Dabei werden Punkt für Punkt die auftreffenden Photonen gezählt.

Hier in Kürze die wichtigsten Ergebnisse über OMC1:

In einem Gebiet mit diffuser IR-Emission liegen wenigstens sechs kompakte IR-Quellen, die mit IRc bezeichnet werden. IRc1 ist das 1967 von *Becklin und Neugebauer* entdeckte Objekt. Es weist wie auch IRc2 eine Temperatur von etwa 500 K auf. Andere Quellen wie IRc3 und IRc4 sind mit 150 K wesentlich kälter. Auf keinen Fall kann es sich dabei um Sterne handeln. Es kommt nur erwärmter Staub in Frage. Anfangs hat man an Staubhüllen um Protosterne gedacht. Nach ersten Berechnungen von *B. Larson* (1969) bildet sich beim Gravitationskollaps einer interstellaren Wolke im zentralen Gebiet ein stark verdichteter Kern, der von einer ausgedehnten Hülle aus Gas und Staub umgeben ist. Die freiwerdende Gravitationsenergie führt zu einer Erwärmung der Staubteilchen. Diese strahlen die aufgenommene Energie dann im Infraroten ab. Bei sehr massereichen Protosternen kann die Zündung der Kernreaktionen im Inneren auch schon einsetzen, bevor die Hüllenmaterie vollständig von dem werdenden Stern aufgenommen worden ist. Dieses Bild ist in den letzten Jahren besonders durch detaillierte Beobachtungen im Infraroten verfeinert und teils auch geändert worden.

(1) Man hat Linien der *Brackett-Serie* des Wasserstoffatoms entdeckt. Die ersten Linien dieser Serie liegen bei 4,05 μm, 2,63 μm, 2,17 μm und 1,95 μm, also im nahen Infraroten. Ihr Vorkommen setzt eine ziemlich dichte HII-Region voraus. *Shklovskii* gibt z.B. eine Elektronendichte von $n_e = 3 \cdot 10^5\ \text{cm}^{-3}$ an. Diese HII-Region bildet sicher den innersten Teil der Hülle, die den werdenden oder schon gebildeten Stern umgibt.

(2) Durch Doppler-Verbreiterung hat man schnell bewegte Gasmassen entdeckt. Es scheint sich dabei um eine expandierende Gashülle zu handeln. Das widerspricht dem Bild eines Protosterns, auf den das Gas und der Staub aus der umgebenden Hülle herabstürzt.

(3) 1976 wurden Linien des molekularen Wasserstoffs bei 2 μm entdeckt. Die meisten entstehen bei Übergängen zwischen Energieniveaus der Schwingungsquantenzahlen 1 und 0 bei niedrigen Rotationsquantenzahlen. Ihre Analyse (Doppler-Verbreiterung und Intensitätsverhältnisse) läßt auf Geschwindigkeiten von 100 bis 150 km s^{-1} und Temperaturen von 2000 K schließen. Der größte Teil des molekularen Wasserstoffs in den

riesigen Molekülwolken existiert bei Temperaturen unter 50 K. Die H_2-Moleküle bilden sich sehr wahrscheinlich an der Oberfläche von Staubteilchen und werden auch durch Staub geschützt, der die dissoziierende Strahlung der Sterne in den Außenbezirken einer Wolke absorbiert. Leider erzeugen H_2-Moleküle keine Radiostrahlung. Ihre durch Änderung der Elektronenkonfiguration hervorgerufene Strahlung liegt im UV und wird noch in der interstellaren Wolke oder durch allgemein verteilten kosmischen Staub absorbiert. Hier nützt also auch keine Beobachtung durch Satelliten. Zur Entdeckung und Kartierung von H_2-Wolken dient – wie schon erwähnt – häufig das Kohlenmonoxidmolekül CO. Es ist zwar nur in Spuren beigemengt, ist aber durch seine Radiostrahlung bei 2,6 mm ein wichtiger Indikator.

Die vorstehend geschilderten Beobachtungen haben zu der folgenden Vorstellung geführt, die zur Zeit – neben dem einfachen Bild eines Protosterns in einem Kokon aus Gas und Staub – diskutiert wird.

In einer dichten Hülle, die kein sichtbares Licht durchläßt, befindet sich ein werdender Stern, in dessen zentralem Bereich noch keine thermonuklearen Prozesse ablaufen oder ein Stern, der seine abgestrahlte Energie schon zum Teil aus Kernprozessen bezieht. Die intensive UV-Strahlung seiner heißen Oberfläche ($\approx$ 30 000 K) erzeugt in der unmittelbaren Umgebung eine kompakte HII-Region. Aus ihr stammen u.a. die entdeckten Linien der Brackett-Serie. Strahlung dieser Wellenlängen kann den Staub der Umgebung durchdringen. Vom Stern selbst geht ein starker „Wind" aus, der die HII-Region nach außen drängt und durch eine neue ersetzt. In einigem Abstand ist die UV-Strahlung absorbiert und die Temperatur soweit gesunken, daß sich zunächst neutrale Atome und weiter außen sogar Moleküle bilden können. Zum größten Teil handelt es sich um H_2-Moleküle. Ihnen sind aber auch CO-Moleküle beigemengt. Die letzteren senden eine IR-Strahlung mit 2,3 μm aus. Die erforderlichen Anregungszustände setzen eine Temperatur von über 3000 K und eine Teilchendichte von 10^{10} Molekülen je cm^3 (10^{16} Molekülen je m^3) voraus. Der intensive Sternenwind, der in dieser Entfernung weitgehend aus molekularem Gas besteht, gelangt bald in Bereiche, in denen die Temperatur die Bildung von Staub zuläßt. Dieser Staub absorbiert die Strahlung des Sterns, soweit sie nicht schon vorher bei den Ionisationsprozessen absorbiert worden ist, und erwärmt sich auf ca. 500 K. Infolgedessen sendet er IR-Strahlung im wesentlichen zwischen 2 μm und 20 μm aus und erscheint dem Beobachter als kompakte IR-Quelle, deren lineare Ausdehnung etwa die Größe des Sonnensystems besitzt. Der Sternenwind weht weiter nach außen. In einer Entfernung von vielleicht 0,1 Lichtjahren trifft er mit großer Heftigkeit auf die interstellare, ruhende Materie. Der dort vorhandene molekulare Wasserstoff wird bis auf 2000 K erhitzt und sendet dadurch die beobachtete 2 μm-Strahlung aus [s. unter (3) oben].

Aus den sehr summarischen Ausführungen über OMC1 geht schon hervor, daß die IR-Strahlung eine außerordentliche Fülle von Informationen bietet. Es ist deshalb sehr gut verständlich, daß man sich bemüht, die Möglichkeiten der IR-Astronomie stark zu erweitern. Bevor später darauf eingegangen wird, sollen weitere Erfolge dieses Forschungsbereiches aufgezeigt werden.

6.1.6 Das Zentrum unserer Milchstraße

Der zentrale Bereich unserer Milchstraße ist gut 20-mal so weit entfernt wie die oben betrachtete Molekülwolke im Orion. Auch für das Zentrum hat die IR-Astronomie – zusammen mit radioastronomischen Beobachtungen – zu wichtigen Erkenntnissen über die Objekte und Vorgänge geführt.

Im Sternbild des Schützen liegt eine Quelle besonders starker Radiostrahlung, die von den Astronomen „*Sagittarius A*" genannt wird. Die Strahlung stammt aus HII-Regionen. In diesen Regionen bewegen sich freie Elektronen in den elektrischen Feldern von Ionen, vor allem Protonen. Dabei entsteht eine kontinuierliche elektromagnetische Strahlung, auch Bremsstrahlung genannt (Abschnitt 1.5), von der ein Teil mit Radioteleskopen empfangen werden kann. Natürlich haben sich auch die IR-Astronomen eingehend mit Sagittarius A beschäftigt. Insbesondere wurden Kartierungen bei 2,2 μm und 10,6 μm durchgeführt. Dabei gelang es, eine Fülle von IR-Quellen zu entdecken. In einer dieser Quellen, IRS 11, auch *Sagittarius A West* genannt, vermutet man das galaktische Zentrum. Eine eingehende Analyse führt zu folgendem Bild:

(1) Einige der IR-Quellen sind rote Riesen. Sie sind durch eine Besonderheit im Intensitätsverlauf ihres IR-Spektrums zu erkennen. In ihren ausgedehnten Hüllen bildet sich Kohlenmonoxid CO. Dieses absorbiert stark bei Wellenlängen oberhalb 2,3 μm. Infolgedessen zeigt sich ein starker Abfall der Intensität bei $\lambda > 2{,}3$ μm (Bild 6-5).

(2) Kontinuierliche Strahlung mit einem Maximum um 10 μm stammt sicher zu einem großen Teil von warmem Staub. Selbst sehr kühle Sterne strahlen bei 2 bis 3 μm stärker als bei 10 μm. Nach dem Wienschen Verschiebungsgesetz $\lambda_{max} \cdot T = 2{,}9 \cdot 10^{-3}\,\mathrm{m \cdot K}$ liegt das Maximum der Ausstrahlung bei 1,4 μm, wenn die Oberflächentemperatur 2000 K beträgt. Der Staub ist nur zu etwa 1 % (Massenprozent) dem interstellaren Gas beigemengt. Wo Staub ist, ist auch Gas. Das Gas im galaktischen Zentrum läßt sich radioastronomisch nachweisen. Man kann annehmen, daß es durch dieselben Energiequellen

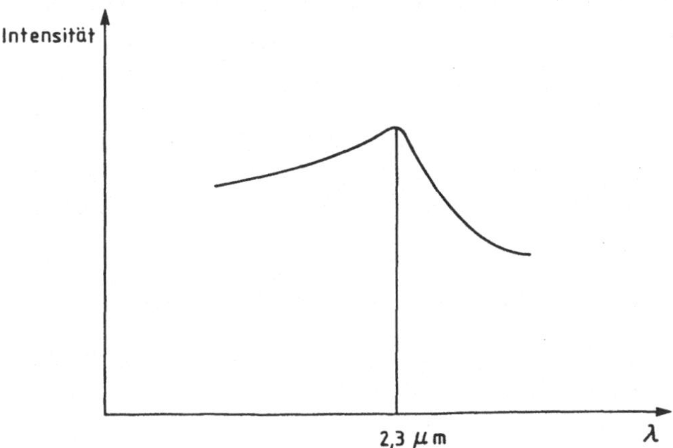

Bild 6-5 Absorption des CO oberhalb von 2,3 μm

aufgeheizt wird, die den Staub erwärmen. Man gewinnt also einen Einblick in die Verteilung von Staub und Gas im zentralen Bereich unserer Milchstraße.

(3) Den Kern des benachbarten Sternsystems im Sternbild der Andromeda kann man fast ungestört durch interstellare Materie im Sichtbaren und Infraroten beobachten. Man kennt auf der einen Seite die im Zentrum befindliche Masse und auf der anderen Seite das Intensitätsverhältnis der Strahlung im Visuellen und Infraroten, etwa bei 2,2 μm. Da das Andromeda-System und unsere Galaxis viele Ähnlichkeiten aufweisen, kann man mit einer gewissen Berechtigung annehmen, daß die Strahlung aus dem Zentrum unseres Sternsystems ein ähnliches Verhältnis der visuellen zur infraroten Strahlung aufweist. Da man die infrarote Strahlung messen kann, kann man auf die visuelle Strahlung schließen und von ihr auf die Masse der strahlenden Sterne. Die Schätzungen führen zu $2 \cdot 10^6$ Sonnenmassen in einer Kugel von 1 pc Durchmesser. Nimmt man an, daß es sich auch um $2 \cdot 10^6$ Sterne handelt, dann errechnet man einen mittleren Abstand zwischen den Sternen von 0,006 pc = 0,021 Lichtjahren oder rund einer Lichtwoche. In der Umgebung unserer Sonne hat man in einer Kugel von 10 pc Durchmesser bisher 62 Sterne gezählt. In einer Kugel von 1 pc Durchmesser würde man also in unserer Nachbarschaft 0,062 Sterne finden. Man vergleiche diese Zahl mit $2 \cdot 10^6$! Aus diesen Beobachtungen geht hervor, daß eine Erforschung des Weltalls von einem Beobachtungsort im Zentrum unserer Milchstraße unmöglich wäre.

(4) Ende der 70er Jahre führte eine detaillierte Untersuchung einer Linie des einfach ionisierten Neons, NeII, aus dem zentralen Bereich unserer Galaxis zu erstaunlichen Einsichten. Diese Linie liegt im IR bei 12,8 μm. Neon ist zwar nur zu etwa 0,01 % den HII-Regionen beigemengt. Doch ist es ein guter Indikator für die Verteilung und Bewegung der ionisierten Wasserstoffwolken. Doppler-Verschiebung und Doppler-Verbreiterung lassen bei ausreichender Auflösung eine äußerst interessante Deutung zu. In einem relativ sehr kleinen Teil im Zentrum unserer Galaxis bewegen sich einzelne, voneinander getrennte HII-Regionen mit erstaunlichen Geschwindigkeiten gegeneinander. Man hat Radialgeschwindigkeiten bis zu -200 km s^{-1} gemessen. Dieser individuellen Bewegung scheint sich eine gemeinsame Bewegung aller Objekte, also auch der Sterne, zu überlagern. Die bisherigen Beobachtungen legen eine Rotation nahe, wobei die Rotationsachse fast senkrecht zu der Achse liegt, um die das ganze Sternsystem rotiert. Aus Einzelheiten dieser Bewegung läßt sich die Masse im rotierenden Bereich abschätzen. Man kommt auf $5 \cdot 10^6$ bis $8 \cdot 10^6$ Sonnenmassen. Nach den unter (3) angegebenen Abschätzungen sind davon $2 \cdot 10^6$ Sonnenmassen in Form von Sternen enthalten. Gas und Staub fügen zu diesen $2 \cdot 10^6$ Sonnenmassen nur verschwindend wenig hinzu. Es liegt deshalb der Schluß nahe, und er wird auch von vielen Astronomen gezogen, daß sich im Zentrum unserer Milchstraße ein sehr massereiches Objekt, wahrscheinlich ein Schwarzes Loch, befindet.

6.1.7 Ergebnisse der Infrarotastronomie bei der Untersuchung der Planeten

Die Infrarotastronomie hat für die Kenntnis unseres Planetensystems wichtige Beiträge geleistet. Hier können nur einige Beispiele aufgeführt werden.

Der Aufbau der Atmosphären anderer Planeten konnte durch IR-Messungen vom Boden der Erde aus, vor allem aber durch Satelliten weitgehend geklärt werden. Dabei kam es auf drei wichtige Bereiche an. Zunächst wollte man wissen, welche Moleküle in den Atmosphären enthalten sind. Dann interessierte der Temperaturverlauf beim Abstieg in die Atmosphäre, bei Venus und Mars bis zum Boden, sonst so tief wie möglich. Drittens war es wichtig, das Verhältnis der verschiedenen Komponenten und vor allem der verschiedenen Isotope zu bestimmen. Wenn man sich neuere Tabellen über die Zusammensetzung der Atmosphären ansieht, fällt sofort auf, daß die meisten Entdeckungsdaten nach 1970 liegen. Zwei wichtige frühere Daten sind 1932 und 1952 zu finden. 1932 entdeckte *Wildt* CH_4 und NH_3 in der Jupiteratmosphäre durch Untersuchungen im nahen Infraroten bei 0,8 μm. 1952 konnte *Kuiper* bei Messungen im Bereich zwischen 1 μm bis 2 μm die gleichen Bestandteile nachweisen.

Die folgenden Tabellen geben einen kurzen Einblick in die bis heute gefundenen Stoffe in den Atmosphären von Venus, Mars, Jupiter, Saturn, Titan, Uranus und Neptun.

Tabelle 6-5 Moleküle in der Venus-Atmosphäre

Molekül	Spektralgebiet in μm	Jahr des Nachweises	Gehalt in %
CO_2	0,9 bis 1,8 8 bis 13	1952 1968	96 bis 97
H_2SO_4	1 bis 4	1974	0,024
HCl, HF, CO	1,7 bis 2	1967/68	
H_2O	1 bis 4	1969/1980	

In der tieferen Atmosphäre sind S_2, S_8, COS und H_2S gefunden worden.

Tabelle 6-6 Moleküle in der Marsatmosphäre

Molekül	Spektralgebiet in μm	Jahr des Nachweises	Gehalt in %
CO_2	0,8 bis 2,5	1952	95
CO	1,5 bis 2,5	1969	
$^{13}CO_2$	10	1974	
H_2O	5 bis 50	1973	
O_2/O_3	1,266 bis 1,274	1976/1977	
$C^{16}O^{18}O$	5 bis 50	1977	

Von anderen Atomen und Molekülen in den Atmosphären der Venus und des Mars ist in den Tabellen abgesehen worden. So kommt Stickstoff auf der Venus zu etwa 3 %, auf dem Mars zu 2,3 bis 2,7 % vor. Weiter sind z.B. zu finden: Neon, Argon, Krypton und Xenon.

Tabelle 6-7 Moleküle in der Jupiteratmosphäre

Molekül	Spektralbereich in μm	Jahr des Nachweises	Gehalt in %
H_2	0,8; 2,5; 1,25	1960, 1976, 1977	90
HD	0,746	1973	
He	0,584	1974	10
CH_4	0,8; 1 bis 2	1932, 1952, 1967, 1969, 1973	
$^{13}CH_4$	1,1	1972, 1976	
CH_3D	5	1972	
NH_3	visuell, 1 bis 2 10; 50 bis 200	1932, 1952, 1972, 1978, 1980	
$^{15}NH_3$	10	1978	
H_2O	5	1975	
CO	5	1975	
GeH_4	5	1978	
PH_3	2; 5; 10	1974, 1977	
C_2H_2	13	1974, 1976	
C_2H_6	12	1974, 1976	

Tabelle 6-8 Moleküle in der Saturnatmosphäre

Molekül	Spektralbereich in μm	Jahr des Nachweises
H_2	0,8; 1,25	1960, 1977
HD	0,6064	1978
CH_4	0,8; 1 bis 2, 1,1	1932, 1952, 1973
$^{13}CH_4$	1,1	1975
CH_3D	5	1977
NH_3	0,645	1974
PH_3	3; 5; 10	1977, 1975, 1980
C_2H_6	12	1975

Tabelle 6-9 Moleküle in der Titanatmosphäre

Molekül	Spektralbereich in μm	Jahr des Nachweises
H_2	0,640	1974
C_2H_2	10 bis 13	1975
C_2H_4	10 bis 13	1975
CH_3D	10 bis 13	1975
C_2H_6	visuell, 0,1; 8; 10 bis 13	1944, 1975, 1973

Tabelle 6-10 Moleküle in der Uranusatmosphäre

Molekül	Spektralbereich in μm	Jahr des Nachweises
H_2	0,6 bis 0,8	1966
CH_4	visuell	1952
HD	visuell	1978

Tabelle 6-11 Moleküle in der Neptunatmosphäre

Molekül	Spektralbereich in μm	Jahr des Nachweises
H_2	0,6 bis 0,8	1972
CH_4	visuell, 8	1952, 1977
C_2H_6	12	1977

Ein weiteres Beispiel soll zeigen, welchen Einfluß Infrarotmessungen auf die Erkenntnis über die innere Struktur eines Planeten haben. 1966 stellte *Low* fest, daß Jupiter bei 10 μm und 20 μm eine höhere Temperatur zeigt, als nach dem Gleichgewicht mit der Sonneneinstrahlung zu erwarten ist. 1973 und 1974 konnten die ersten Messungen der thermischen Strahlung Jupiters durch Pionier 10 und Pionier 11 durchgeführt werden. Messungen der Nachtseite und der Polregionen Jupiters ergaben ein vollständigeres Bild als solche aus großen Entfernungen von der Erde aus, die nur einen Teil des Planeten erfaßten.

Es stellte sich heraus, daß die Wärmeabgabe etwa doppelt so groß ist wie die Energie, die die Sonne dem Jupiter zustrahlt. Die gesamte Leistung, die Jupiter in seinem Inneren erzeugt und die er abstrahlt, beträgt $4 \cdot 10^{17}$ Watt. Rechnet man die Abstrahlung auf ein Kilogramm des Jupiters um, so erhält man $0{,}2 \cdot 10^{-9}$ W kg^{-1}. Modellrechnungen zeigen, daß die Wärmequellen des Planeten aus der Entstehungszeit stammen können. Es handelt sich um die im Inneren aufgespeicherte Energie, die infolge der gravitativen Bindung der Materie entstanden ist. Auch Saturn zeigt eine Ausstrahlung, die zum Teil aus inneren Quellen stammen muß. Bei der Messung muß man die Mitwirkung der Ringe berücksichtigen. Von der Erde aus gelingt das durch Beobachtungen bei geöffnetem und geschlossenem Ring. Raumsonden wie Pionier 11 und Voyager 1 und 2 verbesserten die von der Erde gewonnenen Werte. Man erhält für die gesamte Ausstrahlung Zahlen, die etwa um das 2,8-fache über der Sonneneinstrahlung liegen. Für die Planetenoberfläche wurden $2 \cdot 10^{17}$ Watt gemessen. Umgerechnet auf ein kg des Planeten ergibt sich mit $0{,}3 \cdot 10^{-9}$ W kg^{-1} eine bedeutend höhere Abstrahlung als beim Jupiter. Man führt diesen Überschuß auf eine gravitative Trennung von Wasserstoff und Helium im Inneren des Planeten zurück. Helium, das mit rund 11 % an der Masse Saturns beteiligt ist, trennt sich in tiefen Bereichen von Wasserstoff und sinkt gegen das Zentrum, was zu einer Erwärmung führt.

Uranus und Neptun sind mit etwa 58 K ± 3 K und 56 K ± 3 K wesentlich kühler als Jupiter (127 K ± 3 K) und Saturn (97 K ± 3 K). Ihre thermische Strahlung ist deshalb vom Erdboden aus nicht zu empfangen. Die maximale Ausstrahlung liegt nach dem Wienschen Verschiebungsgesetz für Uranus bei 50 μm und für Neptun bei 52 μm. Messungen wurden deswegen von Flugzeugen (Kuiper Airborn Observatory) und von Ballonen aus durchgeführt. Uranus zeigt kaum eine innere Wärme. Mit 10^{15} W oder $0{,}01 \cdot 10^{-9}$ W kg^{-1} eigener Wärmeproduktion ist seine Ausstrahlung fast der Sonneneinstrahlung gleich.

Neptuns Temperatur liegt mit etwa 56 K ganz nahe derjenigen des Uranus. Das läßt sofort darauf schließen, daß Neptun eine eigene Wärmequelle besitzt. Er soll etwa das 2,5-fache der Sonneneinstrahlung abgeben. Das sind $3 \cdot 10^{15}$ W bzw. $0{,}03 \cdot 10^{-9}$ W kg^{-1}. Man kann zur Zeit nur Vermutungen äußern, wie es zu dem Unterschied zwischen Uranus und Neptun kommt.

Trafton meinte 1974, daß der große Mond Triton durch Gezeitenwirkung die innere Wärme erzeugen könnte. Triton besitzt eine Masse von $140 \cdot 10^{21}$ kg (Erdmond zum Vergleich: $73{,}5 \cdot 10^{21}$ kg) und steht dem Planeten mit 353 000 km recht nahe.

6.1.8 Verbesserung der Beobachtungen

Nach diesem Ausblick auf einige Erfolge der Infrarotastronomie – ergänzt natürlich durch Beobachtungen aus anderen Bereichen – ist der oben schon geäußerte Wunsch nach Erweiterung und Verbesserung der Beobachtungsmethoden sicher voll verständlich. Wenn Fortschritte erzielt werden sollen, müssen zwei wesentliche Forderungen erfüllt werden:

(a) Wegen der Absorption in der Atmosphäre und wegen der diffusen Wärmestrahlung selbst in der Restatmosphäre müssen die Instrumente außerhalb der irdischen Lufthülle eingesetzt werden. Hochfliegende Flugzeuge und noch höher fliegende Ballone führen nicht immer zu optimalen Bedingungen.

(b) Man muß auch außerhalb der Atmosphäre die Wärmestrahlung aller Instrumentteile weitgehend unterbinden. Das geschieht mit flüssigem Helium. Der Siedepunkt des Heliums liegt unter Normaldruck bei 4,2 K. Durch Erniedrigung des Drucks auf 52 mbar geht das normale flüssige Helium bei 2,18 K in das superflüssige HeII über. Außerhalb der Atmosphäre braucht man keine besondere Pumpe mehr. Man bringt das Helium dort auf 1,6 K und wird es bei dieser Temperatur halten.

Auch wenn die beiden Forderungen – Beobachtung außerhalb der Atmosphäre und extreme Kühlung der Instrumente – erfüllt sind, bleiben noch genügend Schwierigkeiten:

(1) Unvermeidbar ist die Infrarotstrahlung des interplanetaren Staubes. Das Teleskop in dem im Januar 1983 gestarteten Satelliten IRAS – Infrared Astronomical Satellite – hat noch die Strahlung eines Staubteilchens aus 1,5 km Entfernung aufgenommen.

(2) Wenn die Instrumente z.B. auf Spacelab montiert sind, wie es etwa für GIRL – German Infrared Laboratory – geplant ist, wird jeder Ausstoß aus einer Steuerdüse und jeder Abfall des Raumschiffes längere Zeit eine begleitende Wolke bilden, die durch ihre Infrarotstrahlung die Messungen mehr oder weniger beeinträchtigt.

(3) Ausgestoßene Gase können sich bei den tiefen Temperaturen auf wichtigen Teilen der Instrumente als dünne Eisschicht niederschlagen.

Vor dem Einsatz größerer Instrumente auf Spacelab sollen ab Ende 1984 mit einem tiefgekühlten 150 cm-IR-Teleskop einige der ausstehenden Probleme näher untersucht werden. Dieses Projekt trägt die Bezeichnung SL2IRT (Spacelab 2 Infrared Telescope). Natürlich wird auch dieses kleine Instrument schon echte astronomische Aufgaben durchführen. So ist eine Durchmusterung nach ausgedehnten IR-Quellen wie z.B. Molekülwolken geplant.

Schon 1981 sollte IRAS gestartet werden. Der Start erfolgte nach einigen Verzögerungen schließlich im Januar 1983. An IRAS waren die USA, die Niederlande und Großbritannien beteiligt. Ausgestattet war der Satellit mit einem 57-cm-Beryllium Spiegel, der durch superflüssiges Helium von 1,6 K auf 10 K gekühlt wurde. Die Detektoren für die IR-Strahlung, die sich in dem Brennpunkt des Fernrohres befanden, wurden bei einer Temperatur von etwa 2 K gehalten. Beobachtet wurde bei vier Wellenlängen: 12 μm, 24 μm, 59 μm und 101 μm. Bei jedem Umlauf um die Erde in 900 km Höhe wurde ein Streifen des Himmels erfaßt, der 30 Bogenminuten (d.h. etwa so breit wie der Vollmond) war. Einige der 62 Detektoren waren so empfindlich, daß noch 10^{-26} W m^{-2} Hz^{-1} nachgewiesen werden konnten. Die Meldungen von IRAS kamen alle 12 Stunden, wenn Verbindung mit den Empfangsstationen auf der Erde waren. Dann wurden die aufgenommenen Daten zur Erde gefunkt und ein Bericht über den Zustand der Instrumente gegeben. Neue Informationen an IRAS konnten dann für die folgenden 12 Stunden neuer Beobachtungszeit übermittelt werden. Einige besonders interessante Entdeckungen seien hier vermerkt.

Einige der Entdeckungen von IRAS

Im Sonnensystem sind drei parallele Staubringe zwischen Mars und Jupiter gefunden worden, die wahrscheinlich durch Zusammenstöße zwischen Asteroiden entstanden sind.

IRAS hat sechs neue Kometen entdeckt. Einer bewegt sich auf einer Bahn, die ziemlich gut mit der Bahn der Geminiden übereinstimmt. Der Körper hat einen Durchmesser, der wesentlich über dem Durchmesser von Kometen liegt (Kometen haben einen Durchmesser von einigen 100 km). Der Körper in der Geminidenbahn ist nach Beobachtungen von der Erde aus ein wenig kleiner als 2 km. Es scheint sich um einen Asteroiden zu handeln.

Bei Wega, dem hellsten Stern in der Leier, der 26 Lichtjahre von uns entfernt ist, ist ein Ring oder eine Hülle entdeckt worden, die aus Teilchen besteht, deren Größen über 1 mm liegen. Vermutungen, daß es sich um die ersten Stadien bei der Bildung eines Planetensystems handelt, sind bei dem augenblicklichen Stand der Beobachtungen etwas früh geäußert worden. Weitere Untersuchungen werden vielleicht eine Klärung bringen.

Der Riesenstern Beteigeuze im Orion besitzt eine ausgedehnte Hülle aus Gas und Staub, die sich bis zu 3 Lichtjahren weit vom Stern erstreckt. IRAS hat eine Asymmetrie dieser Hülle entdeckt, die durch den Zusammenstoß der ausgeworfenen Materie mit der interstellaren Materie entstanden ist. Bezüglich Beteigeuze werden gelegentlich Überlegungen angestellt, ob bald eine riesige Explosion seinem Leben ein Ende setzen könnte. Jedoch soll aber der geschätzte jährliche Massenabfluß einige Erdmassen betragen, was bedeuten könnte, daß genügend Masse abgeführt wird, um eine Explosion zu vermeiden.

Im zentralen Bereich unserer Milchstraße sind längliche Wolken entdeckt worden, die wahrscheinlich bei Explosionen entstanden sind. Auch im übrigen Bereich des interstellaren Raumes sind feine Wolken gefunden worden. Wahrscheinlich handelt es sich bei diesen um Staub, der von Sternen angestrahlt und aufgeheizt wird. Er sendet dann im langwelligen Infrarot die aufgenommene Wärme wieder ab. Einige Astronomen vermuten, daß es sich um Graphitteilchen handelt, die sich in Sternatmosphären gebildet haben. Außerhalb unserer Milchstraße sind auf engem Raum 80 Galaxien gefunden worden, deren Infrarotstrahlung die Ausstrahlung im optischen Bereich stark übertrifft. Dieses Verhältnis liegt bei unserer Milchstraße etwa bei 1. Bei anderen Galaxien schwankt es zwischen 0,1 und 10. Es sind unter den 80 Galaxien Werte bis zu 50 gemessen worden. Da infrarote Strahlung oft ein Zeichen für die Bildung neuer Sterne ist, liegt der Schluß nahe, daß es sich vielleicht bei den entdeckten Systemen um eine rasche Entstehung von Sternen handelt. Es könnte sich dabei um einen Vorgang handeln, den man in kleinerem Maßstab in unserer näheren Umgebung beobachtet. Sterne entstehen immer in größerer Zahl, und die Entstehungsgebiete pflanzen sich zeitlich durch eine interstellare Gas- und Staubwolke fort.

Weitere Projekte

Für die Mitte der 80er Jahre – wahrscheinlich 1986 – ist der Einsatz des in Entwicklung befindlichen IR-Observatoriums GIRL vorgesehen. GIRL bedeutet: German InfraRed Laboratory. GIRL soll mit einem 50 cm-Teleskop versehen sein, das durch flüssiges Helium von 1,6 K gekühlt wird und das mit einer Genauigkeit von $1''$ ausgerichtet werden kann. Zur Einstellung auf eine Infrarotquelle werden zunächst mit Hilfe von Sternsensoren zwei benachbarte Sterne angepeilt. Von den bekannten Koordinaten dieser Sterne aus wird dann das Teleskop auf die zu untersuchende IR-Quelle eingestellt. Als Detektoren werden dotierte Halbleiter wie GeGa oder SiAs benutzt. Bei einer Größe von rund $0{,}25\ \text{mm}^2$ und einem Widerstand von etwa $10^8\ \Omega$ der einzelnen Detektoren ergeben sich beim Auftreffen der Strahlung nur sehr schwache Signale, die ohne Tiefkühlung aller Apparateteile im Rauschen untergehen würden.

Eine Aufgabe von GIRL wird es sein, einige der von IRAS gefundenen Objekte genauer zu untersuchen. Besondere Aufmerksamkeit wird auf die Gebiete gerichtet werden, in denen die Entstehung von Sternen vermutet wird, wie weiter oben am Beispiel der Molekülwolke im Orion geschildert wurde.

Außer den genannten Objekten – IRAS, GIRL und SL2IRT – gibt es weitere Vorhaben. Die Japaner planen etwa für 1987 ein Infrared Telescope on Spacelab – IRTS – mit einem 25 cm-Telescope. Insbesondere sollen mit IRTS Galaxien näher untersucht werden.

Ebenfalls ab 1987 soll das größte tiefgekühlte Instrument – ein 85-cm-Teleskop – auf der Weltraumfähre Shuttle zum Einsatz kommen. Nach der Planung soll der Einsatz sich öfter wiederholen. Es handelt sich um SIRTF (Shuttle Infrared Telescope Facility), d.h. um eine Einrichtung oder Anlage eines Infrarot-Teleskops auf der Weltraumfähre Shuttle.

Um die das ganze Weltall durchflutende Hintergrund- oder Background-Strahlung im fernen Infrarot genauer untersuchen zu können, ist für das Ende der 80er Jahre der Einsatz des Satelliten COBE (Cosmic Background Explorer) geplant.

Und schließlich plant die europäische Weltraumbehörde ESA (European Space Agency) ein Observatorium mit der Kurzbezeichnung ISO (Infrared Space Observatory). Der Start soll 1989 mit einer Ariane-Rakete erfolgen.

Man kann also in den beiden letzten Jahrzehnten dieses Jahrhunderts mit einer ungewöhnlichen Fülle von Daten aus dem Bereich der Infrarotastronomie rechnen.

6.2 Das Millimeter- und Submillimetergebiet

Der Weg aus dem optischen Bereich führte uns zunächst zur Infrarotastronomie. Das reichhaltige Radiogebiet wird in diesem Buch bis auf den Bereich der Millimeter- und Submillimeterwellen ausgespart.

Das erste Molekül, das auf radioastronomischem Wege 1963 entdeckt wurde, war OH. Das geschah zunächst bei einer Wellenlänge von 18 cm, später auch bei 2,2 cm, 5 cm und 6,3 cm. Nicht lange danach folgte die Entdeckung, daß es im interstellaren Raum Wasser H_2O und Ammoniak NH_3 gibt. H_2O wurde bei 13,5 mm, NH_3 bei 12,6 mm gefunden, beide Stoffe in Emission. Damit war man dem mm-Gebiet immer näher gekommen. In der folgenden Tabelle 6-12 sind einige Moleküle aufgeführt, deren Nachweis zum großen Teil im mm-Gebiet gelang.

In den Tabellen sind von etwa 60 entdeckten Molekülen und Molekülionen – einschließlich der Isotope – 31 alleine im Bereich der Millimeterwellenastronomie gefunden worden. Das hebt die Bedeutung der Millimeterwellenastronomie für die zukünftige Forschung hervor.

Es gibt noch nicht viele Radioteleskope, die für den mm-Bereich geeignet sind. Außer den fertiggestellten sind einige Geräte in Planung, teils schon im Bau. Sie sollen noch in diesem Jahrzehnt in Betrieb genommen werden. Ein Blick auf wenige Instrumente soll Wesentliches hervorheben.

Auf dem Mount Hopkins bei Tuscon in Arizona steht ein Spiegelteleskop aus 6 Spiegeln, von denen jeder einen Durchmesser von 1,8 m besitzt (Einzelheiten s. im Abschnitt 2.7.2). Dieses Instrument wird u.a. dazu benutzt, Strahlung aus Molekülwolken mit Wellenlängen unterhalb eines Millimeters mit guter Auflösung zu empfangen. In diesem Bereich erfährt man viel über die chemische Zusammensetzung der Wolke, die physikalischen Bedingungen wie Temperatur und Druck und auch über die Bewegungsverhältnisse.

Das erste physikalische Institut der Universität Köln besitzt ein 3-m-Teleskop für den Bereich von 5 mm bis zu 0,5 mm. Die Reflektorfläche ist auf 0,05 mm genau gestaltet. Das ist die erforderte Genauigkeit für die kleinste noch zu empfangende Wellenlänge. Die Untersuchungen richten sich hier auf die chemische Zusammensetzung interstellarer Molekülwolken. Die Professoren *Gilbert Winnewasser* und *Manfred Winnewasser* aus Köln und Gießen – zwei Brüder – haben schon im Bereich der mm-Wellenastronomie wichtige Entdeckungen gemacht. So haben sie bei 3,3 mm 1976 die Isoblausäure gefunden. In ihr sind die drei Atome H, C und N in anderer Reihenfolge geordnet wie in der Blausäure: Isoblausäure H–NC, Blausäure H–CN.

Auf dem Mount Locke steht das 5 m-Teleskop der Universität Texas. Die reflektierende Fläche ist mit Gold überzogen. Sie soll die zur Zeit genaueste Reflektorfläche der mm-Radioastronomie sein.

Tabelle 6-12 Wichtige im mm-Gebiet nachgewiesene Moleküle

Molekül	chem. Formel	Wellenlänge	Emission = E Absorption = A
Kohlenmonoxid	CO	1,3 mm, 2,6 mm 120 nm, 160 nm, 870 nm	E
Kohlenmonosulfid	CS	2,04 mm	E
Cyan	CN	2,64 mm, 387,46 nm	E/A
Siliciummonoxid	SiO	2,31 mm, 3,45 mm	E
Siliciummonosulfid	SiS	2,75 mm, 3,3 mm	E
Schwefelmonoxid	SO	2,17 mm, 3,02 mm	E
Schwefelnitrid	SN	2,60 mm	E
Schwefelwasserstoff	H_2S	1,8 mm	E
Deuteriertes Wasser	HDO	3,72 mm	E
Cyanwasserstoff	HCN	3,38 mm, 3,47 mm	E
Isoblausäure	HCN HNC	3,3 mm	E
Schwefeldioxid	SO_2	3,46 mm, 3,68 mm	E
Kohlenoxysulfid	OCS	2,74 mm	E
Ethinyl-Radikal	C_2H	3,43 mm	E
Formyl-Radikal	HCO	3,46 mm	E
Formaldehyd	H_2CO	2,0 mm, 2,1 mm 1,03 cm, 2,07 cm, 6,21 cm	E/A
Isoblausäure	HNCO	3,36 mm, 1,4 cm	E
Deuteriumamid	HN_2D	3,5 mm	E
Methan	CH_4	3,61 mm, 3,93 mm, 6,52 cm	E
Keten	H_2C_2O	2,94 mm, 3,0 mm, 3,67 mm	E
Methanol	CH_3OH	3 mm, 1 cm, 3,6 cm	E
Cyanamid	NH_2CN	3,73 mm	E
Methylamin	CH_3NH_2	3,48 mm, 4,1 mm, 3,41 cm	E
Methylcyanid	CH_3CN	2,72 mm, 8,15 mm	E
	CH_3C_2N	3,52 mm	E
Vinylcyanid	H_2C_2HCN	2,18 mm	E
Dimethylether	$(CH_3)_2O$	3,29 mm, 3,47 mm, 9,64 mm	E
Ethanol	CH_3CH_2OH	2,85 mm, 3,5 mm	E
Heptatriinnitril	HC_7N	1,21 cm, 1,27 cm, 2,95 cm	
Nonatretainnitril	HC_9N $HC_{11}N$	2,6 cm, 2,86 cm	

Tabelle 6-13 Molekülionen im interstellaren Raum

Molekülion	chem. Formel	Wellenlänge	Emission = E
Distickstoff-Wasserstoff-Kation	$[N_2H]^+$	3,22 mm	E
Deutero-Distickstoff-Kation	$[N_2D]^+$	3,9 mm	E
Formyl-Kation	$[HCO]^+$	3,46 mm	E
Deutero-Formyl-Kation	$[DCO]^+$	4,16 mm	E

Den Japanern gelang es, ein Riesenteleskop von 45 m Durchmesser für Beobachtungen im mm-Bereich fertig zu stellen. Die kleinste erfaßbare Wellenlänge soll 2 mm sein. Der Standpunkt der Geräte ist nicht besonders günstig. In einer Höhe von 1350 m in Nobeyama befindet sich noch relativ viel Wasserdampf in der Atmosphäre über dem Instrument. Dadurch entstehen im Gebiet der mm-Wellen zahlreiche Absorptionen, die die Beobachtungen sehr stören. Am gleichen Ort existiert neben dem 45-m-Teleskop noch ein Interferometer aus 5 Spiegeln, die jeweils einen Durchmesser von 10 m besitzen.

Auf dem Kitt Peak in Arizona steht das sehr erfolgreiche 11-m-Teleskop, mit dem Strahlung bis zu 1,8 mm erfaßt wird.

Im April 1979 wurde von der Max-Planck-Gesellschaft und dem Centre National de Recherche Scientifique das Institut IRAM (Institut für Radioastronomie im Millimeterbereich) gegründet. Ihm werden zwei Einrichtungen zur Verfügung stehen. Auf dem Pico de Veleto in der Sierra Nevada bei Granada steht in 2820 m Höhe das von den Firmen *Krupp* und *MAN* gebaute 30-m-Teleskop. Erreicht werden soll eine kleinste Wellenlänge von 1 mm. Die Genauigkeit der Reflektorfläche muß also 0,1 mm betragen. Das ist nur möglich, wenn über die gesamte Konstruktion, die den Reflektor trägt, kein größerer Temperaturunterschied als 1 °C auftritt. Um dies zu erreichen, ist die Tragekonstruktion mit einer 40 mm starken Schicht umgeben, die in starkem Maße thermisch isoliert. Ventilatoren bewirken eine Luftströmung, die Temperaturunterschiede schnell ausgleicht. Die Außenhaut kann auch elektrisch beheizt werden, damit im Winter die Bildung von Eis verhindert wird. Die Reflektorfläche besteht aus 420 Paneelen, jede Paneele wiederum aus zwei 1,2 mm dicken Aluminiumplatten, die auf beide Seiten einer 40 mm starken Honigwabe aus Aluminium geklebt sind. Die Justiergenauigkeit einer Paneele ist besser als 40 μm. Die über die Reflektorfläche gemessene mittlere quadratische Abweichung ist kleiner oder gleich 90 μm.

Empfänger:

Für den Empfang der Radiowellen aus dem Weltall sind verschiedene Geräte in Gebrauch. Im Bereich der Millimeter- und Submillimeterstrahlung werden Bolometer, parametrische Verstärker, Maser und Heterodyn-Empfänger verwendet.

In der Radioastronomie gibt man den empfangenen Strahlungsfluß nicht in Watt an, sondern in der „Antennentemperatur". In jedem Widerstand ist auch ohne angelegte Spannung mit empfindlichen Instrumenten ein Strom zu messen, der von der unregelmäßigen Bewegung der Elektronen herrührt. Dieses „Rauschen" hängt von der Temperatur des Widerstandes ab. Man gibt nun bei jeder Messung die Temperatur eines angepaßten Widerstandes an, bei der dieser die gleiche Leistung zeigt wie die Empfangsantenne bei der Aufnahme der Strahlung. Diese Antennentemperatur muß durch Eichmessungen für das benutzte Gerät in Watt umgerechnet werden. Ein Empfänger ist um so besser, je geringer seine eigene Rauschtemperatur ist. Um diese zu erniedrigen, ist eine Kühlung notwendig.

6.3 Ultraviolett-Astronomie

6.3.1 Der Empfang

Die ultraviolette Strahlung (UV) wurde im Jahre 1801 von *J. W. Ritter* durch photochemische Wirkungen entdeckt.

Die UV-Strahlung kann an der Erdoberfläche wegen der Absorption durch Moleküle der Erdatmosphäre nur bei Wellenlängen oberhalb etwa 300 nm empfangen werden. Im Bereich zwischen 230 nm bis 300 nm absorbiert hauptsächlich Ozon O_3, zwischen 100 nm und 230 nm wird die Absorption durch Stickstoff N_2 und Sauerstoff O_2 verursacht. Sauerstoff- und Stickstoff*atome* (O und N) in Höhen über 100 km verhindern das Eindringen des kurzwelligsten UV in tiefere Schichten der Atmosphäre. Auch mit Satelliten kann man nicht die kurzwellige Strahlung der Sterne mit $\lambda \leqslant 91{,}2$ nm empfangen. Das interstellare Medium, das ja hauptsächlich aus Wasserstoff besteht, absorbiert alle Strahlung von 91,2 nm bis etwa 10 nm. Mit einer Strahlung, deren Wellenlänge kleiner oder gleich 91,2 nm ist, wird Wasserstoff ionisiert. Unterhalb von 10 nm ist der Weg zwischen den Sternen wieder weitgehend frei. Für die Beobachtung der Sonne gibt es natürlich bezüglich der Absorption keine Probleme.

Beobachtungen der ultravioletten Strahlung werden in Satelliten (und Raketen) mit Spiegeln und Gittern gemacht. Aluminium besitzt auch für das UV ein gutes Reflexionsvermögen. Um die Störung durch die übliche Al_2O_3-Schicht zu vermindern, wird das Aluminium mit einer MgF_2-Schicht bedampft. Dadurch erhält man für die Lyman-alpha-Linie des Wasserstoffs bei 121,6 nm noch ein Rückstrahlvermögen von 80 %.

Zur Begrenzung der Strahlung nach kurzen Wellenlängen hin werden z.B. Quarzglas, BaF_2, CaF_2 und LiF verwendet (s. Bild 6-6).

Als Empfänger für die kosmische UV-Strahlung wurden in Raketen Fotoplatten eingesetzt. Die Empfindlichkeit normaler Filme und Platten reicht etwa bis 185 nm. Unter-

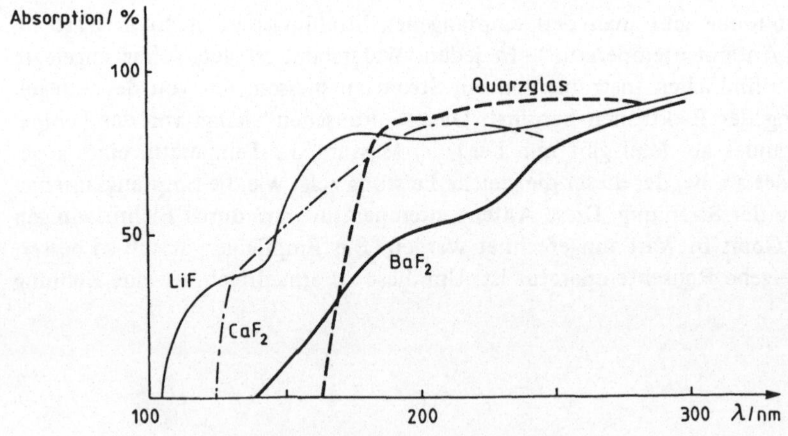

Bild 6-6 Begrenzung der UV-Strahlung nach kurzen Wellenlängen hin

halb dieses Bereiches muß man die 1892 von *Victor Schumann* entwickelten „Schumann-Platten" nehmen. Diese besitzen sehr wenig oder gar keine Gelatine und nur geringe Schichtdicken, damit die Absorption klein bleibt. Schumann-Platten müssen im Vakuum benutzt werden; der Umgang mit ihnen ist umständlich. In Satelliten können Fotoplatten nicht verwendet werden, denn die aufgenommenen Signale müssen ja zur Erde gefunkt werden. Hier setzt man die Multiplier (Photozellen mit Sekundärelektronen-Vervielfachung) ein. Die Photokathoden aus Alkalimetallen oder gelegentlich auch anderen Stoffen wie z.B. Caesiumtellurid sind nur im Vakuum beständig. Sie werden in Kolben aus Quarzglas oder in Kolben mit Spezialfiltern wie CaF_2 oder LiF aufbewahrt. Mit ihnen kommt man zu Wellenlängen bis zu 105 nm herab. Um kurzwelligere Strahlung zu empfangen, verwandelt man das UV durch besondere Leuchtstoffe in langwelligere Strahlung, z.B. mit Natriumsalicylat ($NaC_7H_5O_3$), dessen Fluoreszenz-Licht zwischen 400 nm und 470 nm liegt. Andere Substanzen zur Vorschaltung vor Multipliern sind reines NaI, NaI mit Tellur und ZnS mit Silber. Für den Empfang der ultravioletten Strahlung z.B. von Sternfeldern können Geräte benutzt werden, die eigens für Beobachtungen im UV entwickelt worden sind. Hierzu gehört das *„Uvicon"*, eine Fernsehaufnahmeröhre, deren Frequenzbereich nach kurzen Wellenlängen hin durch das Fenster begrenzt ist und dessen langwellige Grenze durch die Empfindlichkeitsgrenze der Photokathode gegeben ist.

Weitere Empfänger für die ultraviolette Strahlung sind Ionisationskammern und Zählrohre. Hier wird die langwellige Grenze durch das Füllgas bestimmt. Die kurzwellige Grenze wird wieder durch spezielle Filter gesetzt. So wird z.B. durch NO als Füllgas ein Spektrum ausgeblendet, das bei Benutzung eines 1 mm dicken LiF-Fensters zwischen 105 nm und 135 nm liegt; Diethylsulfid $(C_2H_5)_2S$ mit einem Fenster aus BaF_2 läßt Messungen zwischen 135 nm und 148 nm zu.

6.3.2 Raketen und das UV-Spektrum der Sonne

Das erste Sonnenspektrum bis zu 220 nm wurde durch eine V2-Rakete im Oktober des Jahres 1946 gewonnen (Bild 2-15). Viele weitere Untersuchungen im UV mit Raketen und Satelliten mit weit besseren Instrumenten und besserer Ausrichtung und Auflösung folgten. In den Jahren 1958 bis 1961 wurden zunächst weitere Raketenaufstiege durchgeführt. Als erstes wurde das Sonnenspektrum zwischen 8,4 nm und 121,6 nm aus einer Höhe von 200 km fotografiert. Dann folgten 1960 photoelektrische Messungen zwischen 6,2 nm und 110 nm. 1961 wurde das Spektrum der Sonne von 25 nm bis 130 nm mit einer Auflösung von 0,15 nm und 0,3 nm photoelektrisch festgehalten, und im gleichen Jahr gelang eine fotografische Aufnahme zwischen 17 nm und 83 nm, ohne daß Streulicht anderer Wellenlängen eine größere Störung ausübte.

Das Spektrum der Sonne im ultravioletten Bereich zeigt von größeren Wellenlängen ausgehend zunächst eine wachsende Zahl von Absorptionslinien. Diese Zahl ist stellenweise so groß, daß die Feststellung eines Kontinuums zwischen den Linien kaum noch möglich ist (Bild 6-7). Die kontinuierliche Strahlung nimmt mit abnehmender Wellenlänge stark ab. Die Fraunhofer-Linien in Absorption werden immer schwächer, unterhalb von 153 nm ist keine Absorptionslinie mehr zu finden. Dafür treten hier Emissionslinien auf (Bild 6-7). Unter diesen ist die Lyman-Linie des Wasserstoffs – 121,6 nm – die weitaus stärkste. Emissionen im zentralen Bereich einer Absorptionslinie treten schon bei größeren Wellen-

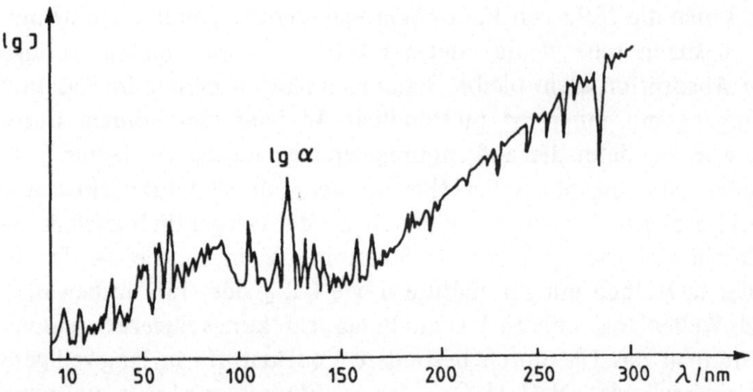

Bild 6-7 UV-Spektrum der Sonne

längen auf. So zeigen die besonders starken Absorptionslinien H und K des einfach ionisierten Calciums (Ca^+ oder CaII) mit 396,85 nm und 393,37 nm in ihrer Mitte eine leichte Emission. Bei den Absorptionslinien des ionisierten Magnesiums mit 280,3 nm und 279,6 nm ist die mittlere Emission sehr deutlich, und die Linien des ionisierten Siliciums mit 181,7 nm und 180,8 nm besitzen nur noch ganz schwachen Absorptionscharakter, bei ihnen liegt schon fast reine Emission vor.

Die Erklärung für diese Erscheinung ist einfach. Absorptionslinien entstehen in höheren Schichten der Sonnenatmosphäre, in denen die Temperatur niedriger ist als dort, woher das Kontinuum stammt. Wenn man also mit Hilfe eines schmalen Spaltes von der Mitte einer Absorptionslinie über ihren Rand bis zum anschließenden Kontinuum geht, sieht man von höheren Schichten geringerer Temperatur in immer tiefere und heißere Bereiche, was bei der Sonne manchmal wenige 100 km ausmacht. Kommt man in das Gebiet, in dem die Absorptionslinien merklich verschwinden (zwischen 180 nm und 153 nm) so hat man eine Höhenschicht mit einer Temperatur erreicht, die derjenigen der tiefer liegenden Atmosphärenschicht entspricht, aus der das Kontinuum stammt. Die Emissionslinien werden schließlich in einer noch höheren Schicht erzeugt, in der die Temperatur die 6000 K der Photosphäre übersteigt. Erinnert sei hier an das Flashspektrum der Sonne, das bei totalen Sonnenfinsternissen aufgenommen werden kann. In dem Flashspektrum treten bekanntlich Emissionslinien der unteren Chromosphäre auf. Diese findet man hier auch im sichtbaren Bereich des Spektrums, weil das kontinuierliche Licht der Photosphäre abgeblendet ist.

6.3.3 UV-Untersuchungen mit Satelliten

Es ist verständlich, daß im Ultravioletten zunächst die Sonne beobachtet wurde. Einmal ist die Sonne für uns besonders interessant, zum anderen lassen sich Instrumente auf die Sonne leicht einstellen.

Mit besseren Geräten und schnell gewonnener Erfahrung wurde bald der ganze Himmel nach UV-Strahlung abgesucht. Zunächst empfing man schon 1955 bei einem Raketenaufstieg in 104 km Höhe die erste Ultraviolettstrahlung aus dem Kosmos. Die Auflösung war sehr schlecht. Bei der Erfassung eines Gebietes von 20° konnte nur nachgewiesen werden, daß aus einem Milchstraßengebiet, in dem sich die Sternbilder Puppis und Vela befinden, UV-Strahlung kommt.

Am 8. April 1966 wurde der Satellit OAO-1 gestartet (OAO = Orbiting Astronomical Observatory). Leider kam es nicht zum Erfolg. OAO-1 kam zwar noch in die richtige Lage, doch versagte die Energieversorgung.

Am 7. Dezember 1968 wurde OAO-2 in seine Umlaufbahn gebracht. Er umkreiste in einer Höhe von etwa 770 km die Erde in 100,2 Minuten. Zwei Gruppen haben die Instrumente geliefert. Für die Celescope-Experimente war das Smithsonian Astrophysical Laboratory verantwortlich. 4 Fernrohre mit der Öffnung von 31 cm sollten die Helligkeit von möglichst vielen Sternen im ultravioletten Bereich messen. Dazu waren ultraviolettempfindliche Fernsehröhren, sogenannte Uvicons, vorgesehen. Kurzfristig gespeicherte Bilder konnten mit einem Elektronenstrahl abgetastet und zur Erde gefunkt werden.

Die Universität von Wisconsin hat junge und heiße Sterne im UV-Bereich untersucht. Dazu dienten vier Fernrohre mit jeweils 20 cm Öffnung und verschiedenen Fotometern für den Bereich von 100 nm bis 300 nm. Weiter waren zwei Spektrographen für 100 nm bis 200 nm und 200 nm bis 400 nm eingebaut. Ein 40-cm-Teleskop diente der Untersuchung von Nebeln.

Am 21. August 1972 gelang ein weiterer erfolgreicher Start eines OAO-Satelliten. Dieser Satellit, der OAO-3, bekam den Namen *„Copernicus“*. Denn 1972 waren 500 Jahre seit der Geburt des Astronomen Kopernikus vergangen. Das wichtigste Instrument war ein 81-cm-Teleskop mit einem hochauflösenden Ultraviolett-Spektrometer.

Ein besonders erfolgreicher UV-Satellit wurde am 28. Januar 1978 in eine geosynchrone Bahn gebracht. In 36 000 km Höhe über dem Erdboden bewegte er sich so, daß die Projektion seiner Bahn über Mittel- und Südamerika und dem Atlantischen und Pazifischen Ozean lag (Bild 6-8). Dieser „International Ultraviolett Explorer“ (IUE) konnte ständig

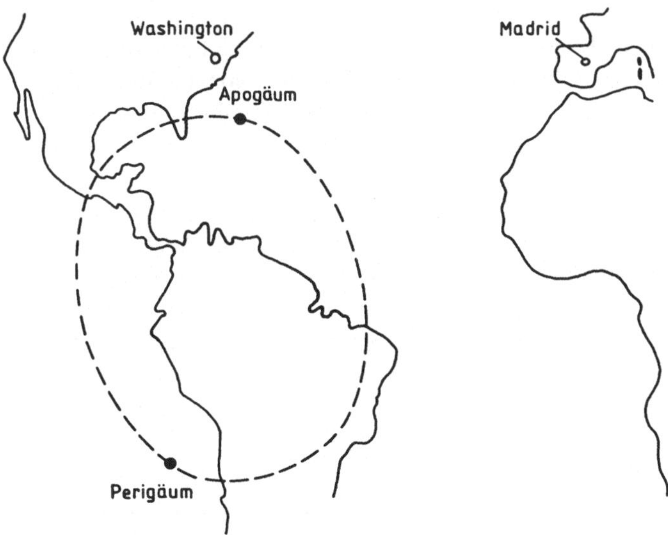

Bild 6-8 Die Projektion der Bahn des International Ultraviolett Explorers

von dem Nasa Goddard Space Flight Center in Maryland beobachtet werden. Auf einem Teil seiner Bahn war er von Villafranca – etwa 30 km von Madrid entfernt – rund 10 Stunden lang zu erfassen. Während der Belichtungszeit konnte der Satellit so genau auf ein Objekt eingestellt werden, daß mit Hilfe eines Sternsensors die Abweichungen von der gewonnenen Position kleiner als eine Bogensekunde blieben. Wegen der großen Bedeutung dieses Satelliten für die UV-Untersuchungen soll die Instrumentierung ein wenig erläutert werden.

Das Teleskop war ein 45-cm-Ritchey-Chrétien-Reflektor mit einer Brennweite von 6,75 m. Der Primärspiegel bestand aus Beryllium. Man erreichte auf diese Weise ein kleines Gewicht bei optisch guten Verhältnissen und gewann Platz für die notwendigen Zusatzinstrumente. Das wichtigste Gerät war ein Spektrograph mit einem Auflösungsvermögen von 0,02 nm bzw. von 0,6 nm. Im ersten Fall wurden Echelle-Gitter verwendet, im zweiten Fall wurden diese durch Planspiegel ausgeschaltet. Bei der Arbeit mit Echelle-Gittern konnten Objekte bis zur Größe 10^m beobachtet werden. Dabei ließen sich auch schwächere Linien so genau vermessen, daß eine Aussage über die chemische Zusammensetzung der untersuchten Objekte möglich wurde. Der Gewinn von guten Linienprofilen führte zu einer besseren Kenntnis der Bewegungsvorgänge in allen interessanten Fällen. Die Spektren wurden in zwei Wellenlängenbereichen aufgenommen: Der erste Bereich ging von 115 nm bis 200 nm, der zweite von 190 nm bis 320 nm. Zu diesem Zweck gab es im Spektrographen zwei Wege, nämlich einen zur Kamera für den kurzwelligen Bereich und einen zweiten zur Kamera für den längerwelligeren Bereich. Die ultraviolette Strahlung wurde zunächst in sichtbares Licht verwandelt. Dazu diente ein UV-to-visible image converter (UVC), der das Bild an eine SEC-Vidicon-Fernsehröhre weitergab. Das hier gespeicherte Bild kam als Videosignal zur Erde.

Wurde das Echelle-Gitter ausgeschaltet, so arbeitete das Gerät als Cassegrain-Spektrograph mit einer Auflösung von 0,6 nm, bei dem man normalerweise bis zur 15. Größe kam. Es wurde aber auch ein Quasar mit der visuellen Größe $m_v = 17\overset{m}{,}8$ beobachtet. Neben den Spektrographen gab es in dem Satelliten noch den "Fine Error Sensor" (FES). Dieser hatte mehrere Aufgaben. Einmal übernahm er als Sternsensor die Nachführung während einer Belichtungszeit. Dann konnte er das Gesichtsfeld von 16 Bogenminuten abtasten. Das gewonnene Bild wurde zur Erde gesandt und konnte dort auf einem Fernsehschirm untersucht werden. Schließlich konnte der FES die Photonenrate eines erfaßten Objektes zählen, woraus seine visuelle Helligkeit errechnet wurde.

Die Sowjets haben zusammen mit den Franzosen den Satelliten „Astron“ gestartet. Er besaß ein 80-cm-Teleskop für Untersuchungen im Ultravioletten. Auch hier gab es zwei Möglichkeiten, Spektren aufzunehmen. Für helle Sterne war eine sehr gute Auflösung vorhanden. Eine weitere, geringere Auflösung ließ noch Spektren von recht schwachen Objekten erfassen. Untersucht wurden junge Sterne, Gasströme in Doppelsternen, starke Sternenwinde, die zu einem Massenverlust bis zu 10^{-5} Sonnenmassen pro Jahr führen, und heiße Hüllen um Galaxien.

6.3.4 Beobachtungen im UV-Bereich

Aus der Fülle neuer Tatsachen sollen einige interessante Fälle herausgegriffen werden.

Auf der Sonne gibt es zwischen der Chromosphäre und der Korona ein Übergangsgebiet, in dem zwischen einer Höhe von etwa 10 000 km und 20 000 km Höhe über der Photosphäre ein starker Anstieg der Temperatur von etwa 10 000 K auf mehr als 500 000 K erfolgt. Nachgewiesen werden diese Temperaturen durch die Beobachtung von Linien ionisierter Elemente. So sind Linien von SiII, SiIII, SiIV sowie OII, OIII, OIV, OV und OVI und CIII in dem schmalen Bereich zwischen Chromosphäre und Korona gefunden worden. Für die Ionen SiIII, CIII und OVI betragen die Ionisationspotentiale 33,46 eV, 47,87 eV und 138,08 eV. Nach der Beziehung $\frac{3}{2} \cdot k \cdot T$ = Ionisationspotential ($k = 1{,}38 \cdot 10^{-23}\ JK^{-1}$) errechnet man folgende Temperaturen: $T_{SiIII} = 260\,000$ K; $T_{CIII} = 370\,000$ K; $T_{OVI} = 1\,070\,000$ K.

Wegen der Geschwindigkeitsverteilung genügen natürlich schon geringere Temperaturen für die Ionisation. Doch zeigen die Rechnungen für die Sonne einen schnellen Anstieg in hohe Temperaturbereiche (Bild 6-9) beim Übergang von der Chromosphäre in die Korona.

Mit dem IUE-Satelliten sind auch andere Sterne auf Übergangsgebiete zwischen einer Chromosphäre und einer heißen Korona untersucht worden. Bei Anordnung der gemessenen Sterne in einem Hertzsprung-Russel-Diagramm ergab sich etwas Erstaunliches: Sterne mit einem Übergangsgebiet, das zu einer heißen Korona führt, liegen alle links einer Trennungslinie, Sterne ohne heiße Korona liegen rechts dieser Linie (Bild 6-10). Ein Zwischenstadium scheint es nicht zu geben. Ein Übergangsgebiet mit mäßigen Temperaturen bis etwa 50 000 K wurde nicht gefunden. Zu den Sternen ohne eine heiße Korona gehören z.B. α UMa (α Ursis Majoris = Dubbe), α Boo (α Bootis = Arcturus) und α Ori (α Orionis = Beteigeuze). Bei diesen Sternen, deren Atmosphären nicht wie bei der Sonne aufgeheizt werden, muß ein starker Sternenwind existieren. In einem Modell wurde berechnet, daß die Lyman-alpha-Strahlung einen Wind erzeugen kann, der viel Materie fortträgt, ohne die Umgebung des Sterns aufzuheizen.

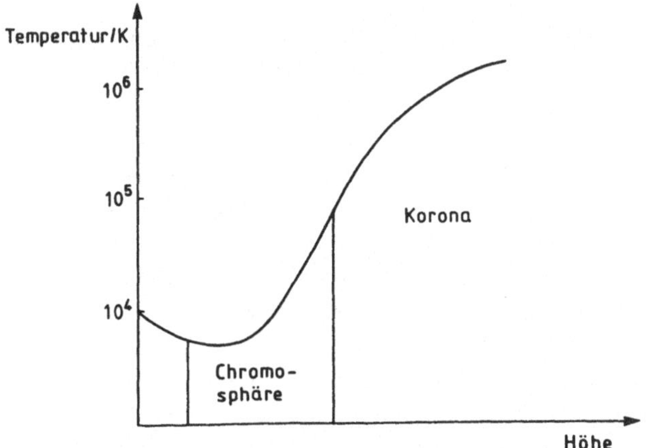

Bild 6-9 Temperaturverlauf zwischen Chromosphäre und Korona

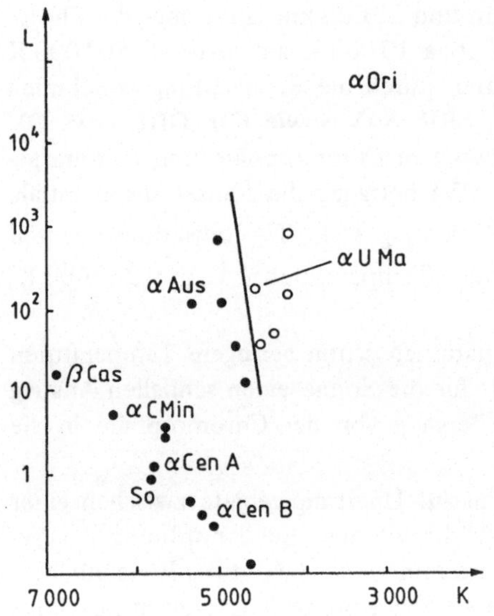

Bild 6-10
Sterne mit heißer Korona liegen im Hertzsprung-Russel-Diagramm links der eingezeichneten Trennungslinie, solche ohne heiße Korona rechts dieser Linie.

Eine starke Abstrahlung von Masse hat man aber auch bei heißen und jungen Sternen beobachtet. Die frühen Sterne vom B-Typ und alle Sterne vom Spektraltyp O (Oberflächentemperaturen von 20 000 K bis 40 000 K und mehr) verlieren mit einem Sternenwind, der mit etwa 1000 km s^{-1} weht, in jedem Jahr etwa 10^{-6} Sonnenmassen. Bei der starken Energieabgabe verbrauchen diese Sterne ihren Wasserstoff im Kerngebiet in einigen Millionen Jahren. In dieser Zeit aber ändern sie sich durch ihren Massenverlust stark. Sie ändern aber auch das interstellare Medium in ihrer Nachbarschaft. Untersuchungen z.B. mit Copernicus haben ergeben, daß der Sternenwind sich gelegentlich in kurzer Zeit merklich ändert.

Bild 6-11 zeigt Linien von vierfach ionisiertem Stickstoff im Bereich von 122 nm bis 125 nm, die im Abstand von etwas mehr als drei Jahren aufgenommen worden sind. Es handelt sich um den Stern δ Ori A. Seine Linien weisen ein P-Cygni-Profil auf, d.h. die Emissionslinien zeigen auf der kurzwelligen Seite eine Absorption. Die Emission stammt von der ausgedehnten Atmosphäre. Die Absorption wird hervorgerufen von dem ausgeworfenen Gas, das sich vom Stern auf uns zu bewegt und die Strahlung des Sterns absorbiert (Bild 6-12). Die Linien des vierfach ionisierten Stickstoffs NV zeigten im Februar 1976 deutlich eine stärkere Absorption als im November 1972. Die hohe Ionisation des Stickstoffs weist auf hohe Temperaturen hin, 100 000 K müssen sicher vorhanden sein. Sterne dieses Typs haben also eine heiße Korona.

Das interstellare Medium wurde 1904 entdeckt, als man die ruhende Calcium-Linie K des ionisierten Calciums im Spektrum des Doppelsterns δ Orionis entdeckte. Diese Linie nahm nicht an der periodischen Bewegung der anderen Linien teil, die durch den Umlauf der beiden Komponenten ihre Lage im Spektrum regelmäßig ändern. Der Entdecker der ruhenden Ca^{+}-Linie, *J. Hartmann*, gab sofort die richtige Deutung: Die Absorption findet nicht in der Sternatmosphäre, sondern im interstellaren Raum statt.

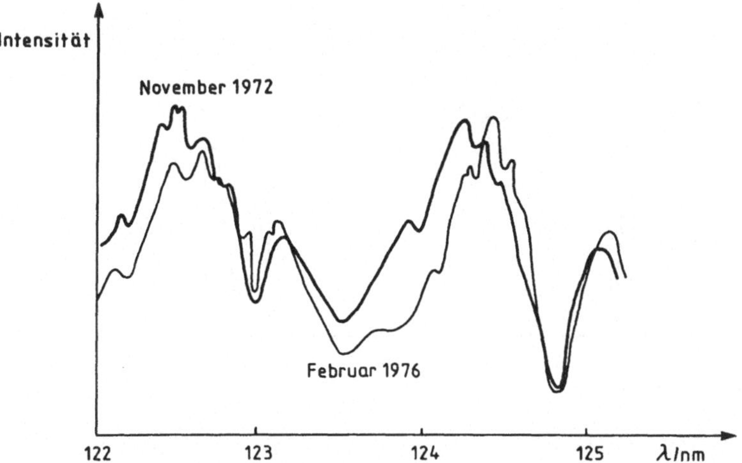

Bild 6-11 Linien des vierfach ionisierten Stickstoffs im Spektrum von δ Ori A, aufgenommen im Abstand von drei Jahren

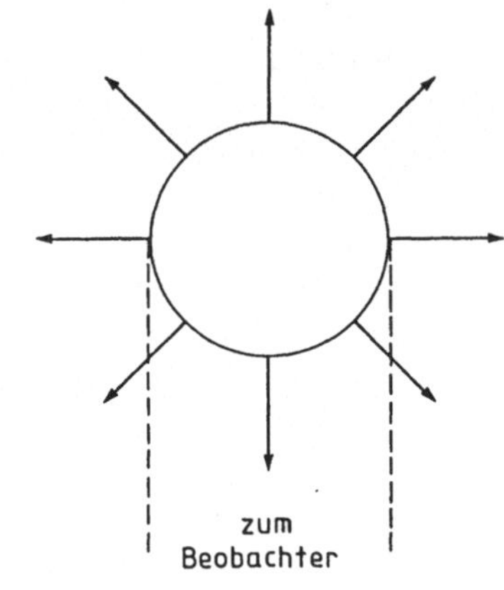

Bild 6-12

Das P-Cygni-Profil. Überlagerung der Emission durch eine Absorption, die von ausgeworfenem und sich auf den Beobachter zu bewegendem Gas hervorgerufen wird

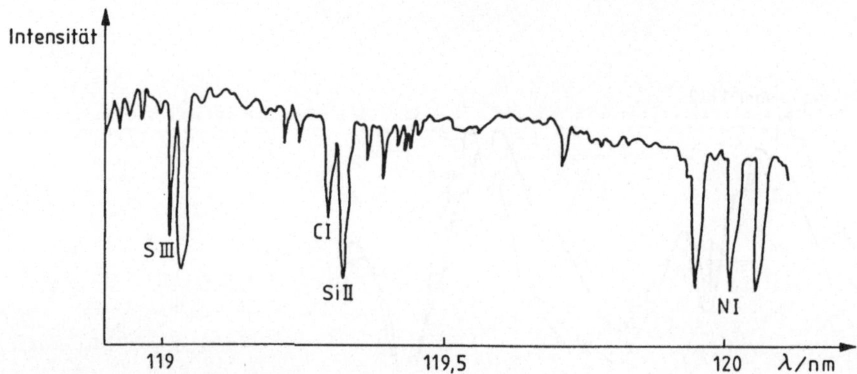

Bild 6-13 Interstellare Linien im UV-Spektrum

Die UV-Spektroskopie hat weitere interstellare Linien entdeckt, die z.B. den Elementen C, N, O, Si, S, Mg und Fe zuzuordnen sind und die alle im Ultravioletten liegen (Bild 6-13).

Das interstellare Gas ist weitgehend auf die galaktische Scheibe konzentriert. Es ist keineswegs homogen verteilt. Es gibt heißes Gas mit 0,01 Atomen je cm^3 und einer Temperatur von 1000 K und kühle Wolken mit vielleicht 10 000 Molekülen je cm^3 und einer Temperatur von 10 K bis 20 K. Die durchschnittliche Geschwindigkeit der Wolken beträgt 10 km s^{-1} bis 20 km s^{-1}. Nun haben UV-Spektren gezeigt, daß Wolken geringer Masse existieren, die sich mit etwa 50 km s^{-1} bewegen und eine Temperatur von 10 000 K bis 100 000 K besitzen. In ihnen ist z.B. SiIII, das zweifach ionisierte Silicium Si^{2+} nachgewiesen worden, für dessen Existenz aber eine hohe Temperatur erforderlich ist. Diese schnell bewegten und heißen Wolken stammen wahrscheinlich von Explosionen oder von einem heftig strömenden Sternenwind, der mit dem interstellaren Medium zusammenstößt und eine Schockfront bildet.

Enge Doppelsterne entwickeln sich anders als einzelne Sterne. Die Entwicklung eines Sterns hängt von seiner Masse ab. In einem engen Doppelstern dehnt sich der massereichere Stern, der seinen Wasserstoff im inneren Bereich schneller verbraucht hat als der masseärmere Stern, als erster aus. Diese Ausdehnung ist aber begrenzt. Um jeden der beiden Komponenten eines engen Doppelsterns gibt es die sogenannte Roche-Grenze, die von Materie nicht überschritten werden kann (Bild 6-14). Zwischen den Roche-Grenzen beider Sterne liegt der Librationspunkt L_1. Über diesen Punkt – hier berühren sich die Äquipotentialflächen beider Sterne – kann ein Austausch von Masse erfolgen. Diese sammelt sich in einer rotierenden Scheibe um den noch nicht so weit entwickelten zweiten Stern. Dadurch gewinnt der zweite Stern an Masse, während der erste, zunächst massereichere Stern, Masse verliert. Auf diese Weise kehrt sich das Massenverhältnis um. Der Stern mit der größeren Masse, der sich schneller entwickelte, verliert an Masse, und der andere Stern gewinnt einen großen Teil dieser Masse.

Doppelsterne mit Massenaustausch kennt man in größerer Zahl. Zum Beispiel gehört das Algolsystem (β Persei) hierzu. Doch findet in diesem System die Abwanderung von Masse von einem Stern zum anderen in einer durchaus gemäßigten Weise statt. Wenn man sich

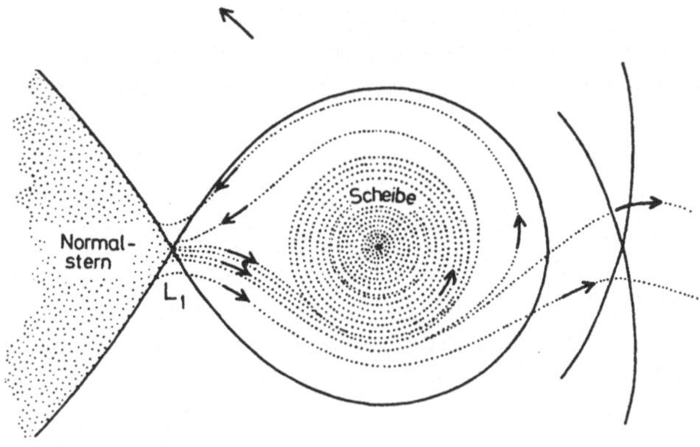

Bild 6-14
Die Roche-Grenze bei einem Doppelstern. Eingezeichnet sind Gasströmungen. (Aus *Sexl/Sexl*, Weiße Zwerge – Schwarze Löcher, Vieweg, Braunschweig 1979)

für einen schnellen Austausch von Masse interessiert, muß man sich anderen Doppelsternen zuwenden. Sterne in einem frühen Zustand schnellen Massenaustausches gehören zur W-Serpentis-Klasse. Hierzu sind außer W-Serpentis z.B. der oft untersuchte Stern β Lyra und die beiden Sterne RX und SX Cassiopeia zu zählen. Bei der Untersuchung dieser Sterne mit dem IUE-Satelliten haben sich interessante Fragen ergeben. Dem Stern SX Cassiopeiae wurde von der Erde aufgrund von Messungen im optischen Bereich der Spektraltyp A6 mit einer Oberflächentemperatur von 8000 K zugeschrieben. Messungen mit IUE führten dagegen zu 13 000 K. Der Grund: Eine zirkumstellare Wolke läßt SX Gas im optischen Bereich kühler erscheinen. Mit dieser neuen Feststellung wurde ein vorher unverstandenes Problem gelöst. Im Spektrum des Sterns erscheinen die Balmer-Linien des Wasserstoffs in Emission. Das ist aber nur möglich, wenn energiereiche Photonen mit $\lambda \leqslant 91{,}2$ nm existieren, die den Wasserstoff ionisieren können. Ein Stern mit $T_e = 13\,000$ K bietet diese Photonen, ein Stern mit $T_e = 8000$ K bietet sie nicht.

Die Untersuchungen im Ultravioletten führten aber zu neuen Schwierigkeiten. Das Spektrum zeigt eine Reihe von Linien, die von mehrfach ionisierten Atomen stammen. So findet man AlIII, CIV, SiIV und NV. Damit ein vierfach ionisiertes Stickstoffion in ausreichendem Maße entstehen kann, ist aber eine weit höhere Temperatur als 13 000 K nötig. Man muß mit wenigstens 80 000 K, besser noch mit Temperaturen über 200 000 K rechnen. Linien der oben genannten Art treten auch bei der Sonne auf. Sie entstehen in dem Gebiet zwischen Chromosphäre und Korona, in dem die Temperatur schnell auf einige 100 000 K steigt. In SX Cas sind diese Linien allerdings wesentlich stärker. Außerdem stellte man fest, daß sie teilweise verfinstert werden, wenn die Komponente, die Masse von ihrem Partner aufnimmt, von diesem Partner bedeckt wird. Mit größter Wahrscheinlichkeit entstehen die Linien ionisierter Atome im Akkretionsring um den aufnehmenden Stern. Die Umsetzung der notwendigen Energie muß durch heftige turbulente Bewegungen in diesem Ring erzeugt werden.

Noch ist vieles unklar bei den engen Doppelsternen. So zeigt β Lyra eine Absorption auf der kurzwelligen Seite der Emissionslinien. Man beobachtet die bekannte P-Cygni-Struktur. Materie muß sich also vom Stern entfernen. Das geschieht bei β Lyra mit Geschwindigkeiten von 400 km s^{-1} bis 500 km s^{-1}. Bei diesem Stern und anderen mit ähnlichen Beobachtungen bleibt zur Zeit die Frage offen, was mit der überströmenden Materie geschieht. Wieviel nimmt die eine Komponente über die Akkretionsscheibe auf? Wieviel bildet sich als zirkumstellare Wolke und wieviel wird in den interstellaren Raum geblasen?

6.4 Röntgenstrahlung

6.4.1 Empfang der Röntgenstrahlung

Während noch ein Teil der Infrarotstrahlung von erdgebundenen Instrumenten erfaßt werden kann, ist die Röntgenstrahlung nur von hochfliegenden Geräten aus zu beobachten. 1948 konnte *T. R. Burnright* erstmals die Röntgenstrahlung der Sonne mit Hilfe von Fotoplatten in einer Lochkamera, die sich an Bord einer Rakete befand, nachweisen. Im Juni 1962 entdeckten *B. Rossi* und Mitarbeiter die erste außerplanetarische Röntgenquelle. Sie benutzten eine Nike-Rakete, die eine Spitzenhöhe von 230 km erreichte. Als Nachweisgeräte dienten zwei Geigerzähler. Die Quelle wurde Sco X-1 genannt. 1966 wurde sie mit einem blauen Stern 13. Größe identifiziert. Sco X-1 sendet im Bereich der Röntgenstrahlung über 1000mal so viel Energie aus wie im gesamten optischen Bereich.

Die Röntgenstrahlung läßt sich am einfachsten durch ihre Energie messen. Es gilt

$$E = h\nu = h\,\frac{c}{\lambda} = \frac{1240}{\lambda} \qquad (\lambda \text{ in nm; } E \text{ in eV}) . \tag{6-2}$$

Weiche Röntgenstrahlung beginnt bei etwa 10 nm. Harte Röntgenstrahlung endet bei etwa 0,001 nm. Die zugehörigen Energien liegen zwischen etwa 100 eV und 10^6 eV. Geringere Energien gehören zur extremen und normalen UV-Strahlung, höhere zur γ-Strahlung. (Die Zerstrahlung von e^- und e^+ mit 1,022 MeV gehört sicher schon zur γ-Strahlung.)

Als Empfänger für Röntgenstrahlung können *Proportionalzähler* bzw. auch *Halbleiterdetektoren* und *Channelton-Multiplier* dienen. Beim Proportionalzähler wird durch die Röntgenstrahlung zunächst ein Elektron freigesetzt. Dieses fliegt unter der angelegten Spannung zur Anode und setzt weitere Elektronen frei (Bild 6-15). Der Verstärkungsfaktor beträgt 10^3 bis 10^5. Um einen guten Wirkungsquerschnitt σ_e für die einfallende Röntgenstrahlung zu bekommen, wählt man ein Füllgas mit hoher Ordnungszahl Z (wegen $\sigma_e \sim Z^4$); Argon (Z = 18) oder Xenon (Z = 54) sind geeignete Gase. Die Fenster der gasgefüllten Zählrohre müssen natürlich aus einem Stoff mit kleiner Ordnungszahl sein. So wählt man z.B. Beryllium (Z = 4) oder eine Kohlenstoffverbindung (Z = 6). Die Dicke der Fenster – meist 1 μm oder weniger – kann auch bei einem Zähler an verschiedenen Stellen verschieden sein. Man erreicht auf diese Weise eine schwache Auflösung bezüglich der Energie.

Die Richtungsbeobachtung ist gegenüber optischen Beobachtungen sehr stark eingeschränkt. Man benutzt z.B. Spalt- oder Drahtkollimatoren und erreicht so eine Auflösung bis zu 0,5 Grad. Draht- und Spaltkollimatoren können auch gekoppelt werden. Man erzielt dann Auflösungsvermögen bis zu 1′ oder etwas weniger.

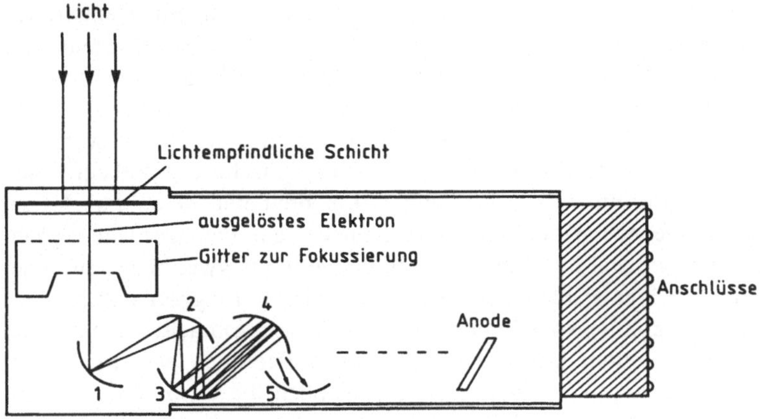

Bild 6-15 Proportionalzähler, schematisch

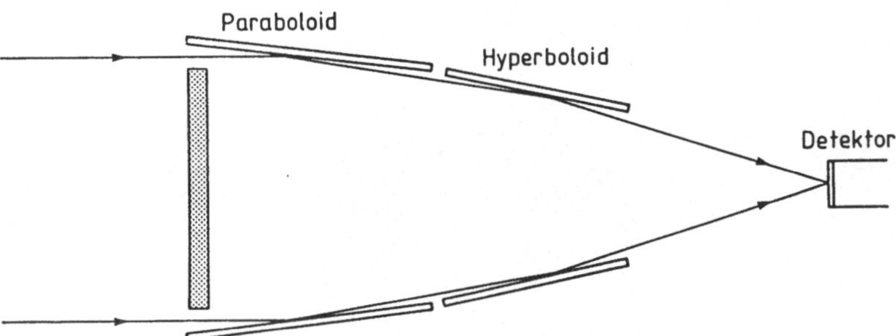

Bild 6-16 Querschnitt durch ein Röntgenteleskop aus Paraboloid- und Hyperboloid-Spiegeln. Die Röntgenstrahlung kann nur durch einen schmalen Kreisring nahe dem Paraboloid eintreten .

1952 hat *H. Wolter* in den *Annalen der Physik* Vorschläge gemacht, wie man unter Ausnützung der Totalreflexion Röntgenmikroskope und Röntgenteleskope bauen könnte. Die praktische Durchführung scheiterte, weil man damals nichtsphärische Flächen nicht unter 1/1000 der optischen Wellenlänge polieren konnte. Doch schon 1963 gelang es mit Hilfe eines Röntgenteleskops das erste Röntgenbild der Sonne mit einer Auflösung von $1'$ zu bekommen, und 1973 konnten die Skylab-Astronauten tausende Bilder der Sonnenkorona mit einer Auflösung von $5''$ aufnehmen. – Die Arbeitsweise eines Röntgenteleskops geht aus Bild 6-16 hervor.

Am Beispiel des Einstein-Observatoriums HEAO-2 (High Energy Astronomy Observatory) soll das Wichtigste aufgezeigt werden. Der Satellit wurde am 13. 11. 1978 gestartet und nach zwei Jahren und fünf Monaten am 25.4.1981 abgeschaltet. Zur Funktionsweise: Die streifende Totalreflexion fand an acht Flächen statt: zuerst an vier konzentrisch liegenden Parabolflächen und dann an vier konzentrisch liegenden Hyperboloidflächen. Die Öffnung betrug 58 cm, die Brennweite 340 cm. (Die Öffnung des Teleskops kann nicht mit der sammelnden Öffnung eines optischen Fernrohres verglichen werden.) Wegen der streifenden Reflexion spielte bei HEAO-2 nur eine Fläche von 300 cm^2 eine Rolle. Das Einstein-Observatorium war 6,7 m lang, 2,4 m breit und besaß eine Masse von 3175 kg. In der Brennebene befand sich eine Scheibe, auf der insgesamt sieben Empfänger angeordnet waren: drei hochauflösende Bilddetektoren, zwei bilderzeugende Proportionalzähler, ein Silicium-Halbleiterspektrometer und ein Bragg-Kristallspektrometer. Jedes dieser Geräte konnte vom Boden aus zum Einsatz gebracht werden. Die Auftreffstellen und Ankunftszeiten jedes der eintreffenden Photonen wurden einzeln zu den Bodenstationen gemeldet. Von dort wurden schließlich die astrophysikalischen Daten nach Cambridge (Massachusetts/USA) geleitet, wo Bilder der verschiedensten Objekte hergestellt wurden (Bilder 6-17 und 6-18).

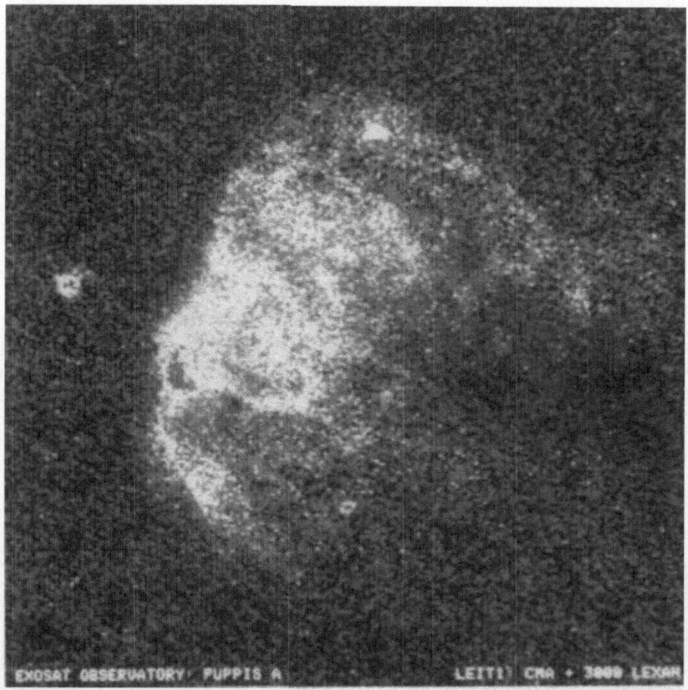

Bild 6-17 Puppis A, der Überrest einer Supernova-Explosion im Sternbild Puppis, beobachtet im Röntgenlicht. Helle Flächen entsprechen einer hohen Intensität. (*B. Aschenbach*, Max-Planck-Institut für Extraterrestrische Physik, Garching)

HEAO-2 war etwa 10^6 mal so empfindlich wie die Röntgenempfänger von 1962. Das war in 16 Jahren eine Steigerung, die mit der Empfindlichkeitssteigerung von Galileis Fernrohr bis zum 5-m-Spiegel verglichen werden kann.

Es gibt mittlerweile eine ganze Reihe von Röntgensatelliten, und weitere sind geplant. Einer der wichtigsten war der amerikanische Satellit SAS-1 = Small Astronomical Satellite. Er wurde im Dezember 1970 vor der Küste Kenias von Marcoy Island gestartet und trug den Namen „Uhuru" (Freiheit). Er flog auf einer Bahn, die ihn zwischen 530 km und 575 km Abstand von der Erdoberfläche brachte. Die Bahn war nur 3° gegen den Äquator geneigt. In kürzester Zeit entdeckte er 160 neue Röntgenquellen.

Neben den erwähnten Röntgensatelliten „Uhuru", Skylab mit Röntgenteleskop und HEAO-2 sind noch viele Röntgensatelliten geflogen, bzw. fliegen noch, und weitere werden fliegen. Bevor einige wenige dieser Satelliten kurz vorgestellt werden, soll hier ein kurzer geschichtlicher Abriß der Röntgenastronomie gegeben werden.

Die eigentliche Geschichte der Röntgenastronomie begann im Juni 1962 mit der Entdeckung einer außerplanetarischen Quelle (Sco X-1) und der Auffindung von diffuser Hintergrundstrahlung.

1964 gelang die Identifizierung einer Röntgenquelle mit dem Crabnebel.

1966 wurde der Einsatz von Modulations-Kollimatoren zur Ortung einer Quelle durchgeführt.

1966 gelang die Entdeckung einer ersten extragalaktischen Röntgenquelle.

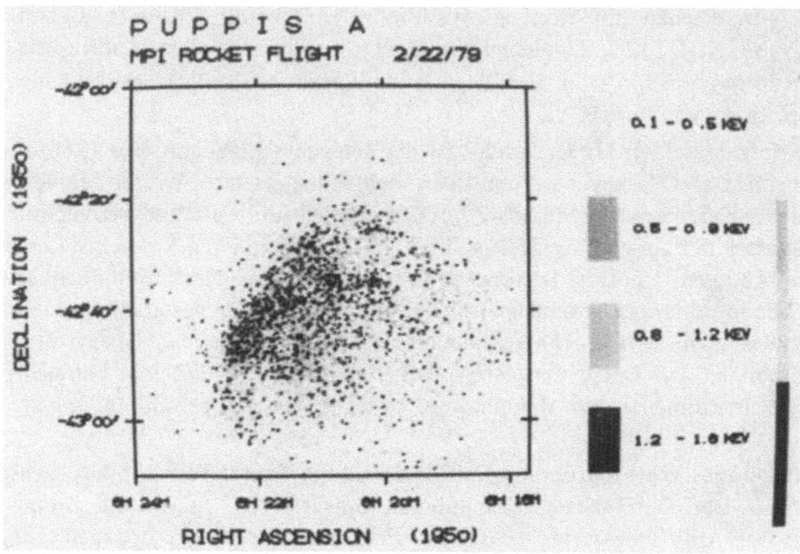

Bild 6-18 Puppis A, der Überrest einer Supernova-Explosion im Sternbild Cassiopeia, beobachtet im Röntgenlicht. Die unterschiedlichen Grautöne entsprechen unterschiedlichen Wellenlängen. (*B. Aschenbach*, Max-Planck-Institut für Extraterrestrische Physik, Garching)

1969 wurden Röntgenstrahlen von den Magellanschen Wolken empfangen.

Bis 1970 waren in insgesamt nur wenigen Stunden fast 40 Röntgenquellen entdeckt. Bis 1970 gab es nur senkrecht startende Raketen für den Einsatz von Röntgenstrahlung. Im folgenden sollen einige wichtige Satelliten und ihre wichtigsten Forschungsergebnisse (bzw. -ziele) in aller Kürze genannt werden.

(1) *Copernicus, OAO-3* (Orbiting Astronomical Observatory): Start am 21.8.1972, mittlere Höhe 745 km. Untersuchung der Veränderlichkeit von extragalaktischen Quellen, Überbleibsel von Supernovaüberresten mit Röntgenemission, z.B. Cas A, Puppis A usw.

(2) *Ariel V*, Britischer Satellit, 1975: Seyfert-Galaxien als Röntgenquellen, langsam rotierende Neutronensterne, Eisenlinien in Supernovaresten, Einzelheiten extragalaktischer Variabilität.

(3) *SAS-3* (Small Astronomical Satellite): Aufzeichnung von schnellen Ausbrüchen, Genaue Positionen von galaktischen und extragalaktischen Quellen.

(4) *ANS* (Niederländischer National-Satellit), Start 1977: Beobachtung von schnellen Ausbrüchen, Röntgenstrahlung von Flare-Sternen.

(5) *HEAO-1* (High Energy Astronomical Observatory): Spektren der diffusen Hintergrundstrahlung, aktive Sterne als Klasse von Röntgenquellen. Die Zahl der bekannten Quellen wurde von etwa 350 vor dem HEAO-Programm auf fast 1500 vergrößert. 140 Quellen wurden mit einer Genauigkeit von 10″ oder etwas weniger bestimmt, so daß sie später auch vom Boden aus in anderen optischen Bereichen beobachtet werden konnten.

(6) *HEAO* (Einstein Observatorium), gestartet am 13.11.1978, abgeschaltet am 25.4.1981: Lage von Sternen mit Röntgenemission im Hertzsprung-Russel-Diagramm, Röntgenstruktur von NGC 5128, Untersuchung der Röntgenquellen im Andromeda-System M 31, Röntgenemission von Capella, Variabilität von Röntgenstrahlung der Quasare, Linienspektrum von Puppis A.

(7) *ROSAT* (Röntgensatellit): Dieser Satellit ist ein deutsches Erzeugnis, der 1986/87 gestartet werden soll. Das Teleskop wird ein 4fach ineinander gesetztes Wolter-Teleskop sein. Die Spiegel des Teleskops werden aus Zerodur bestehen und mit Gold beschichtet sein. Der Durchmesser des äußeren Spiegels soll 83 cm, der des inneren Spiegels 47 cm, die Auffangfläche 1200 cm^2 und die Brennweite 240 cm betragen. Die Empfindlichkeit soll um einige Größenordnungen gegenüber früheren Untersuchungen gesteigert werden. Es wird erwartet, daß mehr als 10^5 Röntgenquellen mit einer Positionsgenauigkeit von 1′ entdeckt werden können. Die Dauer der ersten Aufnahmen soll etwa 1/2 Jahr betragen. Danach sollen die Instrumente zur detaillierten Untersuchung ausgewählter Objekte dienen.

(8) *AXAF* (Advanced X-Ray Astronomy Facility) wird ein Wolter-Teleskop aus sechs Elementen besitzen. Der Durchmesser des äußeren Spiegels soll 1,2 m, die Brennweite 10 m sein. Das Auflösungsvermögen für ein Feld von 1° soll 0″,5 betragen. Die Empfindlichkeit gegenüber dem Einstein-Observatorium soll durch Vergrößerung der Spiegelflächen und bessere Auflösung etwa um den Faktor 100 vergrößert sein. Hier sei auch angemerkt, daß die effektive, sammelnde Fläche stark von der Energie der Röntgen-

strahlen abhängt. So ergeben sich die Werte 1400 cm^2 für 0,5 keV, 1100 cm^2 für 2 keV und 200 cm^2 für 7 keV. Die Gesamtmaße für AXAF betragen 14 m für die Länge, 4,25 m für den Durchmesser und 9525 kg für die Masse.

6.4.2 Einige Beispiele für die Beobachtung im Bereich der Röntgenstrahlung

Die *Sonne* ist im Bereich der Röntgenstrahlung ein stark veränderlicher Stern. Bei starken Flares kann die Röntgenstrahlung mehr als 10^4 mal so groß sein wie die der ruhigen Sonne. Die Röntgenstrahlung stammt überwiegend aus der Korona. Diese zeigt helle und dunkle Gebiete. In den hellen beträgt die Temperatur $2 \cdot 10^6$ bis $5 \cdot 10^6$ K, in den dunklen $1 \cdot 10^6$ bis $1{,}5 \cdot 10^6$ K. Isolierte und kleine Löcher in der Nähe des Äquators wachsen oft und verbinden sich mit dunklen Gebieten in den Polkappen. Koronale Löcher rotieren wie starre Gebilde. Sie existieren oft viele Monate lang. In ihnen reichen die magnetischen Feldlinien in den interplanetaren Raum hinaus. Längs dieser Feldlinien wandern Teilchen ab, die den Sonnenwind bilden.

Eine große Zahl von Röntgenquellen besteht aus *Doppelsternen.* In ihnen enthält ein kompaktes Gebilde – in den meisten Fällen ein Neutronenstern – von einem nahen Begleiter Materie. Diese sammelt sich in einer Akkretionsscheibe. Nahe dem kompakten Stern steigt die Temperatur auf einige Millionen Grad, was zur Aussendung von Röntgenstrahlung führt. Diese ist veränderlich (periodisch oder nichtperiodisch).

Burster. In Kugelsternhaufen und im galaktischen Zentrum gibt es oft Röntgenquellen, die neben einer konstanten Röntgenstrahlung immer wieder Röntgenblitze aussenden. Die Wiederholung erfolgt unregelmäßig in Abständen von wenigen Stunden oder Tagen. Ein Blitz dauert oft nur einige Sekunden. In der Nähe der Quelle findet man keinen hellen Stern. Die Sterndichte in der Nähe der Röntgenquelle ist meist recht groß. Das Alter der Sterne beträgt mit Sicherheit mehr als 10^9 Jahre. Alle Beobachtungen lassen den Schluß zu, daß es sich um thermonukleare Blitze handelt. Folgende Vorstellung stimmt mit den meisten Beobachtungsdaten überein: Wasserstoff eines meist schwachen Begleiters (G- oder K-Stern) stürzt auf einen Neutronenstern, bildet um ihn eine Akkretionsscheibe und sendet konstante Röntgenstrahlung aus. Auf dem Neutronenstern sammelt sich Wasserstoff in einer vielleicht 1 m dicken Schicht, unter welcher Helium durch Fusionsprozesse entsteht. Wenn genügend Masse eingeströmt ist, können Dichte und Temperatur der Heliumschicht Werte erreichen, die zu einer plötzlichen thermonuklearen Umwandlung des Heliums in Kohlenstoff führen. Erreichen pro Sekunde 10^{13} kg bis 10^{14} kg Wasserstoff den Neutronenstern, dauert es ungefähr 30 Stunden bis zu drei Stunden von einem thermonuklearen Blitz bis zum nächsten.

Extragalaktische Röntgenquellen liegen teils in ganz normalen Galaxien wie in der kleinen und großen Magellanschen Wolke und dem Andromeda-System, insbesondere aber in aktiven Systemen. Zu diesen gehören Seyfert-Galaxien, N-Galaxien, die als Radioquellen bekannten Systeme Cyg A und Cent A und schließlich alle Quasare, sofern sie genau lokalisiert werden konnten. Die Quellen in den normalen Systemen gleichen denen in unserer Galaxis. Es sind also in den meisten Fällen Doppelsterne. In anderen Fällen wie z.B. Cent A (NGC 5128) kommen sicher auch andere Erzeugungsmöglichkeiten für Röntgenstrahlung in Frage. So können relativistische Elektronen immer wieder mit

Photonen aus dem langwelligen Bereich zusammenstoßen. Dabei können sie (inverser Compton-Effekt, Abschnitt 1.7) einen Teil ihrer Energie den Photonen übertragen und dadurch eine kurzwellige Strahlung verursachen.

Schon mit Hilfe des Satelliten Uhuru wurde gefunden, daß der Raum *zwischen den Galaxien in einem Galaxienhaufen mit heißem Gas erfüllt* ist. Die Temperatur dieses Gases beträgt einige Millionen Grad und sendet Röntgenstrahlung aus. Das Einstein-Observatorium konnte Einzelheiten in der Verteilung des Gases feststellen: In einigen Haufen waren die Gase in Form von Wolken zu finden, die sich um einzelne Galaxien verteilten. In anderen war das Gas über den ganzen Haufen verteilt, wie es das Gravitationspotential des Systems erwarten ließ. Zwischen den Haufen mit so deutlichen Unterschieden gibt es Übergänge. Es gibt auch Systeme, die nicht eindeutig in ein Klassifizierungsschema passen. Die Entdeckung des heißen Gases zwischen den Galaxien führt zu neuen Problemen für die Kosmologie. Es ist heute noch nicht möglich, die Masse des überschaubaren Weltalls zu bestimmen und damit die für die zukünftige Entwicklung notwendige mittlere Dichte $\overline{\rho}$ zu ermitteln. Die Masse des Gases zwischen den Galaxien bildet für die Kosmologen sicher einen wichtigen Beitrag, wenn sie über die Frage nach der Expansion der Welt nachdenken.

Viele Röntgensatelliten haben neben einzelnen diskreten Quellen auch eine *Hintergrundstrahlung* festgestellt. Ist diese Hintergrundstrahlung vielleicht die Summe aller nicht oder noch nicht aufgelösten Röntgenquellen? Erste Anzeichen nach Messungen mit HEAO-2 ließen eine Deutung als Summe aus einzelnen Quellen zu. Neuere Überlegungen von *Cavaliere* und Mitarbeitern lassen aber den Schluß zu, daß die wichtigsten Quellen von diskreter Röntgenstrahlung – das sind die Quasare – nicht für den größeren Teil der Hintergrundstrahlung verantwortlich gemacht werden können. Optische Zählungen bis zur Grenzgröße $m = 22\overset{m}{,}5$ zeigen, daß die Zahl der Quasare je Quadratgrad wesentlich unter der Zahl liegt, die man aus einfachen Extrapolationen aller Quasare bis zu $m = 20\overset{m}{,}0$ errechnen würde. Der derzeitige Schluß geht dahin, daß nur etwa bis zu 50 % der Röntgen-Hintergrund-Strahlung entfernten Quasaren zuzurechnen ist.

6.5 γ-Astronomie

6.5.1 Empfang von γ-Quanten in der Astronomie

Über die Entstehung von γ-Strahlung ist in den Abschnitten 1.6.2 (Landau-Effekt), 1.7 (Der inverse Compton-Effekt), 1.8 (Paarvernichtung) und 1.9 (Kernprozesse) schon einiges gesagt worden. Hier soll etwas über ihren Nachweis und über einige interessante γ-Quellen berichtet werden.

Ein γ-Quant, das auf einen Germanium-Detektor fällt, stößt dort Elektronen an. Diese werden durch ein elektrisches Feld „abgesaugt". Überträgt das γ-Quant dem Kristall seine gesamte Energie, so ist der gemessene Strom proportional dieser Energie. Das Germanium muß gekühlt werden, damit der durch ein γ-Quant erzeugte Strom deutlich über den Störungen der Umgebung liegt. Zur Kühlung genügt flüssiger Stickstoff von 77 K.

Man muß eine Vorrichtung treffen, daß nur diejenigen γ-Quanten gezählt werden, die ihre Energie vollständig an den Germanium-Kristall abgegeben haben. Man umgibt den

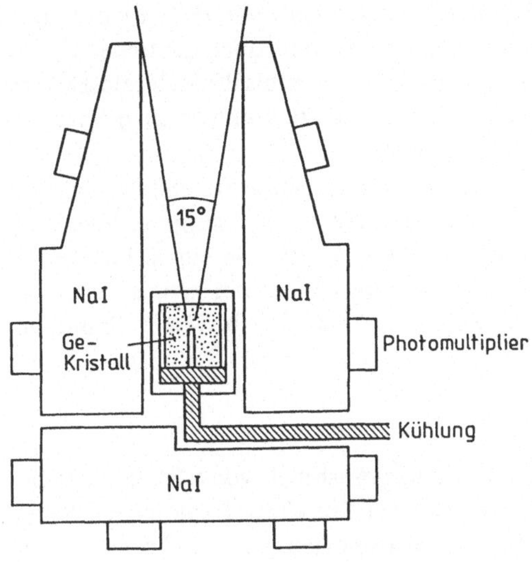

Bild 6-19
Ein Empfänger für γ-Strahlen

Kristall deswegen mit einem dicken Mantel aus Natriumiodid, das mit Tellur verunreinigt ist. γ-Quanten, die den Germanium-Kristall verlassen, stoßen im Natriumiodid Elektronen an. Diese geben die aufgenommene Energie an die Telluratome ab und regen diese zu einem Lichtblitz an. Werden nun gleichzeitig Ereignisse aus dem Germanium-Kristall und dem Natriumiodid-Mantel gemessen, so kann man diese durch eine Antikoinzidenzschaltung ausschalten. Zählte man sie mit, so würde man über die Energie der einfallenden γ-Quanten keine Aussage machen können. Der Natriumiodid-Mantel kann so geschaltet werden, daß für den Germanium-Kristall ein Empfangsbereich von etwa 15° bleibt (Bild 6-19).

Ein einzelner Empfänger läßt also keine genaue Lokalisation der γ-Quelle zu. Weiter unten wird über den Empfang eines Signals berichtet, an dem neun Satelliten beteiligt waren. Hier ließ sich durch Triangulation die Position am Himmel recht genau bestimmen.

Bei genügend großer Energie der γ-Quanten können auch Funkenkammern benutzt werden. In einer Wolframplatte werden zunächst durch γ-Quanten Elektronen und Positronen erzeugt. Die Bahnen dieser Teilchen werden in einer Funkenkammer nachgewiesen.

Am 9. August 1976 wurde ein sehr wichtiger Satellit (COS B) zum Empfang von γ-Quanten gestartet. Anfangs flog er etwas über 99 000 km von der Erdoberfläche fort und näherte sich ihr auf knapp 350 km. Drei Jahre später war sein Apogäum etwa 87 000 km entfernt, sein Perigäum etwas über 12 000 km. Seine Bahn führte unter einem Winkel von 90° gegen den Erdäquator über die Pole hinweg. Er brauchte $36^h 44^m$ für einen Umlauf. Sein Empfänger war eine Funkenkammer, verbunden mit drei Photomultipliern, zwei Szintillationszählern, einem Cerenkow-Zähler und einem Plastikzähler. Dazu kamen ein Caesiumiodid-Kristall und ein Schirm, der so geschaltet war, daß der Einfluß von kosmischer Strahlung verhindert wurde (Antikoinzidenzschaltung) (Bild 6-19). Der Empfang war für γ-Quanten zwischen 50 MeV und 5000 MeV vorgesehen. Für 1988 ist der Start eines γ-Observatoriums vorgesehen, das mit europäischer und darin auch deutscher Unterstützung gebaut wird. Ein γ-Teleskop soll im Bereich von 1 MeV bis 30 MeV, ein zweites im Bereich von 20 MeV bis 30 000 MeV eingesetzt werden. Dazu kommen ein γ-Spektrometer und ein Gerät zur Beobachtung von γ-Ausbrüchen.

γ-Teleskope werden in Ballonen und Satelliten zum Einsatz gebracht. Ballone werden ein bis zwei Tage von der Erde aus gesteuert. Die Ereignisse werden aufgezeichnet und teilweise schon während der Flüge gemeldet. Das Teleskop kommt an einem Fallschirm zur Erde zurück. Bei Satelliten müssen alle Ergebnisse zum Beobachter gefunkt werden. Die Empfindlichkeit der Empfänger liegt zur Zeit zwischen 10^{-4} bis 10^{-6} Photonen pro Quadratzentimeter und Sekunde.

6.5.2 Einige Ergebnisse

Am 5. März 1979 wurde von neun Satelliten ein heftiger Ausbruch von γ-Strahlen beobachtet. Unter den Satelliten waren u.a. ein internationaler Sun-Earth-Explorer, Helios 2, Pionier, Venus-Orbiter und Venera 11 und 12. Der Anstieg dauerte $2 \cdot 10^{-4}$ s, der Abfall geschah in zwei Schritten: Ein schneller erfolgte in etwa 1 s, woran sich ein langsamerer Abfall von ungefähr drei Minuten anschloß, dessen Spektrum weniger energiereich war. Während dieser drei Minuten wurden Fluktuationen der Energie im Abstand von 8 s gemessen. Schwächere Ausbrüche wurden noch nach 14 Stunden, 29 Tagen und 50 Tagen aus der gleichen Richtung festgestellt.

Durch eine Triangulation konnte der Ort des Ausbruchs mit einer Genauigkeit von 1′ angegeben werden. Am Ort des Ereignisses in der Großen Magellan-Wolke findet man den Überrest einer Supernova, die Radioquelle N 49. Diese Quelle ist 57 000 pc von uns entfernt. Die gemessene Leistung von 10^{37} W während des Maximums gleicht der Leistung des einen oder anderen Quasars.

Die Helligkeitsschwankungen mit Perioden von 8 s lassen auf einen Neutronenstern schließen. *W. Howard* u.a. haben einen interessanten Beitrag zur Klärung der Beobachtung gemacht. Sie untersuchten das Verhalten eines Asteroiden, der sich einem Neutronenstern auf 10 000 km nähert. Die Masse des Sterns sollte 1,5 $m_\odot$ betragen. Der Asteroid stürzt von dieser Entfernung in 1 s auf den Neutronenstern. Während des Falls wird er völlig verformt, er wird sehr lang gezogen (Bild 6-20). Noch während des Einsturzes umgibt sich der Neutronenstern mit einer Hülle, die γ-Strahlung nicht mehr durchläßt. Andere Kräfte außer der Gravitation müssen mit im Spiel sein, damit ein γ-Ausbruch beobachtet werden kann. *S. Colgate* und *A. Petschek* haben das ungeheuer starke Magnetfeld eines Neutronensterns herangezogen. Dieses beträgt etwa 10^8 T und verformt die einstürzende Masse stärker, als es die Gravitation alleine bewirken würde. In 50-fachem Abstand von der Neutronensternoberfläche, das sind etwa 500 km, beginnen die ersten Störungen durch das Magnetfeld. Im 27-fachem Abstand (ungefähr 270 km) setzt ein starker Einfluß ein, der die fallende Materie zu einer dünnen Röhre von wenigen Millimetern preßt. Die Dichte beträgt in diesem Bereich ungefähr 10^6 g cm^{-3}. Beim Einsturz dringt der völlig verformte Asteroid etwa 20 m in den Stern. Dabei wird ionisierte Materie ausgeworfen, die zu dem γ-Ausbruch führt.

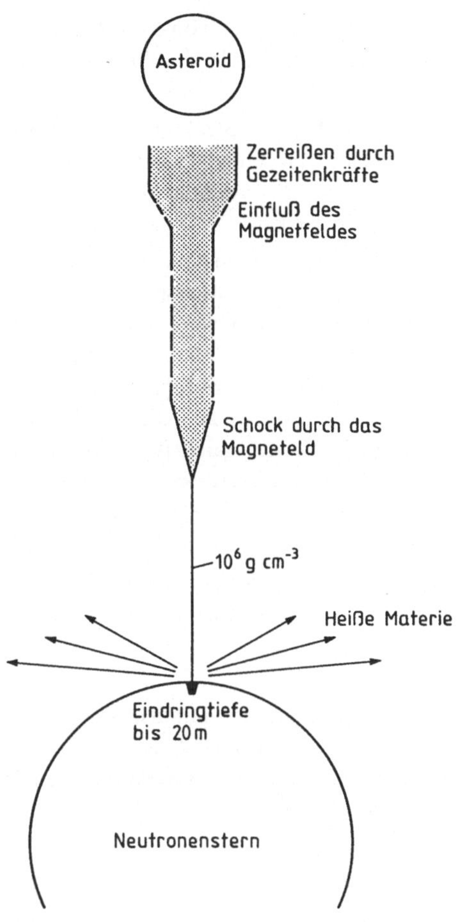

Bild 6-20

Einsturz eines Asteroiden in einen Neutronenstern. Zunächst erfolgt ein Zerreißen, im Wesentlichen verursacht durch Gezeitenkräfte. Die Wirkung des Magnetfeldes macht sich bemerkbar, wenn die zerrissene Materie ionisiert ist. Bei hoher Geschwindigkeit der einfallenden Materie und genügend großem Magnetfeld näher beim Neutronenstern setzt eine enorme Verdichtung der Materie bis zu 10^6 gcm^{-3} ein (Schock durch das Magnetfeld).

γ-Ausbrüche wie der vom 5. März 1979 sind früher und später beobachtet worden. Außer der sensationellen Diskussion eines Asteroideneinsturzes gibt es natürlich andere Beiträge zur Erklärung der γ-Ausbrüche. Die immer wieder beobachteten regelmäßigen Helligkeitsschwankungen von einigen Sekunden lassen auf einen rotierenden Neutronenstern schließen. Oft wird angenommen, daß ein Begleiter Materie abgibt, die bei unregelmäßigem Zustrom Anlaß für die plötzliche Emission von γ-Strahlen gibt.

COS-B hat viele γ-Quellen registriert, die man zur Zeit wegen ihrer geringen Ausdehnung von weniger als 2° als Punktquellen bezeichnet. Sie liegen, von wenigen Ausnahmen abgesehen, in der galaktischen Ebene, gehören also unserem Milchstraßensystem an. Nur 3 C 273, ein Quasar, ist als sichere Punktquelle im extragalaktischen Raum bekannt. Zu den galaktischen Punktquellen gehören die Pulsare im Crabnebel und in der Vela. Die Energieabgabe pro Sekunde oder die Leuchtkraft der γ-Punktquellen im Bereich von 100 bis 1000 MeV liegt zwischen $4 \cdot 10^{28}$ bis $50 \cdot 10^{28}$ W, ist also 100- bis 1300mal so groß wie die Leuchtkraft der Sonne in allen Wellenlängen. Der von COS-B aufgefangene γ-Fluß im gleichen Energiebereich betrug $1 \cdot 10^{-6}$ bis $5 \cdot 10^{-6}$ Photonen pro Quadratzentimeter und Sekunde.

Für 3 C 273 ist eine Leuchtkraft von 10^{39} W für den Bereich der γ-Strahlung von 50 bis 1000 MeV gemessen worden. Dem Quasar 3 C 273 schreibt man eine absolute Helligkeit von $-27{,}^{M}5$ zu. Daraus errechnet sich, daß er rund $3 \cdot 10^{39}$ W aussendet. Der Ausstoß an γ-Quanten ist also ein beträchtlicher Teil seiner gesamten Emission.

Neben den Punktquellen hat COS-B auch die diffuse γ-Strahlung gemessen. Diese stammt aus drei Prozessen: der Bremsstrahlung schnell bewegter Elektronen im elektrischen Feld von Protonen – andere Atomkerne spielen eine untergeordnete Rolle –, dem Zerfall von π°-Teilchen, die durch den Zusammenstoß von zwei Protonen entstehen, und dem inversen Compton-Effekt. Die Synchrotronstrahlung von Elektronen führt wegen des schwachen interstellaren Magnetfeldes von 10^{-9} bis 10^{-10} T nicht zu einer nachweisbaren γ-Komponente. Der inverse Compton-Effekt spielt für das galaktische Zentrum und benachbarte Gebiete eine größere Rolle. Bis zu 20 % der diffusen γ-Strahlung sollen aus diesem Bereich stammen. Aus dem galaktischen Antizentrum ist die γ-Strahlung durch den inversen Compton-Effekt zu vernachlässigen.

Eine gründliche Untersuchung der diffusen γ-Strahlung gibt einen Einblick in die Verteilung der interstellaren Materie und der kosmischen Strahlung. Die kosmische Strahlung liefert die energiereichen Elektronen und Protonen, die interstellare Materie liefert die Stoßpartner.

In Abschnitt 1.8 ist auf die γ-Strahlung aus dem Zentrum unserer Milchstraße näher eingegangen worden. Erwähnt wurde dort auch am Ende von Beispiel 4 der eventuelle Zerfall von Mini-Schwarzen-Löchern. Auf diesen für die Kosmologie interessanten Fall soll hier ein wenig eingegangen werden.

1974 hat *S. Hawking* gezeigt, daß durch eine Verbindung der allgemeinen Relativitätstheorie mit der Quantentheorie auch bei Schwarzen Löchern ein Tunneleffekt auftreten muß. Schwarze Löcher besitzen eine Temperatur von etwa $10^{-7} \cdot \frac{m}{m_\odot}$ K. Dadurch stehen sie in einer Verbindung mit der Außenwelt, die nicht nur Materie und Strahlung in sie hineinführt, sondern auch den Austritt von Materie und Strahlung gestattet. Berechnungen über die Lebensdauer t_L eines Schwarzen Loches führen zu

$$t_L = 10^{66} \cdot \left(\frac{m}{m_\odot}\right)^3 \text{a} . \qquad (6\text{-}3)$$

Nimmt man an, daß es zu Beginn der Welt unter den besonderen Umständen des Urknalls zur Bildung zahlreicher Mini-Schwarzen-Löcher gekommen ist, so kann man schließen, daß heute einige dieser Mini-Löcher zerfallen. Setzt man das Alter der Welt zu $1{,}5 \cdot 10^{10}$ a an, so errechnet man nach Gl. (6-3) eine Masse von $5 \cdot 10^{11}$ kg für ein heute zerfallendes Mini-Loch. Ein solches Loch muß einen Durchmesser von etwa 10^{-13} cm haben. Für den Schwarzschild-Radius R_S gilt nämlich

$$R_S = 3 \cdot \frac{m}{m_\odot} \text{km} ,$$

oder für unser Beispiel

$$R_S = 3 \cdot \frac{5 \cdot 10^{11}}{2 \cdot 10^{30}} \text{ km} = 7{,}5 \cdot 10^{-19} \text{ km} = 7{,}5 \cdot 10^{-14} \text{ cm} .$$

Mit zunehmender Abgabe von Energie und Masse wächst die Temperatur, wobei es schließlich zu einer Explosion kommt, die nur Bruchteile einer Sekunde andauert. In 10^{-7} s werden γ-Quanten im mittleren Energiebereich in großer Zahl ausgesandt. Dauert die Explosion länger, etwa 10^{-1} s, ist sie weniger stark und die γ-Quanten treten in geringerer Zahl auf.

Die γ-Quanten treffen gleichzeitig die ganze Atmosphäre und erzeugen dort Kaskaden von schnellen Teilchen, die eine Cerenkow-Strahlung hervorrufen. Eine Cerenkow-Strahlung wird auch durch den Eintritt kosmischer Strahlung erzeugt, doch ist diese immer lokalisiert, und die von der Cerenkow-Strahlung getroffene Fläche ist klein. Um solche lokalen Effekte auszuschließen, benutzte man zwei Spiegel von 10 m und 9 m Durchmesser, die 400 km voneinander entfernt und auf das Zenit gerichtet waren. Sieben Photomultiplier auf dem Mt. Hopkins und vier in White Sands suchten Lichtsignale von weniger als 10^{-2} s, die bei beiden Stationen gleichzeitig eintrafen. In den ersten 22 Stunden der Beobachtungszeit hat man keine Koinzidenz gefunden.

Heute kann noch nicht entschieden werden, ob Mini-Schwarze-Löcher zu unserer Zeit explodieren. Vor allem reicht die Beobachtungszeit und -intensität nicht aus, Endgültiges über diesen Beitrag zur γ-Strahlung im Weltall zu sagen. Vielleicht gibt es auch keine Mini-Schwarzen-Löcher, und *Hawkings* Idee von ihrer Entwicklung und Explosion bleibt theoretisch erregend, praktisch aber ohne Bedeutung.

Außer den im 1. Kapitel und hier aufgeführten Beispielen für die γ-Astronomie gibt es natürlich noch viel mehr interessante Fälle, deren Behandlung aber den Rahmen dieses Buches sprengen würde.

Literaturverzeichnis

Ahnert, P.: Kalender für Sternfreunde für 1982, Barth, Leipzig 1982
Alfvén, H.: Kosmologie und Antimaterie, Umschau-Verlag, Frankfurt 1967
Dannemann, F.: Aus der Werkstatt großer Forscher, Verlag Wilhelm Engelmann, Leipzig 1922
Hoyle, F.: Astronomy and Cosmology. A Modern Course, Freeman, San Francisco 1975
Landolt/Börnstein: Zahlenwerte und Funktionen aus Naturwissenschaft und Technik. Band I: Astronomie und Astrophysik. Springer, Berlin/Heidelberg 1965
Schäfer, H.: Astronomische Probleme und ihre physikalischen Grundlagen, 2. Auflage, Vieweg, Braunschweig 1980
Schaifers, K./Traving, G. (Hrsg.): Meyers Handbuch über das Weltall, Bibliographisches Institut, Mannheim 1973
Scheffler/Elsässer: Physik der Sterne und der Sonne, Bibliographisches Institut, Mannheim 1974
Unsold, A.: Der neue Kosmos, 3. Aufl., Springer, Berlin/Heidelberg 1981
Weigert, H./Zimmermann, H.: ABC der Astronomie, 6. Aufl., Dausien, Hanau 1979
Wenzel, W.: Die Sterne 1977, Heft 2
Wolf, W.: Elektrochemie **12** (1912)

Zeitschriften:

Astronomy (Astro Media Corp. Milwaukee)
Die Sterne (J. A. Barth, Leipzig)
Sterne und Weltraum (Verlag Sterne und Weltraum, Dr. H. Vehrenberg, Düsseldorf)
Sky and Telescope (Sky Publishing Corporation Cambridge, Mass.)
Spektrum der Wissenschaft: Scientific American, Internationale Ausgabe in deutscher Sprache

Namen- und Sachwortverzeichnis